《조선환여승람》 청도군 역주

李秉延 지음

김재현·리우천쉬·김나희·권희진 옮김

중문

≪嶺南大中國文學硏究室叢書≫를 내면서

우리 嶺南大學校 中國言語文化學科는 1976년에 中語中文學科라는 이름으로 학부 과정이 창설되고, '80년에는 석사과정이, '82년에는 박사과정이 설치되어, 국내의 中語中文學 관련 학과 가운데서는 이미 역사도 오래되고, 약간의 전통도 확립된 학과로 인정받고 있다. 그동안 박사학위를 받은 사람도 50여 명이 넘고, 학부와 대학원 졸업생 중 국내외 각 대학에 교수가 된 사람도 거의 50여 명이 넘는데, 반세기 가까운 세월이 지나다 보니 이들 중에는 이미 정년퇴직한 교수들도 여러 명이 된다. 이에 더하여 우리 학과에서 석박사 학위를 취득한 중국 유학생 중에는 한국과 중국의 대학에서 현재 교수로 임용된 졸업생도 10여 명이 훨씬 넘는다.

1990년 무렵 대학원에 재학 중인 학생들이 중심이 되어 ≪中國古代社會≫라고 하는 文字學과 考古學에 관련된 책을 함께 번역해서 출판한 일도 있고, 또 몇 가지 독회도 끊임없이 행하였으며, 중국인 교환교수들이 오면, 그들의 전공분야를 찾아서 방학 때마다 특강을 마련하여 듣기도 하였다. 이외에도 물론 학부나 대학원에서 수업을 진행하면서 준비 정리한 교재나 번역물 같은 것도 생겨나고, 볼만한 학위 논문이나 그 부산물로 만든 작업들도 많이 나오곤 하였다.

이와 같은 여러 가지 작업물을 학과에서 일관성 있게 모아보는 것이 좋을 것이라는 생각이 들어, 1994년에 ≪中國語文學譯叢≫이라는 半年刊 잡지를 하나 만들어 번역물은 거기에 싣게 하여 2024년 현재 59집까지 발간하였으며, 다음으로 다시 이 ≪叢書≫

를 기획하여 번역물을 포함 단행본으로 낼 만한 책은 이 총서로 묶기로 하였다.

이러한 일련의 작업을 진행하기 위하여서는 상당한 경비가 필요하며, 또 그것 이상으로 학과의 모든 교수와 강사 조교 대학원생, 나아가서 졸업생들 사이의 긴밀한 협조가 필요한 것이 사실이다. 시작 단계에서는 그렇게 넉넉치 않았으나 약간의 기금을 마련하여 일을 추진하였는데, 그 후 계속 모금을 하여 2024년 현재 5억원 가까운 학과 발전기금을 적립하기까지 큰 변화를 이루게 되었다. 아마 우리들이 얼마나 사심 없이 일을 하느냐에 따라 앞으로도 기금이 불어날 것으로 믿고 있다. 중요한 것은 우리들의 합심협력이다.

이 총서의 내용은 우리 영남대 중문인들의 저서나 번역을 포함한 것인데, 앞으로 권수가 쌓여가면서 학계나 일반 독서계의 좋은 반응을 얻게 될 날을 기대하며, 우리나라 중국어문학계의 학풍 진작에도 일조가 될 것을 확신한다.

아무쪼록 각 방면의 지지와 협조를 두루 부탁드린다.

편집인 일동

일러두기

1. 원문은 이병연 편집, ≪조선환여승람≫(보문사, 1933, 국립중앙도서관 소장본)과 한국인문과학원 편집부, ≪조선환여승람≫ 7: 경상도4·청도군 (서울: 한국인문과학원, 1993)을 저본으로 하였으며, 필요한 경우 이병연, ≪증보 조선환여승람≫(서울: 민족문화사, 2019) 등을 참고하여 이체자, 동자 등과 영인본의 인쇄가 선명하지 못하여 식별이 어려운 글자를 수정하였다.

2. 주석과 번역에 있어 〈조선지리총설〉과 〈경상북도지리총설〉의 부분은 기존 역주본인 ≪국역본 조선환여승람: 경산≫(경산문화원, 1999), ≪국역 조선환여승람: 남원≫(남원문화원, 2000), ≪조선환여승람 국역본 군위≫(군위문화원, 1996), ≪조선환여승람: 보령≫(대천문화원, 2010) 등을 참조하였으며 본서와 책의 내용, 성격, 체계, 간행 시기가 유사한 청도 읍지인 ≪국역 청도문헌고≫(청도문화원, 2009)과 ≪역주 오산지≫(이중경 저, 청도문화원, 2003) 등을 참조하여 인물편과 청도군 지리 편의 내용을 교차 대조하여 역주를 진행하였다. 특히 ≪국역 청도문헌고≫에서 동일한 인물을 수록하고 있는 경우, 본문 아래 각주를 달아 내용을 추가하였다.

3. 독자의 편의성을 위해 번역문을 앞에 두었으며 원문을 각 문장의 뒤에 배치하였다. 주석은 각주 처리하여 원문과 번역문에 분리하여 달았고, 번역에 있어 꼭 필요한 경우가 아니면 번역문에 풀어썼다.

4. 원문은 세로의 종렬 문으로 되어 있으나 횡렬 문으로 편집하여 번역하였다.

5. 원문의 세주는 원문 및 번역문 우측, 칸을 띄워 작은 글자 크기로 구별하여 번역하였다.

6. 원문의 이체자·벽자·동자·고자 등은 오늘날의 통용자로 바꾸었다.

7. 한자가 필요한 경우 우리말 독음 뒤 한자를 넣었다.

8. 번역은 직역을 위주로 하되 필요한 경우 의역하였다.

9. 일러스트는 〈효자〉, 〈효부〉편의 고사를 ChatGPT-4o의 이미지 생성 기능을 활용하여 제작하였다.

10. 상용한 문장부호는 서명은 ≪≫, 편명은 〈〉을 사용하였으며, ◐·ㅇ의 경우 원문의 표기 방식으로 원형 그대로 기재하였다.

역자 서문

본 역주 작업은 ≪조선환여승람≫이 지닌 역사적 가치와 의미에 비해 학술적 연구가 미미하다는 점을 인식하고, 지역 연구를 활성화하고자 하는 취지에서 시작되었다. 우리 대학의 이웃 지역인 청도군 편 번역이 이루어지지 않아 첫 역주 대상으로 삼았다.

청도군은 산세가 높고 수량이 풍부한 맑은 계곡으로 이름나, 영남대학교 학생들의 MT 장소로도 인기가 높다. 특히 운문사 아래의 계곡은 항상 학생들에게 시원한 휴식처를 제공해 준 고마운 지역이다. 그러나 가까이에 있음에도 그 역사와 문화를 깊이 알 기회는 많지 않았는데 이번 기회를 계기로 지역을 제대로 이해하고 학문적으로 탐구하고자 연구 공동체 '개유와皆有窩'를 결성하여 본 작업에 착수하게 되었다.

역주 작업이 마무리 단계에 이르렀을 무렵, 문헌 자료의 한계로 검증이 미진한 부분을 확인차 직접 청도군 현장 답사에 나섰다. 그 과정에서 밀양박씨 후손 박영신 선생(청도군 이서면 수야리), 의흥예씨 후손 예광해芮光海 선생(청도향교 전교), 기성반씨 후손 반재혁潘在赫 선생(청도군 이서면 가금구라길), 고성이씨 후손 이승원李承遠 선생(청도군 화양읍 유등리)을 찾아뵈었다. 이분들이 집안에서 보관 중인 족보와 각종 자료를 통해 교차 검증하여 연구에 큰 도움을 얻을 수 있었다. 여전히 조상에 대한 존숭과 감사함을 가슴 깊이 간직한 채 살아가는 후손들의 모습을 보며, 본서의 영속적 가치와 의미를 실감하였다. 그들은 늘 머리맡에 집안의 족보를 두고 생활하며, 누군가의 이름이 언급되면 곧바로 자신과의 관계를 답해낼 수 있었다. 특히 기록된 인물 가운데 조선 후기, 고종시기의 인물들은 그들과 함께 생활하였거나 바로 윗세대에 속하여 마치 과거와 현재가 맞닿아 있는 듯한 생생함을 느낄 수 있어 본서가 지역의 역사와 문화를 보다 깊이 이해하는 데 도움을 줄 것이라는 확신이 들었다.

이 책의 번역 과정에서 분담 작업을 통해 몇 차례의 교정 과정을 거쳤다. 그럼에도 본서가 다루고 있는 인물이 방대하고 자료가 제한적이어서 완전한 고증되지 못한 부분이 있을 것이라 걱정된다. 번역의 오류가 있다면 이는 전적으로 역자의 잘못일 것이며, 향후 더 완전하게 수정해 나갈 것을 약속한다.

책이 나오기까지 일일이 거명하기 어려울 정도로 많은 분들이 도움을 주셨다. 이분들의 도움이 없었다면 이 책은 세상에 나오지 못했을 것이다. 먼저 안정적인 연구를 위해 물심양면 도움을 주신 영남대학교 중국언어문화학과 교수님들께 감사드린다. 또한 일면식도 없음에도 연구를 위해 직접 자료를 보내주신 충남대학교 한자문화연구소 이향배 소장님과 송주영 선생님, 번역 과정에 많은 조언과 지지를 보내준 학형 이채훈 박사께도 고마움을 표하고 싶다. 무엇보다도 본 연구는 선행 연구의 성과 위에 미미한 보완을 덧붙인 것에 불과하다. 비록 일일이 성함을 거명하지는 못하지만, 본서에서 인용한 자료는 모두 선유의 연구 성과에 기초한 것이다.

2025년 8월
역저자 일동

목차

- 일러두기 _ 5
- 역자 서문 _ 7
- 해제 _ 17

(上)

조선환여승람 서문朝鮮寰輿勝覽序 ·· 39
조선환여승람朝鮮寰輿勝覽 ·· 41

1. 조선지리총설朝鮮地理總說 ··· 41
　1) 조선명의朝鮮名義 ·· 41
　2) 조선위치朝鮮位置 ·· 43
　3) 조선경계朝鮮境界 ·· 44
　4) 조선광무朝鮮廣袤 ·· 45
　5) 조선연혁朝鮮沿革 ·· 45
　6) 조선인종朝鮮人種 ·· 60
　7) 조선방언朝鮮方言 ·· 61

2. 경상북도지리총설慶尙北道地理總說 ··· 63
　1) 위치 및 경계位置及境界 ··· 63
　2) 연혁沿革 ··· 63
　3) 산악山岳 ··· 64
　4) 하류河流 ··· 69
　5) 해만 및 도서海灣及島嶼 ··· 71

(下)

청도군 淸道郡

3. 건치연혁建置沿革 ·· 73

4. 군명郡名 ··· 74

5. 산천山川 ··· 74
    1) 오산鰲山   2) 운문산雲門山   3) 오혜산烏惠山
    4) 마곡산馬谷山   5) 갑을령甲乙嶺   6) 성현省峴
    7) 자양산紫陽山   8) 삼성산三聖山   9) 자천紫川
    10) 운문천雲門川   11) 유천楡川   12) 금물법지今勿法池
    13) 거천巨川   14) 이목연李木淵   15) 용소龍沼

6. 토산土産 ··· 80

7. 기차역 汽車驛 ·· 81
    1) 남성현역南省峴驛   2) 청도역淸道驛   3) 유천역楡川驛

8. 명승지名勝 ··· 84
    1) 공암孔巖   2) 사간정司諫亭   3) 낙화암落花巖
    4) 탁영대濯纓臺   5) 풍우대風雩臺   6) 우연愚淵
    7) 낙수암落水巖

9. 고적古跡 ··· 89
    1) 읍성邑城   2) 폐성吠城   3) 오혜산성烏惠山城
    4) 이서고성伊西古城   5) 고려탑高麗塔   6) 용송龍松

10. 교궁校宮 ··· 94
    1) 문묘文廟

11. 원사院祠 · 95
1) 성황사城隍祠 2) 자계원紫溪院 3) 남계원南溪院
4) 명계원明溪院 5) 선암원仙巖院 6) 봉동원鳳洞院
7) 지산원芝山院 8) 화계사華溪祠 9) 용강사龍岡祠
10) 명동사明洞祠 11) 숭절사崇節祠 12) 충현사忠賢祠
13) 충효사忠孝祠

12. 사찰寺刹 · 101
1) 적천사磧川寺 2) 운문사雲門寺 3) 병사餠寺
4) 천주사天柱寺 5) 수암사水巖寺 6) 대비사大悲寺
7) 죽림사竹林寺 8) 대산사臺山寺 9) 미륵彌勒

13. 학교學校 · 110
1) 보통학교普通學校 2) 심상소학교尋常小學校

14. 부조묘不祧廟 · 110
1) 이원李原 2) 이운룡李雲龍

15. 수비竪碑 · 111
1) 김극일효문비金克一孝門碑 2) 박한주유허비朴漢柱遺墟碑

16. 정려旌閭 · 112
1) 이택준李宅俊 2) 배세중裵世重 3) 문일태文日泰

17. 석총碩塚 · 112
1) 김지대金之岱 2) 김일손金馹孫

18. 명묘名墓 · 112
1) 김극일金克一 2) 김맹金孟 3) 김대유金大有

19. 누정樓亭 · 113
1) 청덕루淸德樓 2) 청향루淸香樓 3) 운수정雲水亭
4) 영귀루詠歸樓 5) 삼족당三足堂 6) 소요정逍遙亭
7) 삼우정三友亭 8) 이모정二慕亭 9) 눌연정訥淵亭

10) 군자정君子亭　　　　11) 만화정萬和亭　　　　12) 세심대洗心臺
　　13) 일취정一翠亭

20. 제영題詠 ·· 122
　　1) 이달李達

21. 유현儒賢 ·· 122
　　1) 김일손金馹孫

22. 학행學行 ·· 123
　　1) 김대유金大有　　　　2) 박하담朴河淡　　　　3) 박하징朴河澄
　　4) 박태고朴太古

23. 유일遺逸 ·· 127
　　1) 박하청朴河淸　　　　2) 박맹문朴孟文　　　　3) 정민도丁敏道
　　4) 김치삼金致三　　　　5) 이결李堨　　　　　　6) 박적朴頔
　　7) 이반李礬　　　　　　8) 박담朴譚　　　　　　9) 박규朴珪
　　10) 최형崔逈　　　　　 11) 조성린趙成麟　　　 12) 최건崔建
　　13) 최원崔遠　　　　　 14) 예석훈芮碩薰　　　 15) 박지현朴之賢
　　16) 장방익蔣邦翼　　　 17) 예수오芮秀五　　　 18) 김은金垠
　　19) 장방호蔣邦豪　　　 20) 이광의李光義　　　 21) 장방한蔣邦翰
　　22) 박중채朴重采　　　 23) 이광정李光鼎　　　 24) 예일신芮日新
　　25) 민정봉閔廷鳳　　　 26) 예지열芮之烈　　　 27) 박시묵朴時默
　　28) 박재형朴在馨　　　 29) 반동락潘東雒　　　 30) 김태린金泰麟

24. 유행儒行 ·· 140
　　1) 이전李瑑　　　　　　2) 이경렴李景濂　　　　3) 이기李蘷
　　4) 박상경朴尙敬　　　　5) 박윤朴潤　　　　　　6) 이진구李軫耈
　　7) 박동유朴東維　　　　8) 박심휴朴心休　　　　9) 박동전朴東傳
　　10) 박동석朴東奭　　　 11) 박증적朴增迪　　　 12) 이용로李龍老
　　13) 이형덕李馨德　　　 14) 박증영朴增永　　　 15) 박연래朴廷來
　　16) 박사순朴思純　　　 17) 박한열朴漢烈　　　 18) 박영곤朴永坤

25. 문행文行 · 146

1) 박주장朴周章　　　　2) 박희장朴希章　　　　3) 박세언朴世彦
4) 박순덕朴洵德　　　　5) 박성묵朴星默　　　　6) 박필용朴必龍
7) 예대건芮大健　　　　8) 박수간朴秀幹　　　　9) 예대기芮大畿
10) 박치장朴致璋　　　11) 박치용朴致龍　　　12) 예창근芮昌根
13) 박휴묵朴畦默　　　14) 박치발朴致發　　　15) 박치경朴致璟
16) 이회규李會圭　　　17) 박치서朴致瑞　　　18) 박치해朴致海
19) 박래현朴來鉉　　　20) 박창현朴昌鉉

26. 훈신勳臣 · 151

1) 김선장金善莊　　　　2) 김한귀金貴漢　　　　3) 이운룡李雲龍
4) 김진성金振聲

27. 원종훈原從勳 · 152

1) 박경전朴慶傳　　　　2) 박경신朴慶新　　　　3) 김극유金克裕
4) 박경윤朴慶胤　　　　5) 박지남朴智男　　　　6) 박철남朴哲男
7) 박찬朴璨　　　　　　8) 박숙朴琡　　　　　　9) 박린朴璘
10) 박구朴球　　　　　11) 박근朴瑾　　　　　12) 박선朴瑄
13) 박문부朴文富　　　14) 예인상芮仁祥

28. 공신功臣 · 156

1) 이철李澈　　　　　　2) 반국해潘國海

29. 고려명신高麗名臣 · 156

1) 김지대金之岱

30. 명신名臣 · 158

1) 김점金漸

31. 명환名宦 · 158

1) 박융朴融　　　　　　2) 김호우金好雨　　　　3) 이우李友
4) 이몽상李夢祥　　　　5) 이사균李思均　　　　6) 이영李柃
7) 이정탁李廷卓

32. 청백淸白 ·· 160
1) 금의琴儀 2) 민종유閔宗儒 3) 문여량文汝良
4) 이굉李浤 5) 이윤李胤 6) 안구安覯

33. 충신忠臣 ·· 161
1) 박경인朴慶因 2) 박우朴瑀 3) 이해李海
4) 이잠李潛 5) 박경선朴慶宣

34. 고려절의高麗節義 ·· 163
1) 박익朴翊 2) 박양무朴楊茂

35. 절의節義 ··· 165
1) 김진金軫 2) 예몽진芮夢辰

36. 효자孝子 ··· 165
1) 김극일金克一 2) 이관명李官明 3) 박윤손朴閏孫
4) 박영朴穎 5) 최여준崔汝峻 6) 박양춘朴陽春
7) 이유의李惟毅 8) 박상朴詳 9) 김헌장金憲章
10) 박시한朴始漢 11) 박상협朴尚協 12) 반환潘瓛
13) 배세중裵世重 14) 이택준李宅俊 15) 박동직朴東稷
16) 박정하朴廷夏 17) 박정우朴廷佑 18) 박창한朴昌漢
19) 박성덕朴性德 20) 예조학芮祖學 21) 박용우朴龍友
22) 이의선李意善 23) 이진화李振華 24) 임기노林基魯
25) 김희찬金熙瓚 26) 예상근芮尙根 27) 문일태文日泰
28) 예헌기芮憲基 29) 김유헌金裕軒

37. 효부孝婦 ··· 179
1) 종비從非 2) 류씨柳氏 3) 김씨金氏
4) 이씨李氏 5) 박씨朴氏 6) 이씨李氏

38. 정열貞烈 ··· 184
1) 허씨許氏 2) 이씨李氏 3) 김씨金氏
4) 정씨鄭氏 5) 곽씨郭氏 6) 김씨金氏

39. 문과文科 · 185
  1) 김린金潾
  2) 박영朴榮
  3) 김건金健
  4) 김맹金孟
  5) 김준손金駿孫
  6) 김기손金驥孫
  7) 김일손金馹孫
  8) 조지경趙之瓊
  9) 박호朴虎
  10) 최학승崔鶴昇
  11) 이순선李舜善
  12) 천일성千馹成
  13) 김석원金錫源

40. 사마司馬 · 190
  1) 박란朴鸞
  2) 박형달朴亨達
  3) 김익수金益粹
  4) 박중문朴仲文
  5) 이부李郛
  6) 이초李礎
  7) 이기李磯
  8) 박양복朴陽復
  9) 박광형朴光亨
  10) 이덕인李德仁
  11) 이환李瓛
  12) 반세영潘世榮
  13) 박태한朴泰漢
  14) 박소원朴紹遠
  15) 이하구李夏耈
  16) 박상고朴尚古
  17) 박태고朴太古
  18) 박경림朴瓊林
  19) 예재문芮在文
  20) 최윤곤崔潤坤
  21) 이주보李周甫
  22) 김창윤金昌潤
  23) 예대열芮大烈
  24) 예주명芮周鳴
  25) 최석붕崔錫鵬
  26) 박기우朴箕瑀
  27) 장용규蔣龍圭
  28) 이정화李庭和
  29) 이필선李泌善
  30) 이인선李寅善
  31) 최익주崔翼周
  32) 김상효金相孝
  33) 최상의崔相宜
  34) 박정호朴廷鎬
  35) 김건곤金健坤
  36) 박수인朴秀寅

41. 음사蔭仕 · 201
  1) 김대장金大壯
  2) 이육李育
  3) 예은결芮恩結
  4) 이도李都
  5) 조윤적趙允廸
  6) 장희윤蔣希尹
  7) 김참金參
  8) 김호원金浩源
  9) 예득보芮得寶
  10) 이계손李繼孫
  11) 이종명李宗明
  12) 김발金䟃
  13) 이엄李儼
  14) 이광점李光漸
  15) 이주언李周彦
  16) 민의閔義
  17) 박동위朴東緯
  18) 최봉승崔鳳昇
  19) 최한주崔翰周
  20) 김병두金柄斗
  21) 김용복金容復
  22) 박기묵朴起默
  23) 박재화朴在華
  24) 김용희金容禧
  25) 박한묵朴漢默
  26) 김창우金昌宇
  27) 박응덕朴應德
  28) 박재도朴在燾
  29) 박학영朴鶴永
  30) 예용기芮龍基
  31) 박정묵朴貞默
  32) 박원묵朴元默
  33) 이운선李運善
  34) 김익효金益孝

42. 무직武職 ··· 209

1) 이붕李鵬　　　　　2) 이백신李白新　　　　3) 박현욱朴玄郁
4) 예용주芮用周　　　5) 박동설朴東卨　　　　6) 박명한朴鳴漢
7) 장희만蔣熙萬　　　8) 이광재李光載　　　　9) 이광시李光時
10) 이용선李龍善　　 11) 박기표朴箕杓　　　 12) 박민준朴珉準
13) 박재삼朴在三　　 14) 최한면崔翰冕　　　 15) 박우덕朴宇德

43. 수직壽職 ··· 212

1) 조승趙承　　　　　2) 박중규朴重圭　　　　3) 김집金輯
4) 박상초朴尚初　　　5) 김만전金萬全　　　　6) 남환南煥
7) 남이정南以禎　　　8) 박태환朴泰煥　　　　9) 예시검芮時儉
10) 박연학朴廷學　　 11) 박치규朴致圭　　　 12) 박동우朴東佑

44. 증직贈職 ··· 215

1) 박분朴㸮　　　　　2) 남환南煥

청도군 발문 清道郡跋 ·· 216
조선환여승람 발문 朝鮮寰輿勝覽跋 (김윤환金閏煥) ···················· 218
조선환여승람 발문 朝鮮寰輿勝覽跋 (이병연李秉延) ···················· 220

• 참고문헌 _ 223
• 동여도東輿圖 속 청도군 _ 226
• 본문 속 인물 찾아보기 _ 231
• ≪조선환여승람≫ 청도군 영인본 _ 235

해 제

≪조선환여승람≫은 1책의 목판 및 목활자본으로 전국 220개 군 가운데 129개 군의 인문 지리 현황을 조사하여 공주 보문사普文社에서 군별로 독립 간행한 20세기 사찬 읍지이다. 일제강점기 송석 이병연李秉延이 편집, 안병태安秉台가 교열과 발행을 맡았다. 본래 전국 모든 군을 대상으로 삼았지만, 일제강점기의 시대적 상황, 지역별 사료 활용의 제한 등을 이유로 미완의 지리지로 남았다.[1]

편찬자 송석 이병연(1897~1977)

이병연 자는 백윤允允, 호는 송석松石, 본관은 연안延安이다. 그는 일생토록 저헌 이석형李石亨과 묵재 이귀李貴의 후손임을 자랑스럽게 여기고 유학자의 본령을 확고하게 지키는 삶을 살았다. 갑오개혁과 청일전쟁이 있었던 1894년에 태어나 경술국치, 일제 식민지, 남북 분단 등 격변하는 근현대사를 몸소 경험하였으며, 한자 사용의 폐지가 공론화되고, 유학이 망국의 원인으로 지목받는 것을 보며 절망과 비탄에 젖기도 하였다. 이러한 정신적 혼란과 유학 사상의 해체 국면 속에서 유학의 진흥과 주체 의식의 확립을 삶의 지향점으로 삼고 흔들리지 않는 일관된 삶을 살았다.

이병연이 ≪조선환여승람≫을 집필하게 된 사상적 토대의 형성은 19세부터 차츰 시작한다. 그는 약 10년 동안 부친을 따라 ≪잠영보簪纓譜≫를 비롯한 여러 편찬 사업에

---

[1] 박홍갑 외, ≪淸道의 沿革과 地理志≫, 한국문화원연합회, 2019, p.219를 참조하여 작성하였다.

동참하며 호남 지방을 돌기도 하였으며 수 해 동안 족보 및 ≪청금록2)≫ 등 유생 명부를 정리·편찬하는 일에 직접 가담하여 출판 사업에 대한 실무와 경험을 축적하게 된다. 1922부터 1927년 무렵까지는 삼종형 이병두李秉斗 등과 함께 조선 13도를 아우르는 ≪전선청금록≫을 편찬하여 전국에 보급하기도 하였다. 이 시기 출판과 판매를 병행하며 생활고에 시달리고 아내마저 황망하게 잃게 된다. 그럼에도 약 5년 동안의 ≪청금록≫의 편찬은 ≪조선환여승람≫ 출판에 기반이 되었으며 ≪조선환여승람≫이 인물 사전이라 할 만큼 인물 소개에 집중한 것은 ≪청금록≫ 당시에 확보한 광범위한 자료와 편집 경험 덕분이었을 것으로 보인다. 이 과정에서 이병연은 지방마다 현지의 조사원을 위촉하여 기본 자료를 수집하거나 자신이 직접 자료를 수합하고 조사원을 지도하기도 하였다. 일례로 함흥 출장을 가서 1년간 체계적인 조사를 위해 머물기도 하였다.3)

1928년, 35세였던 이병연은 생계를 이어갈 길이 막막해지자 집 뒤편에 있는 역목櫟木을 매각하기에 이른다. 이를 타개하기 위해 자신이 가장 잘할 수 있는 일을 계획하게 되는데 바로 전국 유림과 가문의 호응을 얻을 만한 주제인 ≪인물승람≫ 2책을 자신의 명의로 출간하는 것이었다. 그러나 일제 당국에 의해 불허되어 아무런 성과를 거두지 못한 채 좌절을 겪게 되었다. 하지만 이에 굴하지 않고 다음 해에 전년도 허가 신청을 했던 ≪인물승람≫에 산천과 풍토의 내용을 추가하여 ≪환여승람≫이라고 개명하고 허가 신청을 하였다. 그리고 경성에 사는 외종 안병태에게 교섭을 부탁하였고 마침내 1929년 11월, ≪조선환여승람≫ 허가를 받았고, 공주지방법원 상업등기를 내어 관보와 신문에 기재되어 전국에 공포하게 된다. 허가가 나오기 한 두 달 전인 1929년 10월 전 판서 윤용구와 전 규장각 학사 민경호가 서문을 쓰고, 같은 해 9월과 10월에 전 내장원경 김윤환과 이병연이 각각 발문을 썼다. 그리고 자신이 설립한 출판사인 보문사의 명의로 주요 독자층인 전국 각 향교와 유림 집안에 통문을 보내어 출판 사실을 알리고 판매 홍보에 힘썼다.4) 지금까지 이병연이 ≪조선환여승람≫을 편찬하게 되기까지의 과

---

2) 청금록(靑衿錄): 조선(朝鮮) 시대(時代)에, 성균관(成均館)·향교(鄕校)·서원(書院) 따위에 있던 유생(儒生)의 명부(名簿).
3) 최영성, 〈송석 이병연의 삶과 학문정신〉, ≪동방한문학≫ 제96집, 2023, pp.294-305의 내용을 요약하여 작성하였다.
4) 김건우, 〈20세기 어느 유학자의 생애와 편찬 활동 -송석(松石) 이병연(李秉延)을 중심으로-〉, ≪태동고전

정을, 개인사를 중심으로 들여다보았다. 그는 부친의 사업을 보조하면서 자연스럽게 출판 분야에 상당한 공력을 쌓았고, 특히 ≪청금록≫과 같은 특정 지역 혹은 전국 단위의 인물을 수록하여 소개하는 성격의 책을 많이 다루게 된다. 주 독자층이라 할 수 있는 유림과 그 집안의 호응을 얻어 상업용 출판으로서 어느 정도 성공을 거두었던 것으로 보인다. 그러나 그는 단순한 상업용 출판만을 위한 것이 아니라 인물이 가지는 역사성과 전통성을 통해 유가 정신과 민족정신을 일깨워 주고 싶었던 의지가 엿보인다. 기존 연구에 의하면 자원·자본 수탈과 식민 통치를 위한 자료수집의 방편을 목적으로 일제 식민지 강점에 들면서 읍지邑誌의 편찬이 증가하는데 일부 읍지의 경우 이 목적에 찬동하여 편찬한 예도 있다.

그러나 ≪조선환여승람≫은 일제 식민지 강점기 시대의 읍지 편찬의 특색이라 할 수 있는 서원·사묘·재실·정사에 대한 서술 또한 다루고 있는데 이는 민족 말살 정책으로 한민족의 역사의식이 크게 왜곡되고 주체성마저 심하게 흔들리게 되는 일제 식민지적 상황에서 직접적인 저항운동을 하지 못하는 대신 간접적으로 저항 의식을 가지고 서원·사묘·재실·정사의 전통적인 교육에 의한 한민족의 전통성, 역사성, 주체성을 심어 주며 이어가려는 목적으로 민족 보존의 입장에서 지지 편찬이 이루어진 것이라 할 수 있겠다.[5] 이러한 맥락에서 ≪조선환여승람≫은 단순한 총지라기 보다는 민족적 정체성과 유학의 가치 회복을 지향한 당대 지식인의 저항 정신의 결과라 할 수 있겠다. 표면적으로는 동해를 일본해로 표기하는 등 일제에 순응하면서도 당국의 출판 검열 과정에서 편찬 의도를 숨기고 역대 인물과 역사적 유적을 통해 조선의 정신이 살아 있음을 증명하고자 하였다.

≪조선환여승람≫의 내용과 체제

≪조선환여승람≫은 찬자 스스로 지리지의 모범이라고 인식했던 조선 전기 ≪동국

연구≫ 제49권, 2022, pp.53-54의 내용을 요약하여 작성하였다.
5) 양보경, 〈일제 식민지 강점기 邑誌의 편찬과 그 특징〉, ≪應用地理≫ 第22號, 2001, pp.108-109 인용.

여지승람≫을 본받아 그 체재와 내용을 구성하였으며 책의 제목을 ≪조선환여승람≫이라 하였다. 제목의 '환여'는 '천하' 또는 '세계'를 뜻하며, '여지'는 '만물을 싣는 대지'를 의미한다. 이러한 제목의 의도와 의미는 이병연의 〈발문〉에 밝히고 있다. 지리지의 전범典範이 되는 ≪동국여지승람≫을 계승하여 새로운 지리지를 편찬하겠다는 의도를 가지고 서술에 있어 나라의 연혁을 먼저 기술 한 후, 인물을 정리는 방식을 취하였다. 이 과정에서 재지 사족의 협조를 받아 사찬 읍지의 성격과 편찬 의도를 두루 반영하였다. 특히 기존 전통 지리지를 넘어서는 새로운 지리지의 지향은 구체적으로 인물편에서 두드러지게 나타나는데, 인물 서술 부분이 훨씬 광범위하게 구성된 것이 특징이다. 서문에서 밝히듯 조선 땅에서 배출된 인물들의 업적별로 분류하여 특정 지역의 인물이 어느 분야에서 두드러졌는지를 드러내고 알려지지 않았던 인물도 적극 발굴하여 수록하기도 하였다. 본문의 상당 부분이 인물 부에 할애된 것도 이러한 편찬 의도와 직결된다.6)

[조선환여승람·청도군 체제 일람표]

구 분		내 용
서문		윤용구, 민경호
총론	조선지리 총설	조선명의(朝鮮名義), 조선위치(朝鮮位置), 조선경계(朝鮮境界), 조선광무(朝鮮廣袤), 조선연혁(朝鮮沿革), 조선인종(朝鮮人種), 조선방언(朝鮮方言)
	도내지리 총설	위치 및 경계(位置及境界), 연혁(沿革), 산악(山岳), 하류(河流), 해만 및 도서(海灣及島嶼)
지지편(地誌篇)		건치연혁(建置沿革), 군명(郡名), 산천(山川), 토산(土産), 기차역(汽車驛), 명승지(名勝), 고적(古跡), 교궁(校宮), 원사(院祠), 사찰(寺刹), 학교(學校), 부조묘(不祧廟), 수비(竪碑), 정려(旌閭), 석총(碩塚), 명묘(名墓), 누정(樓亭), 제영(題詠)
인물편(科宦篇)		유현(儒賢), 학행(學行), 유일(遺逸), 유행(儒行), 문행(文行), 훈신(勳臣), 원종훈(原從勳), 공신(功臣), 고려명신(高麗名臣), 명신(名臣), 명환(名宦), 청백(清白), 충신(忠臣), 고려절의(高麗節義), 절의(節義), 효자(孝子), 효부(孝婦), 정열(貞烈), 문과(文科), 사마(司馬), 음사(蔭仕), 무직(武職), 수직(壽職), 증직(贈職)
발문		예대희, 김윤환, 이병연

---

6) 김경수, 〈『조선환여승람』의 편찬과 그 의미〉, ≪韓國史學史學報≫ 제47호., 2023, pp.217-227의 내용을 요약하여 작성하였다.

각 군 편의 체재는 항목 구성에서 일정한 차이를 보이는데, 먼저 서문과 발문의 경우도 그러하다. 예를 들면, ≪남원군≫편에는 김윤환, 이병연, 안정여의 발문이 있으나 ≪청도군≫편에는 김윤환, 이병연의 발과 청도군 편 증보에 참여한 예대희의 발문이 있어 차이를 보인다.

항목 구성의 차이는 ≪청도군≫을 기준으로 ≪서천군≫, ≪남원군≫, ≪경산군≫과 비교하여 논해보면 ≪서천군≫은 〈지지편〉에서 군사표, 신구속현, 도서, 군세, 명소, 교량, 궁전 등의 항목이 추가적으로 보이는데 이는 지역적 특색의 차이에서 기인하는 것으로 보인다. 예를 들면 '도서島嶼'는 바다를 접하고 있는 해안 지역인 서천과 내륙 지방인 청도의 차이이다. 〈인물편〉에서는 선정, 고려절의, 진목瞋睦, 여행女行, 제영, 청백 등에서 차이를 보인다.

≪남원군≫의 경우, 〈지지편〉에서 단사珊社, 비전碑殿 항목이 추가되어 있으며, 〈인물편〉에서는 선시善詩, 선필善筆, 명망名望, 진목의 항목이 더해져 있다. ≪경산군≫의 경우, 〈지지편〉에서 군세, 교량, 단묘壇廟 등이 추가 기록되어 있으며, 〈인물편〉에서는 문원文苑, 선문善文, 선필, 명망, 진목, 우애, 규원閨媛 등에서 차이가 있다. 종합하면, 각 군별로 〈서론〉·〈총론〉(조선 지리 총설, 도내 지리 총설)·〈지지편〉·〈인물편〉·〈발문〉의 통일된 기본 체재를 갖추고 있으면서도, 지역적 특색과 사회·문화적 상황을 반영하여 항목의 가감이 이루어진 것으로 보인다.

≪조선환여승람·청도군≫과 ≪청도문헌고≫

읍지 편찬은 1930년대에서 1945년까지에 걸쳐 가장 많이 이루어진다. 여기에는 여러 가지 이유가 있겠지만, 크게 두 가지를 꼽아 볼 수 있다. 첫째, 1930년 이후부터 중국 대륙 침략이 본격화되어 각종 자원·자본에 대한 수탈이 자행되면서 각 지역의 자료 수집 차원이다.[7] 둘째, 1914년 3월 1일 일제는 행정구역 개편을 실행하여 전국 5,000

---

7) 양보경, 〈일제 식민지 강점기 邑誌의 편찬과 그 특징〉, 應用地理 第22號, 2001, p.108 인용.

여 개 면을 2,500개로, 240여 개의 군을 230개로 조정하는 등 사회 체제는 급속한 변화를 맞이한다. 여기서 지방 유림의 역할과 존재는 이전 시기만큼의 사회·경제적 지위를 누리지 못하고 스스로 자기 정체성 확립과 지역사회에서 일정한 위상을 유지할 필요성을 인지하게 되고 이에 유교적 가치 질서를 회복·반영하려는 의도이다.[8]

위의 시기에 편찬된 청도군 읍지로는 ≪조선환여승람·청도군≫(1934), ≪청도문헌고≫(1940), ≪정정속산지≫(1943), ≪오산지속편≫(1944)이 있다. 열거한 4권의 대표적 20세기 청도군 읍지는 각 항목별 수효에서 큰 차이를 보인다. 항목별로 비교해 보면 다음과 같다.

[청도문헌고 체재 일람표]

구 분	내 용
서문	박재시, 이종옥, 김용완, 김원곤
지지편(地誌篇)	연혁(沿革)〈고호(古號)〉, 위치, 지세, 산천, 성씨, 풍속, 호구(戶口), 세제(稅制)〈경지면적·세지연혁(稅地沿革)〉, 관제(官制)〈봉름(奉廩)·행관제(行官制)〉, 군제(軍制), 공해(公廨)〈창고(倉庫)·누정(樓亭)·현공해(現公廨)·공공산업단체〉, 수관(守官), 성첩(城堞), 방리(坊里)〈폐합면동(廢合面洞)〉, 형승(形勝)〈고적(古蹟)〉,교통(交通)〈역원(驛院)·봉수(烽燧)·도로·교량〉, 토산(土産)〈진공(進貢)·산업〉, 시장(市場), 제보(堤洑), 교원(校院)〈사단(祠壇)·학교〉, 총묘(冢墓)〈비갈명(碑碣銘)〉, 정재(亭齋), 사찰(寺刹)〈탑불(塔佛)〉
인물편(科宦篇)	명신(名臣), 유현(儒賢), 유행(儒行), 훈공(勳功), 절의(節義)〈창의(倡義)〉, 문행(文行), 문관〈생진(生進)〉, 음관(蔭官), 무관, 효자, 열부(烈婦), 자선, 수직(壽職), 증직(贈職), 열전(列傳), 명석(名釋)
기타	기서(記序)〈상량문〉, 제영(題詠)
발문	박희곤, 이정기

---

[8] 김경수, 〈『조선환여승람』의 편찬과 그 의미〉, ≪韓國史學史學報≫ 제47호, 2023, p.226 인용.

[항목별 비교표][9]

	청도문헌고	정정오산지	오산지속편
인물	名臣1, 儒賢1, 儒行28, 勳功15, 節義13, 文行85, 文官26, 生進46, 蔭官82, 武官52, 孝子75, 孝烈婦34, 慈善19, 壽職153, 贈職57, 列傳481, 名釋4 (총 1172명)	名宦6, 官案60, 名賢5, 鄕賢1, 文武名人10, 文武東班17, 孝子4, 烈女2, 名釋5 (총 110명)	官案129, 文官6, 蔭官9, 武官14, 生進34, 孝子5, 烈女3 (총 200명)
정자 재실	124개소		12개소
시문	시 28제 84수 문 42편	시 3제 12수 문 8편	시 7제 12수 문 5편

    이를 보면, ≪청도문헌고≫는 분명 기존의 읍지보다 내용도 다양하고 항목의 수도 증가하였음을 알 수 있다. 〈인물편〉에 수록된 인물을 비교해 보더라도 1,172人/110人/200人/270人 등 10배에 가까운 차이가 난다. 그러나 ≪청도문헌고≫는 '수직'과 '증직'처럼 읍지의 기본 체제를 벗어난 항목을 추가하기도 하였으며, 〈열전〉의 경우 인물의 상세한 전기를 서술한 것이 아니라 본관을 비롯한 간략한 인물 정보만 기록하고 있으며, 근거 자료 또한 불분명하여 객관성을 담보할 수 없는 비판을 받고 있다. 단적인 예로 밀양 박씨 박경신 등 임진왜란 당시 의병을 일으켜 왜적과 맞서 싸운 청도군의 대표적 인물인 14 의사(박경신, 박경전, 박경윤, 박지남, 박철남, 박찬, 박숙, 박린, 박구, 박근, 박선, 박경인, 박우, 박경)은 ≪청도문헌고≫에 기록되어 있지 않다. 이에 반해 ≪조선환여승람·청도군≫편에는 14 의사가 모두 기재되어 있다. 또한 일제의 저항적 인물에 관해 상이한 기록이 존재하기도 한다. 바로 반동락 선생이다. 두 문헌의 기록 차이를 보자.

    ≪조선환여승람·청도군≫

    반동락 자는 귀현, 호는 회산이며 본관은 기성이다. 문효공 반유형의 후손이다. 성품이 과묵하고 신중하며, 편모를 섬기기를 지극한 효성으로 행하였으며, 경사를 두루

---

[9] 이상동, 〈淸道邑誌를 통해 살펴본 일제강점기 邑誌편찬의 一例〉, ≪民族文化論叢(第58輯)≫, 2014, p.277 인용.

읽고, 자신을 드러내거나 자랑하지 않았으며, 경술국치(1910) 뒤 자정하였다.

≪청도문헌고≫
본관은 기성이다. 옥계의 후예이며 호는 회산이며 만구 이종기의 문인이다. 모친이 눈병을 앓자 출입하는데 부축하고 음식에 편리하게 해드리기를 10년 동안을 하루같이 하였다. 경전을 탐구하여 스승이 추장하였다. 문집이 있다.

기본적인 인물에 관한 내용은 동일하나 경술국치에 자정하였다는 내용은 생략하고 있다. 참고로 반동락은 청도군 편 제작에 참여한 장화식의 스승이다.

이러한 차이는 앞서 읍지 편찬이 중대하게 된 원인과 연계하여 이해해 볼 수 있는데, ≪청도문헌고≫는 전형적인 첫째의 이유에 해당한다고 할 수 있다. 사회 변화의 양상을 수록한 이면에는 일제강점기라는 시대적 배경 속에서 자원·자본 수탈과 식민 통치를 위한 자료수집의 방편과 자신들의 이름을 현양顯揚하기 위한 수단으로 활용하였다는 것이다.10) 이에 반해 ≪조선환여승람≫은 유교적 가치 질서 회복의 둘째 이유에 해당한다고 할 수 있다.

청도 출신 이산 예대희와 복암 장화식

전통 시기 지리총지地理叢誌는 각 지역의 개관·방리坊里·도로·인물·건치연혁·산천·형승·군명·풍속·단묘 등의 체계로 구성되어 각 지역의 제단과 사당, 서원, 향교, 교궁, 원사, 정려, 부조묘 등 유가 가치 아래 기본적 지역사회, 경제, 행정적인 내용을 종합하고 있다. 나아가 개별 읍지를 총괄하여 그 내용이 방대하다. 이에 왕명에 의해 각 지역의 지방관과 유림이 참여하여 중앙 기관에 사료를 보고·협력하는 관찬 방식이 일반적이다.

그러나 ≪조선환여승람≫은 전국을 대상으로 하는 총지임에도 사찬 읍지로 이병연

---

10) 이상동, 〈清道邑誌를 통해 살펴본 일제강점기 邑誌편찬의 一例〉, ≪民族文化論叢(第58輯)≫, 2014, pp. 278-283의 내용을 요약하여 작성하였다.

과 안병태의 두 사람의 주도하기엔 물·인적 자원의 한계가 있었다. 이 때문에 각 지역 유림과 보고원의 협조를 얻어 사료를 수집·정리하고 이를 바탕으로 독립적인 군 단위의 편을 통일된 체재로 갖추고 엮어 출판하는 방식을 취하였다. 청도군 편의 경우, 예대희와 장화식이 이 과정에서 주된 역할을 한 것으로 보인다. 예대희芮大僖(1868~1939)는 발문에서 발간 과정과 역할 분담, 그리고 발간 목적에 대해 밝히고 있다. 그는 기존 군지의 기록이 소략하여 아쉬움을 느끼고 있던 때에 연안 이병연이 ≪동국여지승람≫의 내용과 체계를 이어받아 속편 성격의 총지를 편찬하자, 청도군 출신이었던 예대희가 적극 찬동하여 ≪조선환여승람 청도군≫의 증보에 참여하게 된 것이다. 또한 고향의 벗인 복암復菴 장화식蔣華植(1871~1947)이 참여하여 함께 자료를 모으고, 지역의 인물을 더하고 덕행·학문·환업·명절·시문·효자와 열녀 등의 기준으로 부류를 나누어 모았다고 구체적으로 전하고 있다. 나아가 각 인물 아래 주를 달아 명백히 가문의 조상이 누구이며 누가 집안 대대로 덕을 쌓아왔는지를 알 수 있게 하였다고 기록하고 있어 집필의 목적 또한 분명히 드러내고 있다.

여기서 예대희와 장화식이라는 인물에 대해 간략히 살펴볼 필요가 있는데, 그 이유는 두 가지 정도로 생각해 볼 수 있다. 첫째, 읍지는 일반적으로 해당 지역을 대표하는 지방관과 유림 또는 당시 사정에 정통한 인물에 의해 주도되는 것이 통례이다. 따라서 이 두 사람이 당시 청도군의 실정에 밝은 위치에 있었는지를 살펴보기 위함이다. 둘째, ≪조선환여승람≫가 기존 읍지와 구별되는 특징 중 하나는 지역 출신 인물을 다량 수록하고 있다는 점이다. 청도군의 경우, 고려시대에서 근현대에 이르기까지 이 지역에서 활동한 인물의 시기적 범위가 넓고, 그 수 또한 적지 않다. 이에 두 편찬자가 지니고 있었던 가치관과 시대적 인식과 상황이 인물 선정과 배치에 일정한 영향을 미쳤음을 시사한다. 따라서 예대희와 장화식의 삶을 간략히 살펴봄으로써 이들의 인물 선택과 배치에 내재된 의도를 추정해 보고자 하는 것이다.

먼저 예대희는 청도군의 세거 성씨인 의흥예씨로 그의 발문에서 '고을 후생鄕後生 부계缶溪 예대희芮大僖'라고 자신을 소개하는 등 지역에 대한 애착을 드러낸다. 그는 연재淵齋 송병선宋秉璿과 심석재心石齋 송병순宋秉珣의 문하에서 수학하였으며 을사조약과 경술국치를 거치며 국권이 박탈되자 망명을 결심하고 1912년 식솔들을 데리고 만주로 떠났다. 그곳에서 이승희李承熙, 맹보순孟輔淳 등과 함께 국권 회복 방안을 모색하였으며, 이승희와 함께 공교회 운동에 참여하여 한인 공교회 지회를 설립하는 등의 성과를 이루었다. 1916년 귀국한 후에는 공주 명암리鳴岩里에 정착하였고, 1939년에 생애를 마친 것으로 전한다.11) 발문의 마지막 문장에 객지인 호서 지방(공주)에 머무르며 이 책에 고향을 그리워하는 마음을 의탁하고자 함을 드러내는데, 그의 발자취와 일치하는 대목이다.

다음으로 장화식은 지금의 경상북도 청도군 이서면 신촌리에서 출생하였으며, 1947년에 사망하였다. 본관은 아산, 자는 효중孝重, 호는 복암復菴이다. 처음 회산 반동락의 문하에서 수학하고, 김흥락·이종기 등을 스승으로 삼고 가르침을 받았다. 1911년 면우俛宇 곽종석郭鍾錫을 찾아가 심설心說에 대해 질의하고, 김동진金東鎭·박재헌朴載憲·송준필宋浚弼 등과 도의로 교유하였다. 1922년 경성 유림 총부에서 강사로 추천되었으나 나아가지 않았다. 장화식은 망국의 한을 안고 오직 학문 연구에만 열중하였다. 아들 장병구蔣炳球가 1956년 편집·간행한 시문집으로 ≪복암집復庵集≫이 있다. 장화식이 지은 〈장야부長夜賦〉는 나라가 망한 뒤 오래도록 광복되지 못함을 안타깝게 생각하며 지은 것이다. 예로부터 밤이 깊으면 낮이 가까워지는 것이 당연한 이치지만, 이번의 밤은 너무 길다는 뜻을 요순堯舜과 걸주桀紂의 역사적 치란治亂을 예로 들면서 광복이 분명한 사실로 다가오고 있음을 말하고 있다.12) 일제에 대한 저항으로 망명을 선택한 예대희와 은거의 장화식 두 사람은 방식은 달랐지만, 나라를 위한 충절은 다르지 않았음을 알 수 있다.13)

다시 논점으로 돌아가 당시의 시대상과 두 인물의 삶의 궤적과 사유를 통해 자신이

---

11) 네이버 지식백과 제공, [한국향토문화전자대전] 인용.
12) 한국학중앙연구원 제공, [한국향토문화전자대전·디지털청도문화] 인용.
13) 이상동(2014)은 일제강점기 청도 유림의 대응 양상에 관하여 殉國이나 義兵, 抗日이나 亡命 등의 적극적 대응보다는 隱居, 遊學 등의 소극적인 대응으로 나타났음을 지적하며 그 예시로 義兵으로는 박시묵을, 抗日로는 성기운, 김태린, 김정기를, 亡命으로는 예 대희를 들 수가 있다. 隱居혹은 避世로는 장화식, 김재화, 하성재를, 遊學으로 박장현을 고 있다. 또한 소극적인 대응의 원인으로 청도 유림의 재지적 특성과 다양한 학문적 성향은 문중·지역·당색과 연관되다보니 조선후기 이래 전개되는 위정척사운동이나 의병항쟁에서 보수적인 청도 유림의 결속력을 약화시키는 근본적인 취약 점으하였음을 지적하고 있다. 이상동, 〈淸道邑誌를 통해 살펴본 일제강점기 邑誌편찬의 一例〉, ≪民族文化論叢(第58輯)≫, 2014, p.272 인용.

터 잡고 있고, 심정적 귀속감과 정서적 터전인 청도군에 대한 유대감이 ≪조선환여승람≫ 청도군 편에 내포되었음을 생각해 볼 수 있다. 앞서 살펴본 바와 같이 ≪조선환여승람≫은 국가의 정체성 확립을 목적으로 편찬된 전통 시기 ≪동국여지승람≫의 체제를 계승하고 이에 더하여 인물 부의 기록을 확장하였음을 알 수 있다. 청도군의 〈인물편〉 내용을 살펴보면, 유현(1人)·학행(4人)·유일(30人)·유행(18人)·문행(20人)·훈신(4人)·원종훈(14人)·공신(2人)·고려명신(1人)·명신(1人)·명환(7人)·청백(6人)·충신(5人)·고려절의(2人)·절의(2人)·효자(29人)·효부(6人)·정열·(6人)·문과(13人)·사마(36人)·음사(34人)·무직(15人)·수직(12人)·증직(2人) 등 효자, 효부, 정열 등의 24항목, 총 270人(중복 제외 시 267人)14) 등의 인물을 중심으로 한 서술을 취하고 있다. 여기서 인물 서술을 중심으로 한 지방 읍지가 어떻게 전통적 가치를 지킬 수 있을지 하는 의문이 든다. 그러나 결론적으로 내용의 대다수를 인물 부에 중점을 둔 서술 방식은 더욱이 지역 청도를 이해하는 데 필수적이며 가장 중요하다고 할 수 있다. 한 지방군지의 편찬에서 조선의 옛 정신과 전통을 담고자 한 시도인 것이다.

지금부터 그 이유를 간단히 논해보면 다음과 같다. 청도는 그 지명에서 알 수 있듯이 밀양시를 비롯하여 7개 시군이 접하는 교통의 요지 지역이다. 그러나 개방적인 공간임에도 그 내부를 들여다보면 용각산을 중심으로 '산동'과 '산서'로 사회적 공간이 세분한다. 그리고 이 지역민들 사이에는 상이한 가치관과 서로 구별되는 사회적 관계, 문화적 정체성을 나타내는 특징을 지닌다.15) 산동과 산서는 지형과 지질에서도 차이를 보이는데 이는 생업인 농업 경작지의 면적에도 영향을 미치기도 한다. 산동 지역은 대체로 밭이 많고 산서 지역은 논이 비교적 넓은 것이 특징이다. 이러한 자연공간의 차이는 한 지역 내 퇴계학과 남명학, 남인과 노론의 전통의 공존, 구양반과 신양반의 관계, 사회적 지위, 혼인 관계망의 차이와 특징을 형성하게 한다.

구체적으로 지역민을 들여다보면, 오늘날의 청도 양반은 구양반(구향원)과 신양반(신향원)으로 구분할 수 있는데, 그 기준은 1904년을 기점으로 한 가문의 향교 입록 여

---

14) 김일손(유현편·문과편), 박태고(학행편·사마편), 남환(수직편·증직편) 등의 경우, 중복 기록되어 있다.
15) 박성용, ≪주어진 공간과 재구성된 사회적 공간 - 청도 종족들의 역사인류학적 연구≫, 영남대학교출판부, 2024, p.21 참조.

부이다. 15세기 김일손의 김해 김씨, 박하담의 밀양(성)박씨, 이육의 고성이씨, 최연의 홍해최씨 등의 가문이 재지적 기반을 가졌으며 17세기에는 재령이씨, 의흥예씨, 아산장씨가 대표 가문으로 편입되었다. 결론적으로 15개 성씨, 18문중으로 구향원(구양반)을 한정할 수 있는데, 이들은 청도 산동과 산서 지역에 세를 이루고 집단 거주하였다. 백곡리(김해김씨), 내리(경주김씨), 수야리·칠성리(고령김씨), 신당리(의성김씨), 신지리·수야리·원정리·신촌리(밀양박씨), 유등리(고성이씨), 금촌리(재령이씨), 행정리(경주이씨), 대전리(의흥예씨), 향인촌(아산장씨), 낫실(경주최씨), 구라리(기성반씨), 원정리(안동손씨), 안인리(여흥민씨), 유등리(현풍곽씨) 문중 등이 중심된 역할을 하였다.16) 이를 보면 예대희는 의흥예씨이고, 장화식은 아산장씨로 청도의 사회적 공간을 누구보다 잘 이해하는 인물과 처지에 있었다고 할 수 있겠다.

또한 지역 거주민의 전언을 인용해 보면 "산동은 조선시대에 무관이 나는 곳이었으며 근세에도 법조계, 경제계 출신들이 산서에 비해 상대적으로 많았다. 유림 교류도 밀양과 긴밀하게 하였다. 밀양 박씨들이 청도에서 주축을 이루니 밀양과 왕래가 잦았다. 그래서 과거에는 '청밀(청도와 밀양)'이라 하였다. 산서에서는 벼슬이 적게 나왔다. 산서지역에는 노론·남인 집안이 같이 있으나 산동에는 남인 계통의 문인만이 있었다. 산서 사람들은 대구의 가창 지역 사람들과 혼사를 하였다. 팔조령이 있지만 대구 생활권과 같다."고 하였다. 이를 보면 청도는 산동과 산서라는 분획된 사회적 공간으로 전환되는 것은 지역적 위상을 두고 행한 양반 가문이 구별 의식으로부터 비롯되고 있음을 찾아볼 수 있다.

이러한 청도군을 상황을 이해해 본다면, 인물을 위주로 서술하고 있는 ≪조선환여승람≫ 청도군 편의 의미는 사뭇 달리 다가올 수 있다. 각 거주지와 가문을 대표하는 인물 선정은 청도군의 자연과 사회적 공간을 지배한 재지 사족을 말하는 것이고 이것이 곧 해당 소재지(공간)의 연혁이자 역사인 것이다. 이 대목에서 예대희의 서문에서 언급한 "그리고 (인물의) 성명 아래에 각각 주를 달아, 차라리 자세할지언정 소홀하지 않고, 번잡할지언정 간략하게 만들지 않았으니, 후에 읽는 자들로 하여 책을 펼치면 명백히

---

16) 박성용, ≪주어진 공간과 재구성된 사회적 공간 – 청도 종족들의 역사인류학적 연구≫, 영남대학교출판부, 2024, pp.175-183 인용.

가문의 조상이 누구이며 누가 집안 대대로 덕을 쌓아왔는지를 알 수 있게 하였다."의 의미를 다시 이해해 볼 수 있으며 본서가 지니는 가치와 의미가 명확히 드러난다고 할 수 있겠다. 이러한 가치 아래 예대희는 "향촌의 백 세의 공안으로 삼는다(以爲吾鄕百世公案)."고 말한다. 효자, 효부, 정열 등 인물 선정을 통해 기본적으로 성리학적 가치로 세상을 교화시킬 전통적 관점을 드러냄과 동시에 자기 정체성을 확립하고 지역사회에서 위상을 높일 수 있는 수단으로 인식하고 본서의 간행과 유통의 주요한 요인으로 삼았다.17)

〈청도군편 수록 인물 일람표〉 — 본관을 기준으로

〈경주김씨〉

순번	구분	이름	본관	자	호
1	효자	김희찬(金熙贊)	경주	평언	지산

〈경주이씨〉

1	명환	이정탁(李廷卓)	경주	위경	귀암
2	명환	이사균(李思均)	경주		
3	명환	이영(李柃)	경주		

〈경주최씨〉

1	유일	최형(崔逈)	경주	군학	성재
2	유일	최건(崔建)	경주	군립	경심재
3	유일	최원(崔遠)	경주	군면	정재
4	효자	최여준(崔汝峻)	경주	극옹	경산
5	무과	최학승(崔鶴昇)	경주	성언	화강

---

17) 허경진·강혜종, 〈『조선환여승람(朝鮮環輿勝覽)』의 상업적 출판과 전통적 가치 계승 문제〉, ≪열상고전연구≫ 제35호, 2012, p.238 참조.

6	사마	최석붕(崔錫鵬)	경주	남도	
7	사마	최익주(崔翼周)	경주	주여	소강
8	사마	최윤곤(崔潤坤)	경주	덕오	눌우
9	사마	최상의(崔相宜)	경주	순부	동주
10	음사	최봉승(崔鳳昇)	경주	유언	수좌당
11	음사	최한주(崔翰周)	경주	정여	소봉
12	무직	최한면(崔翰冕)	경주	문여	

〈고성이씨〉

1	유일	이반(李礬)	고성	태소	모재
2	유일	이광의(李光義)	고성	의중	죽헌
3	유일	이광정(李光鼎)	고성	여중	관가정
4	유행	이전(李鞙)	고성	왕여	삼은
5	유행	이기(李磯)	고성	요장	용산재
6	유행	이진구(李軫耉)	고성	태수	삼우당
7	유행	이형덕(李馨德)	고성	화경	모암
8	유행	이용로(李龍老)	고성	익지	채련정
9	공신	이철(李澈)	고성	사함	농현당
10	충신	이잠(李潛)	고성	사소	자암
11	충신	이해(李海)	고성	거원	유호당
12	효자	이의선(李意善)	고성	경원	설강
13	효자	이택준(李宅俊)	고성	현중	
14	문과	이순선(李舜善)	고성	요경	
15	사마	이기(李磯)	고성	이릉	
16	사마	이정화(李庭和)	고성	원백	신헌
17	사마	이부(李郛)	고성		
18	사마	이환(李瓛)	고성	백진	
19	사마	이필선(李泌善)	고성	경백	은재
20	사마	이초(李礎)	고성	중임	
21	사마	이하구(李夏耉)	고성	사익	양정재
22	사마	이주보(李周甫)	고성	목여	
23	사마	이인선(李寅善)	고성	덕희	
24	음사	이도(李都)	고성	희순	

25	음사	이육(李育)	고성	원숙	모헌
26	음사	이광점(李光漸)	고성	홍우	
27	음사	이운선(李運善)	고성	순백	
28	음사	이주언(李周彦)	고성	윤탁	
29	무직	이용선(李龍善)	고성	사청	
30	무직	이광재(李光載)	고성	중후	
31	무직	이광시(李光時)	고성	덕재	

〈기성반씨〉

1	유일	반동뢰(潘東雒)	기성	귀현	회산
2	공신	반국해(潘國海)	기성	사진	죽오
3	효자	반환(潘瓛)	기성	헌옥	종모재
4	사마	반세영(潘世榮)	기성	사현	겸와

〈김해김씨〉

1	사마	김건곤(金健坤)	김해	경원	지송
2	유현	김일손(金馹孫)	김해	계운	탁영
3	학행	김대유(金大有)	김해	천우	삼족당
4	유일	김치삼(金致三)	김해	일지	도연정
5	유일	김은(金珢)	김해	대이	운곡
6	효자	김극일(金克一)	김해	용협	모암
7	효자	김유헌(金裕軒)	김해	성호	
8	효자	김헌장(金憲章)	김해	경술	완송
9	문과	김맹(金孟)	김해	자진	남계
10	문과	김일손(金馹孫)	김해	계운	탁영
11	문과	김준손(金駿孫)	김해	백운	동창
12	문과	김건(金健)	김해		
13	문과	김기손(金驥孫)	김해	중운	매헌
14	사마	김창윤(金昌潤)	김해	덕보	모천
15	사마	김상효(金相孝)	김해	문극	경재
16	음사	김대장(金大壯)	김해	정중	

17	음사	김병두(金柄斗)	김해	휘로	백헌
18	음사	김창우(金昌宇)	김해	우언	계양
19	음사	김용복(金容復)	김해	사규	탁운
20	음사	김용희(金容禧)	김해	사길	모계
21	음사	김익효(金益孝)	김해	성극	성재

〈나주정씨〉

73	유일	정민도(丁敏道)	나주	덕소	눌연

〈남평문씨〉

74	효자	문일태(文日泰)	남평		

〈밀양박씨〉

1	학행	박하담(朴河淡)	밀양	응천	소요당
2	학행	박하징(朴河澄)	밀양	성천	병재
3	학행	박태고(朴太古)	밀양	생만	경양재
4	유일	박하청(朴河淸)	밀양	희천	성와
5	유일	박맹문(朴孟文)	밀양		호재
6	유일	박적(朴頔)	밀양	화숙	수모재
7	유일	박담(朴譚)	밀양		호연
8	유일	박규(朴珪)	밀양	계헌	황연
9	유일	박지현(朴之賢)	밀양	자겸	모효재
10	유일	박중채(朴重采)	밀양	중회	죽옹
11	유일	박시묵(朴時默)	밀양	휘도	운강
12	유일	박재형(朴在馨)	밀양	백옹	진계
13	유행	박상경(朴尙敬)	밀양	직부	무욕재
14	유행	박윤(朴潤)	밀양	덕중	오수당
15	유행	박동전(朴東傳)	밀양	상경	섬계
16	유행	박심휴(朴心休)	밀양	자미	고산
17	유행	박동유(朴東維)	밀양	사기	도계
18	유행	박영곤(朴永坤)	밀양	치홍	죽암

19	유행	박한열(朴漢烈)	밀양		삼괴정
20	유행	박사순(朴思純)	밀양	사경	만회당
21	유행	박연래(朴廷來)	밀양	내열	희재
22	유행	박증영(朴增永)	밀양	덕연	졸암
23	유행	박증적(朴增迪)	밀양	중길	성옹
24	유행	박동석(朴東奭)	밀양	주경	경헌
25	문행	박주장(朴周章)	밀양		송포
26	문행	박순덕(朴洵德)	밀양	주언	만학재
27	문행	박치장(朴致璋)	밀양	가옥	자남
28	문행	박휴묵(朴眭默)	밀양	양언	동호
29	문행	박래현(朴來鉉)	밀양	낙붕	지엄
30	문행	박희장(朴希章)	밀양	사빈	수헌
31	문행	박성묵(朴星默)	밀양	성원	후산
32	문행	박수간(朴秀幹)	밀양	맹실	일강재
33	문행	박치용(朴致龍)	밀양	가운	미암
34	문행	박치발(朴致發)	밀양	유길	
35	문행	박치서(朴致瑞)	밀양	순보	
36	문행	박창현(朴昌鉉)	밀양	성수	호암
37	문행	박세언(朴世彦)	밀양	진여	묵재
38	문행	박필용(朴必龍)	밀양	문서	동산재
39	문행	박치경(朴致璟)	밀양	순가	괴헌
40	문행	박치해(朴致海)	밀양	순좌	추범
41	원종훈	박경전(朴慶傳)	밀양	효백	제우당
42	원종훈	박경윤(朴慶胤)	밀양	효중	국헌
43	원종훈	박찬(朴璨)	밀양	숙헌	운옹
44	원종훈	박구(朴球)	밀양		
45	원종훈	박문부(朴文富)	밀양	극달	운곡
46	원종훈	박경신(朴慶新)	밀양	중선	삼우정
47	원종훈	박지남(朴智男)	밀양	경달	계애
48	원종훈	박숙(朴琡)	밀양	이헌	용암
49	원종훈	박근(朴瑾)	밀양	명보	
50	원종훈	박철남(朴哲男)	밀양	자명	운애
51	원종훈	박린(朴璘)	밀양	군헌	행와
52	원종훈	박선(朴瑄)	밀양	자복	괴정

53	명환	박융(朴融)	밀양	유명	우당
54	충신	박경인(朴慶因)	밀양	희중	용연
55	충신	박우(朴瑀)	밀양	중헌	기포
56	충신	박경선(朴慶宣)	밀양	효가	효가
57	고려절의	박익(朴翊)	밀양	태시	송은
58	고려절의	박양무(朴楊茂)	밀양	약생	두촌
59	효자	박영(朴穎)	밀양	우숙	성효재
60	효자	박시한(朴始漢)	밀양	천서	
61	효자	박정하(朴廷夏)	밀양	학우	막여헌
62	효자	박성덕(朴性德)	밀양	서익	모암
63	효자	박상(朴詳)	밀양		모와
64	효자	박상협(朴尙協)	밀양	화보	
65	효자	박정우(朴廷佑)	밀양	정보	모암
66	효자	박윤손(朴閏孫)	밀양		
67	효자	박양춘(朴陽春)	밀양	경화	모헌
68	효자	박동직(朴東稷)	밀양	순보	
69	효자	박창한(朴昌漢)	밀양	광보	태암
70	효자	박용우(朴龍友)	밀양	희운	금계
71	문과	박영(朴榮)	밀양		덕암
72	문과	박호(朴虎)	밀양	경인	일청재
73	사마	박란(朴鸞)	밀양	운경	농암
74	사마	박중문(朴仲文)	밀양	숙빈	
75	사마	박태한(朴浤漢)	밀양	대래	수오당
76	사마	박상고(朴尙古)	밀양	사원	
77	사마	박정호(朴廷鎬)	밀양	성극	후송
78	사마	박형달(朴亨達)	밀양	통중	사미당
79	사마	박양복(朴陽復)	밀양	희원	지곡
80	사마	박소원(朴紹遠)	밀양	계초	송암
81	사마	박태고(朴太古)	밀양	생만	경양재
82	사마	박기우(朴箕瑀)	밀양	도성	지재
83	사마	박광형(朴光亨)	밀양		인재
84	사마	박경림(朴瓊林)	밀양	명원	사경재
85	사마	박수인(朴秀寅)	밀양	중진	청강
86	음사	박재화(朴在華)	밀양	국원	행오

87	음사	박학영(朴鶴永)	밀양	도범	송고
88	음사	박원묵(朴元默)	밀양	무범	
89	음사	박동위(朴東緯)	밀양	사경	모헌
90	음사	박응덕(朴應德)	밀양	익중	송계
91	음사	박기묵(朴起默)	밀양	응도	운서
92	음사	박한묵(朴漢默)	밀양	익문	화강
93	음사	박재도(朴在燾)	밀양	덕윤	
94	음사	박정묵(朴貞默)	밀양	도준	
95	무직	박재삼(朴在三)	밀양	일옹	운계
96	무직	박동설(朴東卨)	밀양	순좌	
97	무직	박기표(朴箕杓)	밀양	도헌	
98	무직	박현욱(朴玄郁)	밀양	화중	고산
99	무직	박명한(朴鳴漢)	밀양	성서	
100	무직	박민준(朴珉準)	밀양	성화	운계
101	무직	박우덕(朴宇德)	밀양	경칠	
102	수직	박상초(朴尚初)	밀양	군원	
103	수직	박연학(朴廷學)	밀양	정보	
104	수직	박중규(朴重圭)	밀양	덕보	
105	수직	박태환(朴泰煥)	밀양	화숙	석정
106	수직	박치규(朴致圭)	밀양	화길	균암
107	수직	박동우(朴東佑)	밀양	여인	경재
108	증직	박분(朴盼)	밀양	요훈	성재

〈서흥김씨〉

1	문과	김석원(金錫源)	서흥	순팔	

〈성산배씨〉

1	효자	배세중(裵世重)	성산		

〈아산장씨〉

1	유일	장방익(蔣邦翼)	아산	여간	이락재
2	유일	장방호(蔣邦豪)	아산	여헌	양헌

3	유일	장방한(蔣邦翰)	아산	여번	국헌
4	사마	장용규(蔣龍圭)	아산	이건	오석
5	음사	장희윤(蔣希尹)	아산	상행	
6	무직	장희만(蔣熙萬)	아산	현경	

〈안동천씨〉

1	문과	천일성(千馹成)	안동		

〈여흥민씨〉

1	유일	민정봉(閔廷鳳)	여흥	성익	겸재
2	음사	민의(閔義)	여흥	여정	

〈의령남씨〉

1	수직	남이정(南以禎)	의령	유대	
2	수직	남환(南煥)	의령	치명	
3	증직	남환(南煥)	의령	치명	

〈의흥예씨〉

1	유일	예석훈(芮碩薰)	의흥	훈숙	독지당
2	유일	예수오(芮秀五)	의흥	오서	
3	유일	예일신(芮日新)	의흥	덕로	기재
4	유일	예지열(芮之烈)	의흥	승약	경양재
5	문행	예대건(芮大健)	의흥	순약	동촌
6	문행	예대기(芮大畿)	의흥	성집	균곡
7	문행	예창근(芮昌根)	의흥	무어	대은
8	원종훈	예인상(芮仁祥)	의흥	홍달	독석암
9	절의	예몽진(芮夢辰)	의흥	추언	
10	효자	예헌기(芮憲基)	의흥	성문	
11	효자	예조학(芮祖學)	의흥	성서	경암
12	효자	예상근(芮尚根)	의흥	용여	

13	사마	예재문(芮在文)	의흥	도응	수졸헌
14	사마	예대열(芮大烈)	의흥	경약	만취와
15	사마	예주명(芮周鳴)	의흥		만성재
16	음사	예용기(芮龍基)	의흥	무약	행파
17	음사	예은결(芮恩結)	의흥	평약	
18	음사	예득보(芮得寶)	의흥	통보	
19	무직	예용주(芮用周)	의흥	신백	
20	수직	예시검(芮時儉)	의흥	사범	성재

〈재령이씨〉

1	유일	이결(李潔)	재령	자수	지암
2	유행	이경렴(李景濂)	재령	호경	금와
3	훈신	이운룡(李雲龍)	재령	경현	동계
4	명환	이몽상(李夢祥)	재령	백응	
5	명환	이우(李友)	재령		
6	효자	이진화(李振華)	재령	백훈	
7	사마	이덕인(李德仁)	재령		
8	음사	이계손(李繼孫)	재령		
9	음사	이엄(李儼)	재령		
10	음사	이종명(李宗明)	재령	철보	
11	무직	이붕(李鵬)	재령		
12	무직	이백신(李白新)	재령	택경	

〈전주이씨〉

1	문행	이회규(李會圭)	전주	경지	만우

〈청도김씨〉

1	유일	김태린(金泰麟)	청도	인길	소강
2	훈신	김선장(金善莊)	청도		
3	훈신	김진성(金振聲)	청도		
4	훈신	김한귀(金貴漢)	청도		

5	원종훈	김극유(金克裕)	청도		
6	고려명신	김지대(金之岱)	청도		
7	명신	김점(金漸)	청도		의촌
8	명환	김호우(金好雨)	청도		
9	절의	김진(金軫)	청도		도연
10	문과	김린(金潾)	청도		
11	사마	김익수(金益粹)	청도		
12	음사	김참(金參)	청도		
13	음사	김호원(金浩源)	청도		
14	음사	김발(金軷)	청도		
15	수직	김만전(金萬全)	청도		
16	수직	김집(金輯)	청도		

〈평택임씨〉

1	효자	임기노(林基魯)	평택	형여	만오당

〈함안조씨〉

1	유일	조성린(趙成麟)	함안	창서	
2	문과	조지경(趙之瓊)	함안		
3	음사	조윤적(趙允廸)	함안		
4	수직	조승(趙承)	함안	안지	

* 중복 포함 270인 가운데 청백(6인), 효부(6인), 정열(6인), 효자(이관명, 이유의) 등 20인은 제외하였다.

≪조선환여승람≫ 서문

내가 젊었을 적에 ≪서경≫ 하서편의 〈우공禹貢〉을 읽고는 중국의 산천을 대략 알았으며, 중세에 ≪여지승람≫을 읽고서 또한 우리나라의 연혁과 인물을 알게 되니 가슴이 바다처럼 넓어진 듯하였다.

그러나 근대에 이 책의 속편이 있지 아니하여 항상 우리나라의 정신을 잃게 될까 걱정했었는데 다행히도 이번에 모친의 친척 조카인 이병연이 두세 명의 뜻을 같이하는 사람과 더불어 여러 해 동안 자료를 수집하고 증거를 고찰하여 우리나라의 연혁을 속간하고 다음으로 인물을 기술하였으며, 또한 ≪동국여지승람≫의 큰 뜻을 더하여 책 이름을 ≪환여승람≫으로 고쳤는데 그 본뜻에 있어 조금 다름이 있다는 의미이다.

아! 이 책을 어찌 쉽사리 가볍게 논하랴, 오직 우리 조국의 영토와 연혁을 말하자면, 현인군자의 도덕과 명절은 우주의 동량이며, 해와 달과 같이 밝게 빛나므로 비록 후세에 있어서도 의리와 관계되고 강상이 존재하니, 혈기가 있는 모든 사람이면 기쁘게 감복하지 않은 이가 없으며 세상을 교화시킴에 있어 중요함이 분명하다.

아! 공자께서 하夏나라와 은殷나라는 예의로웠다고 말씀하시고, 기杞나라와 송宋나라는 문헌으로 증명할 수 없음을 탄식하였고, 숙손표叔孫豹는 썩지 않는 것 세 가지를 말하였는데, 덕을 쌓고, 공을 세우고, 훌륭한 말을 남기는 것이라 하였으니 대개 사람은 사공事功이 있고 그 사공은 문헌에 있으니, 어찌 가히 소홀히 할 수 있으랴. 진실로 먼 훗날에도 우리나라의 소식을 전하는 것은 이 책에 모두 있으리라. 이에 대략의 취지를 서술하고 훗날의 군자君子를 기다리니 아마도 풍속을 교화하고 후학을 계도하는 공이 크니, 감탄을 금치 못하여 두어 말 책머리에 쓴다.

공부자 탄강 2480년 기사己巳 10월 상순에
석촌거사石村居士 해평海平윤씨 윤용구尹用求 기록함

위에는 하늘이 있고 아래는 땅이 있으며 사람은 그 사이 만물 가운데 가장 신령스럽다. 하늘은 아득히 멀어서 가히 헤아릴 수 없고 땅에는 태산과 교악喬嶽이 있으며 사람에게는 공업과 탁행이 있으니 그 이치가 같다. 태산은 반드시 이름이 있고, 뛰어난 행실은 반드시 역사에 기록된다. 사람이 만약에 대지에 있어서의 산의 의미를 알지 못하고 사람에 있어서의 행실의 가치를 알지 못하면, 이는 맹자가 말씀하신 '태산이 높아 하늘에 이르고 구름 속에 들어가도 장님이면 볼 수 없고, 황하의 물결이 솟구쳐 내는 소리가 우뢰와 같아도 귀머거리는 듣지 못함과 같다.'고 하심과 다름이 없을 것이다.

자헌대부資憲大夫 장예원경掌禮院卿 원임原任 규장각奎章閣 학사學士
여홍驪興민씨 민경호閔京鎬 씀

朝鮮寰輿勝覽序

余少時讀禹貢, 略知中華山川. 中歲讀輿地勝覽, 亦知本邦沿革人物, 胸海稍潤. 然近代未有是書之續, 常以失自國精神爲憂. 幸兹咸姪李秉延與數三同志, 積年考據, 先續寰宇沿革, 次述輿地人物, 亦增之以東史中大旨者, 改籤以寰輿勝覽, 其規有少異之義也. 嗚呼! 此書豈易易論哉. 惟我祖國版圖沿革, 賢人君子道德名節, 棟樑宇宙, 彪炳日月. 雖在降世, 義理所關, 綱常所在, 凡有血氣者, 莫不悅服, 其爲重於世敎者明矣. 噫! 夫子言夏殷之禮, 而歎杞宋之無徵文獻. 叔孫豹論三不朽, 而曰: '立德', '立功', '立言'. 盖人之於事功, 事功之於文獻, 豈可忽乎哉? 苟百世之下, 傳小華消息者, 其將在此歟. 兹欽略旨, 以俟後之君子, 而庶有補於風化, 牖後之功亦大, 不勝感歎. 數語弁卷.

孔夫子 誕降 二千四百八十年 己巳 小春 上浣
石村居士 海平 尹用求識

上有天, 下有地, 人於其間, 萬 中最靈者, 而天則冥冥不可測, 若地則有泰山喬嶽, 人則有功業卓行, 其義一也. 泰山則必有名焉, 卓行則必有史焉. 人若未知地於山, 人於行之如何, 則是無異如孟子所云: "泰山之高, 参天入雲, 而瞽者莫之見也, 黄河之濤, 衡激如雷, 而聾者莫之聞也." 云耳.

資憲大夫 掌禮院卿 原任 奎章閣 學士
驪興 閔京鎬 書評

조선환여승람

연안延安 이병연李秉延 편집編輯
광릉廣陵 안병태安秉台 교열校閱

조선지리총설

조선명의 朝鮮名義

지금으로부터 4,262년 전 당요唐堯 25년 무진戊辰, 서기전 2333년에 단군檀君 성은 桓씨요, 이름은 왕검王儉이며, 태백산太白山[지금의 평안북도 영변 묘향산] 박달나무 아래 석굴 속에서 탄강誕降하시어 이에 구이九夷[18]의 군장이 되셨기에 단군이라고 하였다 께서 비로소 일어나 평양에 도읍을 정하고 국호를 조선이라 하였다.

조선이란 이름의 뜻에 대해 혹은 이르기를 조수潮水와 산수汕水 조朝의 음은 조潮요, 선鮮의 음은 산汕임이 ≪마사색은馬史索隱≫에 기록되었다 가 있어서였다고 하기도 하고, 혹은 나라가 동쪽 변두리 해가 뜨는 곳 ≪동국여지승람≫에 기록되었다 에 있어서였다고 하기도 하며, 혹은 아침 해가 선명하다는 뜻 학봉鶴峯 김성일金誠一의 ≪조선고이설朝鮮考異說≫에 나타난다 이

---

[18] 구이(九夷): 옛날 중국 흑수에서 한강 이남까지에 걸쳐 살고 있던 아홉 이민족을 이르던 말.

라고도 하고, 혹은 나라가 선비산鮮卑山의 동쪽에 있기 때문에 조선朝鮮이라 일컬었다고 하였으니, 조朝는 동방을 말함이다 순암順庵 안정복安鼎福의 ≪동사강목·잡설≫에 기록되었다.

그 후 1,212년 주周나라 무왕武王 원년 기묘己卯 에 기자箕子 성은 자子씨요, 이름은 서여胥餘이니, 상왕商王 주紂의 제부諸父였으며, 자작子爵19)으로 기箕나라에 봉하였기 때문에 기자라고 했다 께서 동으로 와서 주나라 무왕이 기자를 조선에 봉하여 시서詩書와 예악禮樂, 의약醫藥, 복서卜筮 등 5천 명을 거느리고 동방으로 왔다 역시 평양에 도읍을 정하고 나라 이름을 이전과 같이 조선이라고 일컬었으니 그 한강漢江 옛 열수洌水 이남은 옛 삼한三韓의 지역이며, 뒤에 삼국이 일어나 신라 ≪동사東史≫에 말하기를 옛날에는 서라벌徐羅伐 또는 계림鷄林이라고 일컬었으며, 덕업德業이 날로 새로워지고 사방을 망라한다는 의미 는 진한을 병합倂合하고, 가락駕洛은 변한弁韓 뒤에 신라가 병합하게 되었다 을 병합하고, 백제 ≪동사보감東史寶鑑≫에 이르기를 시조始祖는 온조溫祚로 처음에 오간烏干 등의 10명의 신하가 따랐으므로 십제十濟라고 하다가 뒤에 백성들이 즐거이 따랐기 때문에 백제로 고쳤다고 한다 는 마한을 병합하였으며, 고구려 ≪동사보감≫에 이르기를 시조 고주몽高朱蒙이 요동遼東의 구려산句麗山 밑에서 태어났기 때문에 그의 성인 고高자를 산 이름 위에 얹어 국호로 삼았다고 한다 는 조선의 땅 한강 이북 지역 을 점유하였고, 그 뒤 신라가 이를 병합하여 차지해 고려 ≪동사보감≫에 이르기를 산이 높고 물이 아름답다는 의미 에 이르렀다. 고려는 신라의 전 구역을 통일하고 송경松京 지금의 개성開城 에 도읍을 정하여 475년을 지나, 천명天命이 조선으로 돌아갔다.

태조太祖 이성계李成桂가 한양漢陽에 도읍을 정하고 506년을 지나 고종高宗 34년 1897년 에 이르러 국호를 한국 ≪동사≫에 이르기를 한韓은 방언으로 크다는 뜻과 하나라는 뜻이 있어, 크게 하나로 통합한다는 의미를 따왔다고 한다 으로 개칭하였으며, 광무光武 원년元年 1897년 을 세우고, 14년을 지나 1910년인 순종純宗 융희隆熙 4년 경술庚戌 일본日本 명치明治 43년 에 일본에 병합되어 다시 조선이라 하였다.

---

19) 자작(子爵): 다섯 등급으로 나눈 귀족(貴族)의 작위(爵位) 가운데 넷째. 백작(伯爵)의 아래, 남작(男爵)의 위.

朝鮮寰輿勝覽

延安李秉延編輯
廣陵安秉台校閱

朝鮮地理總說

朝鮮名義

距今四千二百六十二年前唐堯二十五年戊辰, 檀君姓桓名王儉, 誕降于太白山[今平安北道寧邊妙香山]檀木下石窟中, 遂爲九夷君長, 故曰: '檀君', 始起定都平壤, 國號朝鮮. 朝鮮名義或曰: "有潮水汕水朝音潮鮮音汕, 見馬史索隱", 或曰: "國在東表日出之地見輿地勝覽", 或曰: "朝日鮮明之義見金鶴峯誠一朝鮮考異說", 或曰: "國在鮮卑山東故稱朝鮮朝謂東方見安順庵鼎福東史綱目雜說". 後一千二百十二年周武王元年己卯, 箕子姓子名胥餘, 商王紂之諸父, 以子爵封於箕國, 故曰: '箕子' 東來周武王封箕子于朝鮮, 率詩書·禮樂·醫藥·卜筮等五千人東來 亦都平壤, 國號仍稱朝鮮. 其漢江古洌水以南古三韓地, 後三國起, 新羅東史曰: "古稱徐耶伐鷄林, 德業日新, 網羅四方之義." 倂辰韓, 駕洛倂弁韓後爲新羅兼倂, 百濟東史實鑑曰: "始祖溫祚初以烏干等十臣從行, 國號十濟, 後百姓樂從, 故改稱百濟."倂馬韓, 高句麗東史實鑑曰: "始祖高朱蒙生於遼東句麗山下, 故以其姓高字冠於山上, 爲國號."占有朝鮮地漢江以北後爲新羅之倂有, 至高麗東史實鑑曰: "取山高水麗之義."統一新羅全區, 定都松京今開城, 歷四百七十五年, 天命歸于朝鮮. 太祖定鼎于漢陽, 歷五百六年至 高宗三十四年, 國號改稱韓國東史曰: "韓方言大也一也, 取大一統之義."建元光武歷十四年至 純宗隆熙四年庚戌日本明治四十三年倂合于日本, 還稱朝鮮.

조선위치 朝鮮位置

조선朝鮮의 위치位置는 아시아주亞細亞州의 동부東部에 있으며 중국中國 대륙의 동북부로부터 돌출突出하여 발해渤海, 황해黃海, 동해東海20) 사이의 길다란 반도半島의 나라이며, 그 최남단은 제주도濟州島의 모슬포毛瑟浦인데, 북위 33도 46분이며 또한 완도莞島 서남의 달능각達陵角은 북위 34도 55분이다. 그 최북단은 곧 두만강豆滿江 연안의 경원慶源인데 북위 43도 2분에 위치한다. 최서단은 장연長淵의 장산곶長山串인데 동경 125도 5분이고, 최동단은 곧 러시아의 접경인 두만강 하구豆滿江口인데 동경 130도 58분이며, 전국이 북온대北溫帶에 속해 있다.

朝鮮位置
朝鮮位置在亞細亞洲東部, 自中國大陸東北部突出於渤海·黃海·日本海間, 爲橢長之半島國. 其極南端, 卽濟州島毛瑟浦, 北緯三十三度四十六分, 又莞島西南達陵角, 北緯三十四度五十五分. 其極北地, 卽豆滿江沿岸慶源北緯四十三度二分. 極西, 卽長淵長山串東經百二十五度五分. 極東, 卽俄國接境豆滿江口東經百三十度五十八分, 全國在北溫帶中.

조선경계 朝鮮境界

조선朝鮮의 경계境界는 동·서·남 삼면이 바다에 접해 있으며, 그 동남단은 조선해협海峽을 사이에 두고 대마도對馬島와 멀고 아득히 마주하고 있고, 서북은 압록강鴨綠江을 경계로 중국의 성경성盛京城과 맞닿아 있다. 북쪽은 두만강豆滿江과 토문土門, 곧 도문圖們강의 두 강을 경계로 하여 중국의 길림성吉林城과 인접해 있고, 동북쪽은 러시아의 영토인 우수리烏蘇里와 경계를 이룬다.

朝鮮境界
朝鮮境界, 東西南三面臨于海, 其東南端, 隔朝鮮海峽, 與對馬島遼遼相對. 西北, 限鴨綠江, 與中國盛京省接壤. 北, 豆滿土門卽圖們二江爲界, 與中國吉林省接隣. 東北, 與俄領烏蘇里分界.

---

20) 동해(東海): 원문은 일본해로 기재되어 있으나 동해(東海)로 고치어 해석하였다.

조선광무[21] 朝鮮廣袤 부附 산야山野·논畓·밭田·화전火田·면적面積 및 인구人口

조선의 넓이와 길이는 동북으로부터 서남에 이르기까지는 3,600리이고, 동서로는 넓이와 길이가 가지런하지 못하여 어떤 곳은 1,000여 리가 되기도 하고, 어떤 곳은 6~700리가 되기도 하며, 그 전체의 면적面積은 14,312방리坊里로서 전 세계의 총면적에 비교하면 1만분의 16이 된다.

산과 들의 면적은 15,883,000정보町步 3,000평이 1정 요, 논의 면적은 1,553,998정보이며, 밭의 면적은 2,768,205정보요, 화전의 면적은 71,726정보이며, 총인구는 19,138,000명이다.

朝鮮廣袤 附 山野 畓 田 火田 面積及人口
朝鮮廣袤, 自東北至西南, 三千六百零里. 東西廣狹不齊, 或千餘里, 或六七百里. 其全面積, 一萬四千三百十二方里, 比之於全世界總面積, 則爲一萬分之十六. 山野面積, 一千五百八十八萬三千町步三千坪爲一町, 畓面積, 一百五十五萬三千九百九十八町步, 田面積, 二百七十六萬八千二百五町步, 火田面積, 七萬一千七百二十六町步, 總人口, 一千九百十三萬八千人.

조선연혁 朝鮮沿革

조선은 태초에 각 부락部落으로 나뉘어졌으니 지금으로부터 4,262년 전 당요 25년 무진, 서기전 2333년 에 단군〈조선명의〉에 이름의 뜻이 나타나 있다 께서 처음으로 일으켜 평양에 도읍을 정하고 국호를 조선이라 하였다. 그 구역의 서북쪽은 지금의 만주滿洲지방이고, 동쪽은 지금의 강원도江原道 등지이며, 1,017년을 지나 상商나라 무정武丁 8년 갑자甲子[22], 서기전 1317년 백악산白岳山의 아사달阿斯達 지금의 문화군文化郡 구월산九月山이며, 혹은 당장경唐藏京

---

21) 광무(廣袤): '광(廣)'은 동서(東西), '무(袤)'는 남북(南北)의 뜻으로, '넓이'를 달리 이르는 말.
22) 《동국통감》에는 상나라 무정 8년 을미(乙未)로 되어 있다. 그러나 《海東繹史卷第二·世紀二》에는 "상나라 무정 8년은 을미가 아니라 갑자년이다(商武丁八年. 非乙未. 乃甲子)."으로 기록되어 있다.

이라고도 하는데 지금의 문화군 동쪽 15리에 궁궐터가 있는데 속칭 장장평莊莊坪 이라고도 한다 로 도읍을 옮겨 196년을 지나 주나라 무왕 원년 기묘己卯, 서기전 1122년 북부여北扶餘 지금의 중국 성경성盛京城 개원현開原縣 로 옮겼는데 지나온 연수를 합치면 총 1,212년이 된다.

 기자箕子 〈조선명의〉에 이름의 뜻이 나타나 있다 는 지금으로부터 3,051년 전 주나라 무왕 원년 기묘, 서기전 1122년 에 동방에 와서 역시 평양에 도읍을 정하였으니 그 구역은 서쪽으로는 중국의 광녕廣寧과 영평부永平府에서부터 요동遼東[23] 지금의 성경성盛京省[24] 개평蓋平과 금주金州 성경성의 남쪽 까지를 경계로 삼았으며, 남쪽으로는 열수洌水 지금의 한강 에 이르렀고, 동북으로는 예맥濊貊과 옥저沃沮 예맥은 지금의 강원도, 옥저는 지금의 함경도 까지 이르렀으나, 후손이 쇠약하여 서쪽 경계 천여 리를 연燕나라에 잃고 만반한滿潘汗 요동에 있다 을 경계로 삼게 되었다. 929년이 지나 한漢나라 혜제惠帝 원년 정미丁未, 서기전 194년 41세손인 준準이 연燕나라 사람 위만衛滿에게 습격당하여 나라를 빼앗기고 남쪽의 금마군金馬郡 지금의 익산益山 으로 달아나 살게 되었으니, 이가 마한馬韓의 국왕國王이 되었다. 아래에 삼한의 연혁이 나타나 있다.

 위만衛滿은 지금으로부터 2,123년 전 한나라 혜제 원년 정미, 서기전 194년 에 기준箕準 을 습격하여 파멸시키고, 그대로 왕검성王儉城 지금의 평양 에 도읍을 정하고 그의 손자 우거右渠에 이르러 한나라 무제인 유철이 그를 정벌하여 멸망시키고 討滅 그 지역을 나누어 사군四郡을 설치하였으니 한漢나라 무제武帝 원봉元封 3년 계유癸酉, 서기전 108년 거쳐온 해가 모두 87년이다.

 한사군漢四郡은 지금으로부터 2,417년 전 한나라 무제 원봉 3년 계유癸酉, 서기전 108년 에 한나라 무제가 위만衛滿의 우거右渠를 멸망시키고 사군四郡을 나누어 설치하였으니, 낙랑樂浪 지금의 평안도 지역 은 조선현朝鮮縣 지금의 평양 에 치소를 두었고, 임둔臨屯 지금의 강원도와 황해도와 경기 이북의 지역 은 동이현東暆縣 강릉 또는 임진강 연안지방이라고도 한다 에 치소를 두었으며, 현도玄菟 지금의 함경남도 지역 는 옥저성沃沮城 지금의 함흥 에 치소를 두었고, 진번眞蕃 지금의 압록강 이북에 파저강 지역 은 잡현霅縣 지금의 흥경 에 치소를 두었다. 27년이 지나 한漢나라 소제昭帝인 유불능劉弗陵의 시원始元 5년 기해己亥, 서기전 82년 에 이르

---

[23] 요동(獠東): 요동(遼東)의 오탈자로 보인다.
[24] 성경성(盛京省): 오늘날의 심양.

러 진번眞蕃을 파하여 현토玄菟에 예속隸屬시키고, 임둔臨屯을 파하여 낙랑樂浪에 예속시켰으나, 현도는 이맥夷貊의 침입을 받아 고구려현 성경성 내 으로 옮겨졌으며, 서북의 단대령單大嶺 지금의 설한령 에서 동쪽의 옥저沃沮와 예맥濊貊을 모두 낙랑樂浪에 예속隸屬시켰다.

뒤에 경계와 영토境土가 넓고 길어서 단대령單大嶺의 동쪽을 일곱 현縣으로 분할하고 동부도위東部都尉를 설치하여 불내성不耐城 미상 에 치소를 두었고, 남부도위를 설치하여 소명현昭明縣 낙랑의 속현屬縣이며, 지금의 춘천 에 치소를 두었다. 그 후에 요동태수인 공손도公孫度가 낙랑군의 둔유 이남의 황지荒地를 분리하여 대방군帶方郡 지금의 경기도와 황해도 지역 을 설치하였으며, 한漢나라 원제元帝 건소建昭 2년 갑신甲申, 서기전 37년 에 이르러 고구려가 병합하여 차지하게 되었는데, 지나온 해는 모두 72년이었다.

삼한은 곧 열수洌水 이남의 지역이며, 고대에 진국辰國의 마을이었다.

마한은 지금의 경기京畿 이남, 충청忠淸, 전라全羅가 모두 그 지역이었으며, 지금으로부터 2,123년 전 한나라 혜제 원년 정미丁未, 서기전 194년 에 기준箕準이 위만衛滿에게 쫓겨 남쪽의 금마군金馬郡 지금의 익산 으로 달아나 왕이 되어 50여 국國을 통합하였다. 그 지역이 북쪽으로 낙랑樂浪을 이웃하고, 남쪽으로 일본日本의 경계에 접하며, 서쪽으로는 큰 바다에 다다랐다. 이후 203년을 지나 신망新莽 원년元年 기사己巳, 9년 백제에 병합되었다.

진한은 지금의 경상도 낙동강洛東江 동쪽의 지방으로, 북쪽으로 예맥濊貊과 이어져 있고 서북쪽으로 마한과 접하며 동남쪽으로 변한弁韓과 일본에 접하였다. 12국을 통합하였으며, 한漢나라 선제宣帝 오봉五鳳 원년 서기전 57년 에 이르러 신라에 병합되었다.

변한은 변진弁辰이라고도 하는데 지금의 경상도 낙동강 서쪽의 지역이다. 서남쪽은 지리산智異山에 걸쳐있고 서북쪽은 마한과 접하였으며, 동쪽은 진한辰韓과 섞여 살고 남쪽으로 일본에 접하였는데 한나라 원제元帝 영광永光 5년 임오壬午, 서기전 39년 에 이르러 가락국駕洛國 및 오가야국五伽倻國이 되었다.

사군四郡과 삼한의 사이에 삼국 일어났는데, 지금으로부터 1,986년 전 마한왕馬韓王 138년, 한나라 선제 오봉 원년 갑자甲子, 서기전 57년 에 신라新羅 시조始祖 혁거세赫居世, 성씨는 박朴씨, 이름은 혁거세로, 처음 양산楊山 숲 사이에 이상한 기운이 있어 찾아보니 하나의 알을 얻어 그것을 쪼개니 어린 아이가 있었는데, 모습이 단정하고 아름답기에 동천東川에 목욕시키니 몸에서 광채가 나고 신과 같아 보여 받들어 임금으로 삼으니, 그때 나이가 13세였다. ◑석탈해昔脫解는 처음 파라국왕婆那國王이 여국女國의 왕녀王女와 혼인하여 알을 낳자 이를 비단에 싸서 강에 띄워보내니 진한에 이르렀다. 노파가 아이를 발견하고 거두어 왔는데, 그때 까치가 따라오며 울었기 때문에 까치 '작鵲'자에서 '조鳥'를 생략하여 '석昔'자를 성姓으로 삼고, 궤櫃에서 풀려 나왔으므로 이름을 탈해脫解라 하였으며, 뒤에 남해왕의 사위가 되어 임금이 되었다. ○미추왕은 곧 알지의 7세손이다. 처음에 탈해왕이 금성 서쪽 시림 속에서 닭이 우는 소리를 듣고 가서 보니, 금빛의 작은 궤짝이 나무에 걸려있고 그 아래에서 흰 닭이 울고 있었다. 왕이 가져다가 열어보니 아이가 있는데 기특하고 위대하여 기뻐하며 말하기를, "하늘이 내 자손을 주셨다." 하고는 아들로 삼고 이름을 알지라 하였으며, 금궤에서 나왔으므로 성을 김 씨로 하였다. 7세 손에 이르러 왕이 되었는데, 처음에 닭의 상서로운 기운이 있었으므로 시림을 계림으로 고쳐 부르고 이를 국호로 삼았다 는 진한 육부의 사람들로써 계림 경주 에 나라를 세웠는데 뒤에 점점 강성하여 이서 청도·압량 일명 압독, 지금의 경산·골화 일명 골불, 지금의 영천·소문 의성·음즙벌 경주에 속한 땅·실직 삼척·우시산 영해·미질부 홍해·장산 일명 거칠산, 동래·감문 개령·사벌 상주·가락 뒤에 국호를 금관국으로 고쳤다. 지금의 김해, 시조는 김수로왕이다. 처음 아간도 등이 구봉을 바라보니 이상한 기운이 있어 금궤를 얻어 열어보니 황금알 여섯 개가 있었는데 며칠 지나지 않아 여섯 사내가 껍질을 깨고 나왔다. 먼저 나온 이를 임금으로 세우니 신장이 아홉 척이요, 용의 눈과 같이 눈동자가 둘이었다. 만물 가운데 가장 먼저 나왔으므로 이름을 수로라 하고 황금알에서 나왔으므로 성을 김이라 하였다. 비는 보희태후인 허 씨니, 천축국왕의 딸이다. 열 명의 아들을 낳아 그 중 두 아들은 어머니 성인 허 씨를 따랐다. 11세를 전하여 내려오다 구해왕에 이르러 신라 법흥왕에게 항복하니 지나온 해가 모두 491년이다. 과 대가야 일명 임나, 지금의 고령. 시조는 이진아고왕伊珍阿鼓王이며, 도설지왕道設智王에 이르러 신라 진흥왕에게 멸망하였는데, 무릇 16세에 걸쳐 지나온 해가 모두 520년이다. 와 소가야 고성 와 벽진가야 성주 와 아라가야 함안 와 고령가야 함창 와 초팔 초계·비지 미상·다벌 미상 및 포상팔국 칠원·사천·창원·웅천 등의 지역 과 우산국 울릉도 등 여러 나라를 다 병합하여 영토가 점점 커졌으며, 717년을 지나 무열왕 7년 당나라 고종 현경 5년, 660년에 이르러 백제를 멸망시켰으며 당나라 장수 소정방과 연합하여 멸망시키고 당나라가 웅진, 마한, 동명, 금련, 덕안에 5도독부를 설치하고 유인원을 파견하여 사자성泗沘城[25] [부여]을 지키다가 뒤에 철수하여 돌아갔다. 9년 후에 당나라 고종 총장 원년 무진, 문무왕 8년, 668년 또 고구려를 멸망시키고 당나라 장수 이세적과 더불어 공격하여 멸망시키고, 당나라가 9도독부를 설치하여 설인귀가 머물러 안동부 [평양]를 지키다 곧 철수하였다. 삼국을 통일하니 그 영토가 동·서·남 삼면이 바다에 다

---

25) 사자성(泗沘城): 사비성(泗沘城).

다르고, 서북은 패수 지금 대동강 를 경계로 하며, 북쪽은 발해국과 니하 지금의 덕원 를 경계로 하였다.

처음 도읍은 금성 경주의 동쪽 이었다가 파사왕 원년 한나라 장제 건초 5년, 80년 에 이르러 월성 금성의 동편에 있음 으로 옮겨 살았으며, 또다시 명활성 월성의 동쪽에 있다. 으로 옮겼다. 통일된 후 268년이 지나 후당의 노왕 청태 2년, 935년 경순왕이 고려에 항복하였다. 박 씨와 석 씨, 김 씨가 서로 번갈아 가며 왕이 되었으니 살펴보건대 박 씨는 10세, 석 씨는 8세, 김 씨는 38세, 여왕이 3명이었다. 왕이 모두 58명이었으며, 지나온 해는 992년이었다.

고구려는 〈조선명의〉에 이름의 뜻이 나타나 있다 지금으로부터 1,966년 전 마한왕 158년 신라 시조의 21년이며, 한나라 원제 건소 2년, 갑신년, 서기 37년 북부여 지금 중국 성경성 개원현 의 왕인 해모수 그 아들 해부루가 조선의 동해 바닷가로 옮겨가 동부여의 시조가 되었다 의 아들 고주몽 처음에 해모수가 하백의 딸 유화와 정을 통하여 주몽을 낳았고, 고신씨의 후손이라 칭함으로써 성을 '고' 씨로 하였다. 7세에 활을 잘 쏘니 부여의 풍속에 활을 잘 쏘는 자를 주몽이라 하였기에 이름을 주몽이라 하였다 이 비류수 위로 와서 혹은 지금의 성천 흘골성이라 한다 나라를 세우고 졸본 지금의 압록강 북쪽 흥경 경계 내의 옛 발해의 솔빈부 에 도읍을 정하여 처음 40년을 지나 유리왕 21년, 2년 국내성 일명 위나암성, 지금의 초산강 북쪽 올자산성兀刺山城26) 으로 도읍을 옮겼다. 또 207년을 지나 산상왕 13년, 209년 도읍을 환도성 지금의 강계 만포강 북쪽 으로 옮겼으며, 또 다시 39년을 지나 동천왕 21년, 247년 평양으로 도읍을 옮겼다. 그로부터 96년을 지나 고국원왕 11년, 341년 다시 환도성에 도읍하였으나 모용황의 침략을 받아 다음 해 342년 에 다시 평양의 동쪽 황성 지금의 평양 동쪽 목멱산 속, 일명 형성絅城27) 으로 옮겼으며, 또 85년을 지나 장수왕 15년, 427년 평양으로 도읍을 되돌렸으나 또 160년을 지나 평원왕 27년, 586년 장안성 지금의 평양성 으로 옮겨 83년을 지나 당 고종 총장 원년, 668년 왕장이 신라의 문무왕에게 멸망되었다.

그 국토의 경계가 개마산 지금의 백두산 의 서북쪽 한나라의 현토군으로부터 일어나 차차 그 근방의 소국들을 합병하였으니 비류·행인·개마·구다·황룡·주나·갈사·동옥

---

26) 올자산성(兀剌山城): 우라산성 혹은 올라산성 등 다양한 명칭으로 불린다.
27) 형성(絅城): '絅城' 또는 '絅城'으로 표기. 《동국여지지》에서는 '경성', 《신증동국여지승람》에서는 '형성'이라 하였다.

저·북옥저·부여·낙랑·숙신·양맥 등과 같은 나라들이었다. 뒤에 또다시 대방·현도·요동 등의 여러 군현을 점령하여 서쪽으로는 요하에 이르고, 북쪽으로는 북부여와 말갈의 여러 나라를 거느렸으며, 동북쪽으로는 바다의 끝에 이르러서는 하이蝦夷[28]와 접하였으며, 동남쪽은 신라와 백제에 인접하여 백제의 영토를 분할 하여 취하고 남평양을 설치하였는데 그 영역이 삼천리에 이르러 개척한 땅이 매우 넓었다. 그러나 자손이 교만하고 사치하여 마침내 멸망하였다. 모두 28명의 왕이 있었으며, 지나온 해는 모두 705년이다.

　백제 〈조선명의〉에 이름과 뜻이 나타나 있다 는 지금으로부터 1,947년전 마한왕 177년, 신라 시조 40년, 고구려 유리왕 2년, 한나라 성제 홍가 3년, 기원전 18년 북부여 사람 온조 《동사》에 이르기를 고구려 동명왕 고주몽이 죽고 큰아들인 유리가 왕이 되자, 차자 비류와 온조가 나라에서 용납되지 못할까 두려워 마침내 오간과 마려 등 10여 명의 신하와 더불어 남쪽으로 행하였다. 한산 지금의 남한 에 이르러 부아악 지금의 삼각산 에 올라 살 수 있는 땅을 바라 보고, 비류는 미추홀 지금의 인천, 온조는 하남의 위례성 지금의 직산 에 도읍하였다. 뒤에 비류가 정착한 미추홀은 땅이 습하고 물이 짜서 편히 살수가 없어 다시 위례성으로 돌아왔으나 얼마 되지 않아 곧 죽으니 백성이 모두 온조에게로 돌아갔다. 가 남쪽으로 열수 한강 를 건너 위례성 직산 에 도읍을 정하니 마한의 왕이 동북 백 리의 땅을 나누어 주었고, 13년에 한산 광주 남한산성 으로 도읍을 옮기고 위례성 백성을 이주시켰다. 27년 신망 원년, 9년 에 마한을 습격하여 멸망시키고 그 지방을 차지하였다.

　그 강토가 북쪽으로 패강 지금의 수안 능성강, 혹은 평산의 저탄이라고도 하는데, 지금의 예성강을 패강이라고 했다고 한다. 과 경계를 하였고, 서남은 바다에 다다랐으며, 동쪽은 신라와 이웃하고, 동북은 낙랑, 예맥과 접하였다. 373년을 지나 근초고왕 26년, 371년 북한성 지금의 한성 으로 도읍을 옮겼으며, 또 105년을 지나 개로왕 21년, 475년 한성을 잃었고, 문주왕 원년에 신라 자비왕 18년, 475년 에 도읍을 웅진 공주 으로 옮겼다가 64년을 지나 성왕 16년, 신라 법흥왕 25년, 538년 사비 부여 로 도읍을 옮겼으며, 113년을 지나 당나라 고종 현경 5년, 660년 의자왕이 어둡고 음탕하여 신라 무열왕에게 멸망되었는데, 왕자 풍이 군사를 일으켜 주류성 연기 을 점거한 후 진격하여 웅진을 포위하고 백제의 옛 업적을 회복하고자 했으나 군사가 패배하여 마침내 망하였다 왕자 풍은 재위 4년이며, 당나라 고종 용삭 3년, 663

---

[28] 하이(蝦夷): 고대 일본 북단에 거주하던 종족 또는 그 지역을 이른다.

년. 왕이 모두 31명이며, 지나온 해가 모두 681년이다.

고려 〈조선명의〉에 이름과 뜻이 나타나 있다 는 지금으로부터 1,012년 전 신라 경명왕 2년, 후량의 균왕 정명 4년, 918년 태조 왕건 한주의 송악군 사람, 아버지 융은 아내인 한씨와 더불어 송악의 남쪽에 살며 태조를 낳으니, 용안이 해와 같이 돋보이고 기상과 도량이 웅대하고 깊었다. 나이 17세에 궁예에게 투항하니 궁예가 보고 기특하게 여겨 철원태수를 삼고 남정북벌에 여러 차례 전공을 세웠다. 궁예의 포악이 날로 심해지자 태봉의 여러 장수들이 추대하여 왕이 되었다 이 도읍을 송악 개성 에 정하고 연호를 천수라고 하였으며, 후백제 견원은 상주 사람이며, 본래 성은 이 씨인데 체격과 용모가 준수하고 기이하였으며, 지략이 뛰어났다. 세상이 어지러워 도적이 일어나자 5천여 명을 모아 무진주(지금의 광주)를 습격하여 스스로 왕이 되었으며, 뒤에 완산(지금의 전주)으로 도읍을 옮기고 후백제라 칭하였다. 왕위에 오른 지 44년에 고려에 항복하였다. 와 태봉 궁예는 신라 헌안왕의 서자인데, 태어날 때부터 이가 나 있어 일관이 말하기를 나라에 이롭지 않다며 그를 죽이게 하였는데, 유모가 안고 도망을 갔다. 장성하여 중이 되었으며, 뒤에 반란을 일으켜 철원을 점령하여 국호를 태봉이라 하였다. 성품이 포악하여 부왕의 화상을 보고 칼을 뽑아 내리쳤는데 그 아내인 강 씨가 그의 잘못됨을 책망하자 궁예가 쇠 절굿공이로 부인 강 씨와 두 아들을 쳐서 죽였다. 고려 태조가 의병을 일으키자 궁예는 도망가다가 부양민들에게 살해되었다. 을 멸망시키고 신라의 항복 당나라 노왕 청태 2년, 935년 을 받아 전국을 통일하였으니 서북은 여진과 접하고, 동남쪽은 바다에 다다랐다. 76년을 지나 성종 12년 계사년, 993년 에 거란의 소손녕이 대군을 이끌고 침범하여 고구려 옛 땅을 회복하겠다 하니, 그때 여러 신하들이 두렵고 무서워하여 황주 파산령 자비령, 서흥 서쪽 60리에 있음 의 서쪽 땅을 떼어주고자 하였는데, 시랑 서희의 반대에 힘입어 영토가 무사하게 되었으며, 장흥·귀화·귀주·곽주 등의 네 개의 성을 얻었다. 이로부터 병난이 이어지고 재앙이 겹쳐 영토 분쟁이 해마다 그치지 않았다. 또다시 27년을 지나 현종 10년 기미년, 1019년 에 이르러 상원수 강감찬을 보내어 거란병을 대파하여 국위를 크게 떨쳤고, 또 55년을 지나 문종 27년 계축년, 1073년 에 이르러 동여진의 7주의 추장들이 백성들을 거느리고 와서 복속하니, 이름을 하사하고 각각 장군의 칭호를 내려주었다. 또한 삼산 삼철, 지금의 북청 과 대란·지즐 함흥의 서북, 설한령의 남쪽 영원의 경계 등 9개 촌과 소을포촌 所乙浦村·소지즐전리小支擳前里·대지즐大支擳 등이 모두 와서 복속하므로 11주를 설치하였다. 또 동번 동여진, 대제자大齊者·고하사古河舍 등의 열두 추장과 두룡골이豆籠骨伊 지금의 두만강 와 여파한餘波漢 등의 여러 나라들이 다 돌아와 복속하자 각각 주와 현을 나누어 설치하였다. 또 34년을 지나 예종 2년 정해년, 1107년 에 이르니 이때에 여진이 강성해져 추장 오아속 금나라 강종, 세조 핵리발劾里勃의 아들, 목종穆宗 영가盈歌 형의 아들 이 숙종 때부터 거듭 변방을 침략하니 원수인 윤관尹瓘과 오연총吳延寵을 보내어 군사 17만 명을 거느리고 여진을 토벌, 평정하여 땅의 경계를 획정하였으니, 동쪽의 경계는 화곶령火串嶺29)이요, 북쪽의 경계는 궁한이령弓漢伊嶺이요, 서쪽의 경계는 몽라골령蒙羅骨嶺이었다. 영주·웅주·복주·길주 모두 다 지금의 길주 이북에 있음 의 네 주를 두었고, 다음 해 1108년 에 또다시 함주와 의주 등 두 주와 공검진公嶮鎭·통태진通泰鎭·평융진平戎鎭 등의 3진을 설치 하였으니 이것이 9성이 되며, 남쪽 경계에 백성 6만 8천 가구를 이주시키고 선춘령先春嶺에 정계비를 세웠다.

　이로써 고구려의 옛 강토를 비로소 되찾았으나 이미 몰락한 9성의 여진 부락이 보복을 맹세하고 목숨을 걸고 침입하여 변방의 경계가 끊임없이 위태로웠다. 그로부터 4년 후 1112년 에 여진의 태사 오아속이 공형公兄, 관직 이름 사현史顯 등을 보내어 화친을 청하고 9성을 돌려줄 것을 애걸하니, 조정에서 논의하여 허락하고 이에 숭녕·통태·영주·웅주·복주·길주·함주 등의 5주와 진양·선화 등의 진을 철수하니 여진족의 추장들이 함주 문밖에 단을 설치하고 하늘에 맹세하며 말하기를, '지금부터 해마다 조공을 올릴 것이며, 만약 이 맹세를 어긴다면 번토를 멸하소서'라고 하였다. 그 뒤 함북의 일로가 여진과 몽고에 함락되자 공민왕 5년 1356년 에 유인우柳仁雨를 보내어 쌍성 옛 화주, 지금의 영흥 을 함락시키고, 화주 영흥·등주 안변·정주 정평·장주 옛 장주, 지금의 정평 서남쪽 55리·예주 지금의 정평 남쪽 50리에 있었다·고주 고원·문주 문천·의주 덕원 등의 주와 선덕진 지금의 함흥 남쪽 45리·원흥진 지금의 정평 남쪽 50리·영인진 지금의 영흥 동쪽 60리·요덕진 지금의 영흥 서쪽 120리·정변진 지금의 영흥 동쪽 60리 등의 진을 수복하여, 대개 삭방도 지금의 함경도 는 도련포 지금의 함흥 남쪽 30리 를 경계로 삼고 장성을 쌓아 덕종 2년 계유년, 1033년, 에 장성을 쌓았으니 의주로부터 영원, 영흥의 요덕과 정변진을 거쳐서 곧장 도련포에 이른다 정주·선덕·원흥의 세 관문을 설치하여 여진을 방어하였다.

　몽고에 빼앗긴 지 99년에 이르러 비로소 다시 회복되었고 또 다시 함주 원元나라에서는

---

29) 화곶령(火串嶺): 또는 '화관령'이라 한다.

합란부哈蘭府라고 함 와 길주 원나라에서는 해양이라 함, 복주 원나라에서는 독로올禿魯兀이라 하며, 지금의 단천端川, 북청주 원나라에서는 삼철이라 함 4개의 성을 수복하였다. 4개의 성을 여진에게 빼앗긴 지 240여 년이 지나서 비로소 고려에 돌아왔고, 공양왕 3년 1391년 에 이르러 갑주 갑산 를 회복하고 다음 해에 이필 등을 차출하여 알도리斡都里 회령, 올량합兀良哈 등 여러 부락을 불러 회유시켰으며, 이 해 명나라 태조 홍무 25년, 1392년 가을 7월에 하늘의 명이 조선 태조에게 돌아갔다 지금으로부터 539년전 고려는 왕이 모두 34명이며, 지나온 해는 모두 475년이다. 고려 통일이 태조 18년, 935년이었으니 실제로 지나온 해가 458년이다.

조선의 태조 성은 이 씨요, 이름은 단이며, 초명은 성계이다. 개국기원 원년 명나라 태조 홍무 25년, 일본 후소송제後小松帝 남북통일 원중 9년, 1392년 에 한양에 도읍을 정하고 국호를 조선이라고 하였다.

처음 고려 공민왕 19년 경술년, 1370년 태조가 보병과 기병 1만 5천 명을 거느리고 압록강을 건너 북원의 동녕부 요동의 파저강 올자산성에 있음 를 공격하여 격파하였고, 또 군대를 진격시켜 요양성을 함락시키고 방을 붙여 백성을 효유하며 말하기를, "요하遼河의 동쪽은 우리나라 강역이니, 크고 작은 두목들은 속히 조정에 나아와 벼슬과 녹을 함께 누림이 마땅하다." 하였다. 이듬해 북원의 요양성 평장사平章 유익이 요양遼陽은 본래 조선 땅이니 우리나라에 귀속하고자 하여 사신을 보내어 청하였으나 조정의 의논이 통일되지 않아 회답이 없자, 이에 유익은 금주·복주·개평·해성·요양 등지를 명나라에 귀속시켰다.

아 슬프다! 당시에 만일 유익의 귀속을 허락하였으면 옛 강토를 회복할 것인데 스스로 그 기회를 놓치니 어찌 한탄스러움을 이겨낼 수 있으랴!

태종 2년 1402년 에 비로소 이산 초산 ·위원·창성·삭주 등 4군을 설치하고 7년 1407 에 또 경원·경흥 등 2부를 설치하였으며, 세종 조에 이르러 서북에 무창·여연·우예·자성 등 4군을 설치하고 김종서에게 명하여 북쪽의 여진 부락을 두만강 밖으로 몰아내어 강토를 회복하고 6진을 개척하게 하였다.

선조 때에는 변두리 오랑캐藩胡를 토벌하고 무산부茂山府를 설치하여 6진을 넓혔으며, 정종 때에는 장진부長津府를 설치하였으며, 숙종 38년 청나라 강희 51년, 임진년, 1712년 에 청나라 오라총관烏喇總管인 목극등穆克登이 우리나라 사신인 박권朴權, 이의복李義復

등과 같이 나라의 경계를 자세히 조사하여 백두산에 정하고, 분수령에 이르러 정계비를 세웠다. 비석에 새겨서 말하기를, "청나라 오라총관인 목극등이 국경을 살피라는 임금 뜻을 받들어 여기에 이르러 살펴보니 서쪽으로는 압록강이요, 동쪽으로는 토문강이므로 분수령 위에 비를 다듬어 기록하다" 하였다. 그 뒤 172년을 지나 곧 개국 기원 492년, 계미년, 1883년 북간도의 경계를 조사하는 일로 청나라 길림 장군과 우리나라의 서북경략사인 어윤중이 서로 살펴 조사 하였으나 해결하지 못하였고, 그 뒤 감계사 이중하가 청나라 관원 덕옥·가원계·진영 등과 같이 경계를 살펴 조사하였으나 역시 해결하지 못하는 등 그 뒤에도 서로가 여러 번에 걸쳐 교섭하였지만 타결하지 못하였다.

대개 백두산의 큰 못 남쪽 10여 리 남짓한 곳에 정계비가 있고 그 서쪽 변두리 몇 걸음 되는 곳에 도랑이 있으니, 이것이 곧 압록강의 발원이고, 동쪽 변두리 몇 걸음 되는 곳에도 역시 도랑이 있는데 이는 곧 토문강의 발원지다. 그 중간의 도랑은 형세가 매우 좁고 양쪽의 언덕이 마주 서 있는데 그것이 마치 문과 같다 하여 토문이라고 하였다. 이것이 이른바 동쪽은 토문이 되고, 서쪽은 압록이 된 것이다.

토문강은 각처의 산골짜기 물이 합쳐져 동쪽으로 300리를 흘러 송화강으로 들어가니 간도는 곧 토문의 남쪽에 있으며, 토문으로 경계를 정하면 간도는 바로 우리나라 강토의 경계인데도 청나라 사람들은 두만강이 곧 토문강이며, 또한 도문圖們 이라고도 한다고 하니 칭하는 음이 잘못 전해진 것이다. 또 분수령에서 발원하는 토문강은 곧 송화강의 상류라고 서로가 주장을 한다. 그러나 두만강의 발원지는 장산령이며, 이는 분수령에 정계비를 세운 곳과의 거리가 90리나 되어 '동쪽은 토문이다'는 비문의 내용이 일치하지 않으며, 두만과 토문의 글자와 발음이 서로 비슷하지만, 발원지는 확연히 다르므로, 분수령 정계비에 새겨진 동에서 발원한다는 것은 분명히 토문강이니 더 이상 논쟁 할 필요 없이 경계의 구역을 스스로 밝히고 있는 셈이다.

고종이 등극한 지 34년 개국 기원 506년, 지금으로부터 33년 전, 1897년 국호를 한국으로 고치고 이름과 뜻은 〈조선명의〉에 나타나 있다 연호를 광무로 정하였으며, 14년을 지나서 순종 융희 4년 경술년, 일본 명치 43년, 1910년 7월에 일본에 병합되니 왕이 모두 27명이며, 지나온 해는 총 519년이다.

단군 개국기원 무진년 기원전 2333년 으로부터 융희 4년 경술년 1910년 에 이르기까지 모두 4,243년이다. 지금으로부터 20년 전 명치 43년, 1910년 경성[서울]에 조선총독부를 설치하였으며, 조선총독이 육군과 해군을 통솔하여 조선의 방비 업무를 관장하고, 법률의 제정과 발포를 대신하는 등 조선의 중앙통치 사무를 관할 하였다. 13도에는 각각 장관 지금의 도지사 을 두었고, 12부에는 각각 부윤(府尹)30)을 두었으며, 317개 군을 219개 군으로 통폐합하여 각각 군수를 두었으며, 섬에는 도사를 두었다. 4,356개의 면을 개편하여 2,461개 면으로 하여 각각에 면장을 두고 행정사무를 분담하게 하였다.

朝鮮沿革

朝鮮古初, 各分部落, 距今四千二百六十二年前唐堯二十五年, 戊辰檀君見上名義始起, 定都平壤, 國號朝鮮. 其區域, 西北今滿洲地方, 東今江原道等地, 歷一千十七年商武丁八年甲子, 移都于白岳山阿斯達今文化九月山或云: '唐藏京', 在今文化郡東十五里有宮闕基址俗稱莊莊坪, 歷一百九十六年, 周武王元年己卯, 遷居于北扶餘今中國盛京省開原縣, 歷年共一千二百十二年. 箕子見上名義, 距今三千五十一年前, 周武王元年己卯, 東來, 亦都平壤, 其區域, 西自中國廣寧永平府, 至遼東今盛京省蓋平金州在盛京省南爲界, 南至洌水今漢江, 東北接濊貊沃沮濊貊今江原道沃沮今咸鏡道, 後孫衰弱, 西界千餘里失於燕, 以滿潘汗在遼東爲界. 歷九百二十九年漢惠帝元年丁未, 四十一世孫準, 爲燕人衛滿之所襲奪, 南走金馬郡今益山, 居焉, 是爲馬韓國王以下見三韓沿革.

衛滿距今二千一百二十三年漢惠帝元年丁未, 襲破箕準, 仍都王儉城今平壤, 至孫右渠, 漢武帝劉徹討滅之, 分其地置四郡漢武帝元封三年癸酉, 歷年共八十七年.

四郡距今二千四十七年前漢武帝元封三年癸酉, 漢武帝滅衛右渠, 分置四郡, 曰: "樂浪今平安道之地, 治朝鮮縣今平壤", 曰: "臨屯今江原黃海京畿巖以北之地, 治東暆縣江陵一云: '臨津江沿岸地'", 曰: "玄菟今咸鏡南道之地, 治沃沮城今咸興", 曰: "眞番今鴨綠江以北婆豬江之地, 治霅縣今興京". 歷二十七年, 至漢昭帝劉弗陵, 始元五年己亥, 罷眞番, 屬玄菟, 罷臨屯, 屬樂浪, 玄菟爲夷貊之所侵, 移郡于高句麗縣盛京省內, 自西北單大嶺今薛寒嶺以東沃沮及濊貊皆屬樂浪. 後以境土廣遠, 分嶺東七縣置東部都尉, 治不耐城今未詳, 置南部都尉, 治昭明縣樂浪屬縣今春川. 其

---

30) 부윤(府尹): 지금의 시장.

後遼東太守公孫度分樂浪郡屯有以南荒地, 置帶方郡今京畿黃海之地, 至漢元帝建昭二年甲申, 爲高句麗倂有, 歷年共七十二年.

三韓卽洌水今漢江以南之地, 古代辰國之部落也. 馬韓今京畿以南忠淸全羅皆其地, 距今二千一百二十三年前漢惠帝元年丁未, 箕準爲衛滿之所逐, 南走金馬郡今益山而王焉, 統合五十餘國. 其域北隣樂浪, 南接倭境, 西臨大海, 後歷二百三年新莽元年己巳, 爲百濟倂有. 辰韓今慶尙道洛東江以東之地, 北連濊貊, 西北接馬韓, 東南接弁韓及日本. 統合十二國, 至漢宣帝五鳳元年甲子, 爲新羅之倂有. 弁韓亦曰: '弁辰', 今慶尙道洛東江以西之地, 西南跨智異山, 西北接馬韓, 東與辰韓雜居, 南接日本, 至漢元帝永光五年壬午, 爲駕洛及五伽倻國.

四郡三韓之際, 有起三國, 距今一千九百八十六年前馬韓王一百三十八年, 漢宣帝五鳳元年甲子, 新羅始祖赫居世姓朴名赫居世, 初楊山林間有異氣, 尋得一卵, 剖有嬰兒, 儀形端美, 浴於東川, 身生光彩, 以爲神, 立爲君, 時年十三. ◐昔脫解初婆那國王娶女國王, 女生一卵, 裹帛浮江, 至辰韓, 老嫗見有兒收來, 時鵲隨鳴, 故省鳥, 以昔爲姓, 以解櫝出, 故名脫解, 後爲南解王壻, 立爲君. ○味鄒王卽閼智七世孫, 初脫解王聞金城西始林間有雞聲, 往視之, 有金色小櫝掛樹, 白雞鳴其下, 王取開有兒奇偉, 喜曰: "天祚我胤, 仍爲子.", 名曰: "閼智, 出金櫝, 故以金爲姓, 至七世孫爲王, 初有雞瑞, 故改始林爲雞林, 因爲國號." 以辰韓六部人建國于雞林慶州, 後爲漸强, 伊西淸道・押梁一名押督慶山・骨火一名骨弗永川・召文義城・音汁伐慶州屬地・悉直三陟・于尸山寧海・彌秩夫興海・䔉山一名居漆山東萊・甘文開寧・沙伐尙州・駕洛後改金官國, 今金海, 始祖金首露王, 初阿干刀等望見龜峯有異氣, 得金盒, 開見有六金卵, 不日六男剖殼而出, 立先出者爲君, 身長九尺, 龍眼重瞳, 以首出庶物, 故名首露, 出金卵故姓金, 妃普熙太后許氏, 天竺國王女生十子, 二子從母姓, 傳十一世至仇亥王, 降于新羅法興王, 歷年共四百九十一年. 大伽倻一名任那, 今高靈, 始祖伊珍阿鼓王, 至道設智王, 爲新羅眞興王所滅, 凡十六世, 歷年五百二十年, 小伽倻固城・碧珍伽倻星州・阿羅伽耶咸安・高靈伽倻成昌・草八草溪・比只未詳, 及浦上八國漆原泗川昌原熊川等地, 于山國鬱陵島, 等諸國皆倂呑, 疆土漸大, 歷七百十七年至武烈王七年唐高宗顯慶五年庚申, 滅百濟與唐將蘇定方攻滅之, 唐分置熊津・馬韓・東明・金漣・德安五都督府, 以劉仁願留鎭泗沘城[扶餘], 後撤歸, 後九年唐高宗總章元年戊辰, 文武王八年, 又滅高句麗與唐將李世勣攻滅之, 唐分置九都督府, 以薛仁貴留鎭安東府[平壤], 尋撤還統一三國, 其疆域東西南三面際于海, 西北以浿水今大同江爲界, 北與渤海國以泥河今德源爲界, 始都金城在慶州東, 至婆娑王元年漢章帝建初五年庚辰移居月城在金城東, 又移居明活城在月城東, 自統一後, 歷二百六十八年後唐潞王淸泰二年乙未敬順王降于高麗, 朴昔金三姓相迭爲王按朴氏十世, 昔氏八世, 金氏三十八世, 女主三人, 凡五十六王, 歷年共九百九十二年.

高句麗見上名義距今一千九百六十六年前馬韓王百五十八年, 新羅始祖二十一年, 漢元帝建昭二年, 甲申北扶餘今中國盛京省開原縣王解慕漱其子解扶妻徙于朝鮮東海濱, 爲東扶餘始祖子高朱蒙初解慕漱與河伯女柳花私通生朱蒙, 稱以高辛氏后, 因姓高, 七歲能射, 扶餘俗善射者謂朱蒙, 故因名焉來于沸流水上或云: '今成川紇骨城'建國都, 卒本今鴨綠江北興京界內古渤海率賓府始歷四十年琉璃王二十一年癸亥移都國內城一名尉那巖城, 在今楚山江北兀刺山城又歷二百七年山上王十三年己丑移都丸都城在今江界滿浦江北又歷三十九年東川王二十一年丁卯移都平壤, 又歷九十六年故國原王十一年壬寅, 復都丸都城, 爲慕容皝所屠明年癸卯更移都于平壤東黃城在今平壤東四里木覓山中一絧城, 又歷八十五年長壽王十五年丁卯, 還都平壤, 又歷一百六十年平原王二十二年丙午, 移都長安城在今平壤外城, 歷八十三年唐高宗總章元年戊辰, 王臧爲新羅文武王所滅. 其疆域起自蓋馬山今白頭山西北漢玄菟郡地, 稍稍吞倂其傍近小國, 如沸流·荇人·蓋馬·句茶·黃龍·朱那·曷思·東沃沮·北沃沮·扶餘·樂浪·肅愼·梁貊等諸國. 後又取帶方·玄菟·遼東等諸郡縣, 西至遼河, 北領北扶餘·靺鞨諸邦, 東北窮于滄海, 接蝦夷. 東南隣新羅·百濟, 割取百濟疆土, 置南平壤地方, 迨至三千餘里, 開拓甚廣. 子孫驕侈, 遂及亡. 凡二十八王, 歷年共七百五年.

百濟見上名義距今一千九百四十七年前馬韓王一百七十七年, 新羅始祖四十年, 高句麗琉璃王二年, 漢成帝鴻嘉三年, 癸卯北扶餘人溫祚東史云: "高句麗東明王高朱蒙薨, 長子類利立焉, 次子沸流及溫祚恐不容於國, 遂與烏干·馬黎等十臣南行. 至漢山[今南漢], 登負兒岳[今三角山], 望可居之地, 而沸流居彌鄒忽[今仁川], 溫祚都河南慰禮城[今稷山]. 後沸流以彌鄒忽土濕水鹹, 不得安居, 復歸慰禮城, 尋卒. 百姓皆歸溫祚." 南渡洌水漢江, 定都于慰禮城稷山, 馬韓王割東北百里之地而與之, 十三年移都漢山廣州南漢山城, 移住慰禮城民. 二十七年新莽元年己巳, 襲滅馬韓, 有其地. 其疆域北限浿江今遂安能成江, 或云: '平山豬灘', 今禮成江, 古稱浿江, 西南際于海, 東隣新羅, 東北接樂浪濊貊. 歷三百七十二年近肖古王二十六年辛未, 移都北漢城今漢城, 又歷一百五年蓋鹵王二十一年乙卯失漢城, 文周王元年新羅慈悲王十八年乙卯移都熊津公州, 又歷六十四年聖王十六年, 新羅法興王二十五年戊午, 又移都泗沘扶餘, 又歷一百十三年唐高宗顯慶五年庚甲, 義慈王昏淫, 爲新羅武烈王所滅, 王子豐起兵, 據周留城燕岐, 進圍熊津, 欲復古業, 兵敗遂亡王子豐在位四年, 唐高宗龍朔三年癸亥凡三十一王, 歷年共六百八十一年.

高麗見上名義距今一千十二年前新羅景明王二年, 後梁均王貞明四年, 戊寅太祖王建漢州松岳郡人, 父隆與妻韓氏, 居松岳南, 及生太祖, 龍眼日角, 器度雄深. 年十七往投弓裔, 裔見而奇之, 授鐵原太守, 南征北伐累立戰功. 弓裔暴虐日甚, 泰封諸將推戴爲王. 定都松岳開城建元天授, 滅後百濟甄萱尙州人, 本姓李, 體貌雄奇, 多智畧. 因世亂盜起, 聚五千餘人, 襲武珍州[今光州], 自立爲王, 後移都完山, 稱後百濟. 居王位四十四年降于高麗. 泰封弓裔, 新羅憲安王庶子. 生而有齒, 日官曰: "不利於國, 使殺之.", 乳母抱而逃. 及長爲僧, 後叛據鐵原, 國號泰封. 性暴虐, 見父王畫像拔劒擊之, 其妻康氏諫其非行, 裔以鐵杵撞殺之幷二子. 高麗太祖擧義, 弓裔出逃, 爲斧壤民所殺. 降新羅唐潞王淸泰二年乙未統一全國, 西北接女眞, 東南際于海. 歷七十六年, 至成宗十二年癸巳, 契丹蕭遜寧大擧來侵, 聲言曰: "復高句麗舊地, 時群議畏讐, 欲割與黃州巴山嶺慈悲嶺在瑞興西六十里以西.", 賴侍郞徐熙抗辯, 無事封疆, 得長興歸化龜州郭州等四城. 自是兵連禍結, 疆土之爭連年不息. 又歷二十七年, 至顯宗十年己未遣上元帥姜邯贊, 大破契丹兵, 大振國威, 又歷五十五年, 至文宗二十七年癸丑, 東女眞七州酋長率衆來附, 賜姓名, 各授將軍號. 又三山三撒今北靑大蘭·支擷咸興西北薛罕嶺之南寧遠界等九村, 所乙浦村·小支擷前里·大支擷等皆來附, 置十一州. 又東蕃卽東女眞大齊者古河舍等十二酋長, 及豆籠骨伊今豆滿江餘波漢等諸蕃皆歸服, 分置州縣. 又歷三十四年, 至睿宗二年丁亥時女眞强盛, 酋長烏雅束卽金國康宗世祖劾里勃之子, 穆宗盈歌之兄子自肅宗時累侵邊境, 遣元帥尹瓘·吳延寵率兵十七萬討平女眞, 劃定地界: 東界火串嶺, 北界弓漢伊嶺, 西界蒙羅骨嶺, 置英·雄·福·吉皆在今吉州以北四州. 明年又置咸宜二州及公嶮·通泰·平戎三鎭, 是爲九城, 移住南界民六萬八千戶, 立定界碑于先春嶺. 於是句麗之舊疆始歸版圖, 旣沒九城, 女眞部落誓欲報復, 冒死寇侵, 邊警不息. 後四年, 女眞太師烏雅束遣公兄官名史顯等請和親, 乞還九城, 遂朝議許之, 乃撤還崇寧·通泰·及英·雄·福·吉·咸五州, 眞陽·宣化等鎭. 女眞酋長等咸州門外設壇天誓曰: "自今以後連年朝貢, 若渝此盟, 蕃土滅亡.". 其後咸北一路爲女眞, 蒙古所陷, 恭愍王五年, 遣柳仁雨攻破雙城古和州今永興, 收復和永興·登安邊·定定平·長古長州在今定平西南五十五里·預古預州在今定平南四十五里·高高原·文文川·宜德源等州, 及宣德在今咸興南四十五里·元興在今定平南五十里·寧仁在今永興東六十里·耀德在今永興西百二十里·靜邊在今永興東六十里等鎭, 盖朔方道今咸鏡道前以都連浦在今咸興南三十里爲界, 築長城德宗二年癸酉築長城自義州經寧遠永興之耀德靜邊鎭直抵都連浦, 設三關門定州宣德元興防女眞. 爲蒙古之所沒凡九十九年至是始復又收復咸州元稱哈蘭府吉州元稱海洋福州元稱禿魯兀今端川北靑州元稱三撤四城四城爲女眞之所沒凡二百四十餘年始歸高麗至恭讓王三年復甲州甲山明年差李必等招諭斡都里會寧兀良哈諸部落是年明太祖洪武二十五年壬申秋七月天命歸于.

朝鮮太祖距今五百三十九年前高麗凡三十四王, 歷年共四百七十五年高麗統一在太祖十八年乙未則實歷年四百五十八年.

朝鮮太祖姓李諱旦初諱成桂開國紀元元年明太祖洪武二十五年壬申日本後小松帝南北統一元中九年西曆紀元一千三百九十二年定都漢陽國號朝鮮. 初高麗恭愍王十九年庚戌, 太祖率步騎兵一萬五千, 渡鴨綠江, 攻破北元東寧府在遼東婆豬江兀剌山城, 又進兵攻破遼陽城榜諭人民曰: "遼河以東我國疆土, 大小頭目亟宜來朝共享爵祿." 明年北元遼陽城平章劉益以爲遼陽本是朝鮮地, 欲歸附我國遣使來請, 時廷議不一, 未有回報, 劉益遂以金州·復州·蓋平·海城·遼陽等地歸附于明. 嗚呼, 當時若許劉益歸附恢復舊疆, 自失機會, 曷勝歎哉.

太宗二年, 始置理山楚山·渭原·昌城·朔州等四郡, 七年又置慶源·慶興二府, 後至 世宗朝, 西北置茂昌·閭延·虞芮·慈城四郡, 命金宗瑞北驅逐女眞部落于豆滿江外, 恢復疆土, 開拓六鎭. 宣祖朝勦滅藩胡, 設茂山府列於六鎭, 正宗朝置長津府, 肅宗三十八年清康熙五十一年壬辰清國烏喇總管穆克登與我使朴權·李義復等審定國界于白頭山, 至分水嶺上立定界碑, 刻文于石面曰: "大清烏喇總管穆克登奉旨查邊至此, 審視西爲鴨綠, 東爲土門, 故於分水嶺上勒石爲記." 後歷一百七十二年卽開國紀元四百九十二年癸未以北間島勘界事, 清吉林將軍及我西北經畧使魚允中互相審定未決, 其後勘界使李重夏與清員德玉·賈元桂·秦瑛等審勘境界亦未決, 彼我間累經交涉, 未能妥定. 盖白頭山大澤南十里許, 有定界碑, 其西邊數步地有溝壑, 卽鴨綠江源, 東邊數步地亦有溝壑, 卽土門江源. 其中間溝形甚狹兩岸之對立如門故謂之土門. 此所謂東爲土門, 西爲鴨綠者. 土門江合各處山谷水, 東流三百里入松花江, 間島卽在土門之南, 以土門定界, 則間島是我國疆界, 清人以爲豆滿卽土門, 亦稱圖們音之訛傳. 且分水嶺發源之土門江, 卽松花江之上流, 互相固執. 然豆滿之江源出於長山嶺, 則與分水嶺立碑處距離爲九十里, 不合於東爲土門之碑文, 豆滿與土門, 字音略似, 發源迥異, 自分水嶺定界碑東發源者, 明是土門之江, 則更不俟辨論, 自明界域.

高宗御極三十四年開國紀元五百六年丁酉距今三十三年前國號改稱韓國見上名義建元光武歷十四年純宗隆熙四年庚戌日本明治四十三年秋七月倂合于日本, 凡二十七王, 共歷年五百十九年.

自檀君開國紀元戊辰至隆熙四年庚戌, 凡四千二百四十三年, 距今二十年前明治四十三年置朝鮮總督府于京城, 朝鮮總督統率陸海軍, 掌朝鮮防備事, 代法律制令發布, 管轄朝鮮中央統治事務. 十三道各置長官今知事, 十二府各置府尹, 革三百十七郡爲二百十九郡, 各置郡守, 島置島司. 革四千三百五十六面爲二千四百六十一面, 各置面長, 分管行政事務.

조선 인종 朝鮮人種

  조선의 인종은 곧 아세아의 황색인종이다. 상고에 아홉 종의 부락이 있었으나 문화의 개방에 따라 각지로 이주하여 섞이게 되었고 대개 그것을 구별하면 세 종족이 있다.
  첫째는 조선 본족本族, 곧 고대 시초의 토착 민족으로 서북에서부터 동남으로 뻗어 내려온 사람들이며, 둘째는 한족漢族, 곧 중국인 이주자들로 은나라 시대부터 주나라, 전국시대, 진나라, 한나라에 이르기까지 유사시에 이주하였으며 예컨대 기자가 5천 명을 이끌고 동방으로 왔으며, 연나라와 제나라, 조나라의 백성들은 진나라의 전란을 피해 도망 온 사람들이 수만 명에 달했으며, 위만을 따라 망명해 온 사람도 수천 명이었다, 당나라와 송나라 이래로 전란으로 인해 이주한 자가 매우 많았다. 셋째는 부여족 옛 예맥족 이다. 곧 단군의 후예 단군 후손이 북부여로 이주하였다 북부여 왕인 해부루가 조선의 동북 해안으로 옮겨 동부여 곧 불내 예不耐濊 의 왕이 되었다가 점차 번성하였는데 뒤에 예의 왕인 남여가 28만 명을 이끌고 한나라로 귀속하였다. 고구려와 백제 또한 부여족으로 서남쪽에 번성하였으나 고구려의 멸망으로 남녀 20만 명이 당나라로 이주하였으며, 그 나머지는 장백산長白山31)의 동쪽에 정착하여 발해국을 세웠다. 또한 백제의 남녀 2천8백여 명이 당나라로 이주하였고, 그 외 수만 명의 인구가 모두 일본으로 이주하였다. 구주九州32)와 서해의 녹아도鹿兒島33) 등지.
  그 외에 역시 말갈족, 몽골족, 일본족 등이 있는데, 고려 초기에 동·서의 여진부락이 서북 양도에 들어가 살면서 번속국藩屬國이 되었고 뒤에 동여진의 완안씨完顔氏가 요나라와 송나라를 멸망시키고 중국으로 들어가 금나라의 황제가 되었고, 서여진의 후예는 청나라의 시조가 되었다. 몽골족은 고려 말년에 이주해 온 사람이 매우 많고, 일본족은

---

31) 장백산(長白山): 백두산.
32) 구주(九州): 오늘날의 일본 규슈.
33) 녹아도(鹿兒島): 오늘날의 일본 가고시마.

고대로부터 왕래가 복잡하여 이주해 온 사람들이 매우 많았으며, 일본이 병합한 이후로 관공리와 농·상인의 이주자가 매년 증가하여 수십만 명에 이르렀다.

朝鮮人種
朝鮮人種卽亞細亞之黃色人種, 上古有九種部落, 隨文化之闢各地移住混雜, 大槪其區別有三族. 一曰: "朝鮮本族卽古初土着民族自西北蔓衍于東南者". 二曰: "漢族卽中國人移住者自殷周際至戰國及秦漢代因有事時移住如箕子率五千人東來, 燕齊趙民避秦亂亡歸者數萬, 從衛滿亡命者數千人唐宋以來因戰亂移住者甚多". 三曰: "扶餘族古滅種卽檀君遺裔檀君後孫從北扶餘北扶餘王解夫婁徙朝鮮東北海濱爲東扶餘卽不耐滅王漸次蕃殖後滅君南閭率二十八萬口歸漢. 高句麗百濟亦扶餘族蕃衍于西南及亡遷句麗男女二十萬口于唐其餘依長白山東爲渤海國又徙百濟男女二千八百餘口于唐其他數萬口皆移住日本九州西海鹿兒島等地".
其外又有靺鞨族蒙古族日本族等高麗初東西女眞部落入處西北兩道爲蕃屬後東女眞之完顔氏滅遼與宋入中國爲金國帝西女眞之後裔爲淸國之始蒙古族高麗末年移住者甚多日本族自古代來往複雜移住甚多日鮮倂合以來官公吏及農商民移住者每年增加至數十萬口.

조선 방언 朝鮮方言

◦ **대가락** 동방의 나라 이름으로 삼한의 거족을 대가락이라 일렀다.
　大駕洛 東方國名三韓巨族謂之大駕洛.

◦ **나록** 신라는 백관에게 급료를 조로 지급했기 때문에 생긴 이름인데 벼를 나록[34] 이라 한다.
　羅祿 新羅百官頒料以租給之故謂租曰: '羅祿'.

◦ **가남아** 고려에서 여자아이를 가남아[35] 라고 한다.

---

[34] 나록(羅祿): 나락.

假男兒 高麗稱女兒曰: '假男兒'.

○ **을나** 신라에서는 어린아이를 을나36) 라고 한다.
乙那 新羅時稱嬰兒曰: '乙那'.

○ **화랑** 신라에서는 귀한 남자를 화랑이라 하였다.
花郞 新羅貴男子之稱號.

○ **서울** ≪문헌비고≫에 말하기를 신라국 국호를 서라벌이라 불렀는데 후세사람들이 경도37) 경주를 서벌이라고 부르다 뒤에 변하여 서울이 되었다고 한다.
徐鬱 文獻備考曰: "新羅國又號徐耶伐.", 後人稱京都曰: '徐伐', 後轉變爲徐鬱.

○ **한골** 제1골로 신라 왕족이며 그 아래 혈족은 제2골이라 하였다.
韓骨 第一骨新羅王族後族曰: '第二骨'.

---

35) 가남아(假男兒): 간난아.
36) 을나(乙那): 얼나.
37) 경도(京都): 경주.

경상북도지리총설

위치 및 경계 位置及境界

본 경상북도는 조선의 동남방에 있으며, 동북 일대는 바다와 맞닿아 있는데 강원도와 접하였고, 서북은 충청북도와 이웃하였으며, 서남은 전라남도와 이어져 있고, 남쪽은 경상남도와 경계하였다. 동서는 대략 350리이고, 남북은 대략 450리인데 북위 35.5도에서 37도에 이르고 동경 128도로부터 129.5도에 이른다.

지세의 경우, 북부와 서쪽 경계 지역은 산악이 중첩하고 동남은 언덕과 산岡巒이 곳곳에 솟았다가 엎드려 있으며, 중앙은 대개 평탄하고, 전야가 풍요롭고 기름지며 인가가 조밀하다. 낙동강이 중앙을 꿰뚫고 흘러서 조운의 편리함이 크다.

慶尙北道地理總說

位置及境界

本道在朝鮮之東南方, 東北一帶濱于海, 接江原道, 西北隣忠淸北道, 西南連全羅南道, 南與慶尙南道爲界. 東西略三百五十里, 南北略四百五十里, 自北緯三十五度半至三十七度, 自東經百二十八度至百二十九度半. 地勢北部及西境山岳重疊, 東南岡巒處處起伏. 中央大槪平坦, 田野豐沃, 人煙稠密. 洛東江貫流中央, 多漕運之利.

연혁 沿革

본 경상북도는 옛 진한의 지역이며 고구려와 신라가 그 지역을 나누어 점령하다가 뒤에 신라가 병합하였으나 경순왕 9년 935년 고려 태조에게 항복하여 동남도도부서사를 두고 경주에 사를 설치하였다. 성종 14년 995년 국내를 10개의 도로 만들었는데, 상주가 관할 하던 군현들로 영남도를 만들고 경주와 금주가 관할하던 군현들로 영동도를 만들었다. 예종 원년 1106년 산남도와 합하여 경상진주도라고 호칭하였고, 명종 원년 1171년 각각 나누어 경상주도가 되었으며, 16년 1186년 진합주도로 예속되었다. 신종 7년 1204년 바꾸어 상진안동도가 되었으며 그 뒤에 또다시 이름을 바꿔서 경상진안도가 되었다가 고종 46년 1259년 명주도의 화주와 등주와 정주와 장주의 사주를 몽골에 빼앗기고, 경상진안도의 평해·영덕·덕원·송생의 4군을 명주도에 예속시켰다가 후에 덕원·영덕·송생은 본도로 다시 귀속시켰으며, 충숙왕 원년 1313년 경상도라 정하였다. 조선 태조 시기 (고려의 체계를) 그대로 계승하였고, 세종 시기 관찰사를 설치하여 상주에 본영을 두었다가 선조 시기 대구로 이설하였다. 고종 광무 원년 1897년 각각 나누어 경상북도가 되었으며, 지금도 이를 따라 1부와 23군을 관할한다.

沿革

本道古辰韓之域, 高句麗新羅分據其地後爲新羅兼倂, 敬順主九年降于高麗太祖, 置東南道都部署使置司慶州. 成宗十四年分國內爲十道, 以尙州所管郡縣爲嶺南道, 慶州金州所營郡縣爲嶺東道. 睿宗元年合山南道, 稱慶尙晉州道, 明宗元年各析爲慶尙州道, 十六年以晉陜州道來隸, 神宗七年改爲尙晉安東道, 其後又改爲慶尙晉安道, 高宗四十六年以溟州道之和·登·定·長四州沒於蒙古, 割道之平海·盈德·德原·松生四郡, 隸于溟州道, 後德原·盈德·松生還本道, 忠肅王元年定爲慶尙道, 朝鮮 太祖朝因之. 世宗朝置觀察使本營於尙州, 宣祖朝移設大邱. 高宗光武元年各析爲慶尙北道, 今又因之, 領一府二十三郡.

산악 山岳

태백산은 본 경상북도의 북방에 우뚝 솟아 강원도와 경계를 긋고 있다. 한 지맥은 서쪽으로 뻗어가서 소백산 죽령 풍기豊基, 작성산 예천醴泉, 계립산·주흘산·희양산 문경聞慶, 청화산·속리산 상주尙州, 추풍령 황간黃澗, 황악산 금산金山, 덕유산 안의安義, 장안산·지리산 등의 여러 산이 되어 큰 산마루로서 서북의 경계가 되었다. 또 하나의 지맥은 동쪽으로 달려가서 일월산 영양英陽, 청량산·주방산·보현산 청송靑松, 단석산·토함산 경주慶州, 운문산 청도淸道, 원적산 울산蔚山, 금정산 등의 산이 되고 동남 해상에 이른다.

  태백산은 봉화군의 북쪽에 있는데 강원도와 충청도까지 3도 경계에 널리 뻗어 있고 산세는 암석이 적고 토양이 많으며 산봉우리가 모두 민둥산으로 솟아있다. 산 위에는 황지가 있으니 곧 낙동강의 원류이다. 풍광이 수려하여 황지 가까이에 백성이 살며 촌락을 이루었는데 곡식과 감자를 심어 생업으로 삼았다. 고개 위에 각화사와 홍제암이 있는데 이따금 고승이 깃들어 살았으며 조선 사고가 있다. 최선이 지은 ≪용수사기≫에 말하길, "삼한의 아름다움은 태백산이 으뜸이 된다."라고 하였다.

  소백산 순흥順興은 토산으로 우뚝하게 솟아 암석이 없기 때문에 산세는 비록 장엄하나 형승이 적다. 멀리서 바라보면 산봉우리에 초목이 무성하고, 하늘에 닿을 듯한 봉우리를 국망봉 이곳에 오르면 국도를 가히 바라볼 수 있기 때문에 이름 붙였다이라 하고, 또 경원봉 충숙왕의 태실이 감추어진 곳과 환희봉이 있으며 서쪽엔 자하대가 있는데 가히 수십 명이 앉을 수 있으며 형승이 많다. 북쪽에 부석사 절 뒤에 부석이 있다가 있는데 신라의 의상대사가 도를 얻고서 천축국 인도印度으로 들어가면서 지팡이를 요문 앞 처마 밑에 심으며 말씀하기를 "내가 간 뒤에 지팡이에서 반드시 가지와 잎이 생길 것이니 따라서 내가 죽지 않았음을 알 것이다."라고 하셨다. 떠나간 뒤에 소상을 만들어 안치하였더니 그 지팡이에서 곧장 가지와 잎이 생기며 길이가 처마 밑 지붕에 닿았으며 천년이 한결같았다. 광해군 시기에 정조鄭造가 영백 경상도 관찰사이 되어 그것을 보고 말하기를 "선인이 소장하던 지팡이, 나 또한 갖고 싶네."라 하고는 곧장 잘라 간 뒤로 두 줄기가 전과 같이 뻗어나 자라며 사시장춘 피어 떨어지지 아니하니 이름을 '선비화수'라고 하였다. 청량산 안동安東은 고운 최치원 선생께서 여기에서 독서하셨기 때문에 치원봉의 난가대가 있는데 가장 이름난 곳이며 그 곁의 석굴 가운데 한 노파상이 있으니 고운 선생의 밥 짓던 노비라고 한다. 또 송대松臺와 풍혈의 기이한 명승이 있는데, 이는 퇴계 문순공 이황 선생이 글 읊던 곳이다. 산봉우리가 예안강 위에 맺혔는데 밖에서는 고송이 토산을 점철하고 있는 것처럼 보이지만, 고을로 들어가서 보게 되면 석벽이 사면에 둘러서 에워싸고 기암절벽의 형상에 이름붙이기 어려우며 산수가 명려하고 형승이 청수하여 세상 사람들이 무이구곡 중국 복건성 숭안현에 있는 경치 좋은 곳과 비교하기도 한다. 또 학가산, 문수산, 천등산, 백병산, 문필산, 원지산 등의 여러 산의 고개가 늘어서 있으며, 천등산 봉정사나 낙수대와 비파산 3층 석실과 봉산 절벽과 깊은 못은 모두 경치가 절경이다.

조령은 본도의 서북경계 위에 있는데 높다랗게 구름의 표면까지 솟아있으며 험난하게 가로막고 가로질러 뻗어 있어 호서와 영남의 경계를 분리하고 있다. 그 가운데 한 고개가 점차 평탄해지고 평평하여 산 비탈길이 굽이 돌아서 마치 긴 뱀과 같아 사람과 말이 통행하였다. 지난날에는 서울로 통하는 요충의 큰길이어서 거마가 잇달아 오가는 것이 끊이지 않았다. 추풍령에 철도를 부설한 이후로는 왕래가 드물었다. 또 이 조령은 관액(關阨)[38]으로 중요한 지역이기 때문에 산허리에 빙 둘러서 삼중의 성을 쌓고 삼관문을 설치하고 진장을 두어 방어하고 지키다가 현재는 그 제도가 폐지되었다. 삼림이 4~50리나 무성하게 우거져 유명한 대삼림지가 되었는데 그 가운데 어유동이 있으니 곧 고려의 공민왕이 피난하여 어가를 머물던 곳으로 궁실의 유지가 아직도 남아있다. 용추(龍湫)[39]는 초점(草岾)[40]에 있는데 암석이 우뚝하게 서있고 날아 흐르는 폭포수는 못을 이루고 세 석굴은 어금니를 머금은 듯 깊고 어두우니 사람들로 하여금 오싹하게 기운이 떨리게 했다. 남쪽에 곶갑천 곶갑벼리 이 있는데 벼랑을 따라 돌을 파고서 구름다리를 가설하여 꾸불꾸불 얽히어 6~7백보 굽었는데 견탄이 그 아래로 돌아서 흐르며 희양산·청화산·선유산 등의 여러 산이 서쪽에 세차게 솟아있다.

태백산의 한 지맥은 남으로 뻗어서 검마산과 일월산 등의 여러 산을 이룬다. 검마산은 그 봉우리가 칼날처럼 쭈뼛하고 예리하여 가히 기어오르기가 어려우며 일월산은 울퉁불퉁하게 깊고 깊게 중첩한 산봉우리들이 이어 뻗으며 기복을 이룬다. 그 동남에는 주방산·보현산·용두산 등의 여러 산이 있는데 주방산의 학소암과 용두산의 위정수는 신령한 경치로 이름났다.

치술령은 경주의 남쪽 30리에 위치하는데 하나의 지맥이 동쪽으로는 토함산·명활산·낭산·함월산 등의 산이 되어 널리 뻗어 웅장하고 준엄하게 동해 위에 산등성이가 늘어서 있다. 낭산은 경주읍의 진산이자 신라의 고도가 천년을 누리며 계림의 군자국이라 한 곳이 이곳인데 지금은 동경이라 한다. 신라시대의 반월성과 포석정 돌을 갈아서

---

[38] 관액(關阨): 지역을 넘나드는 좁고 험한 고갯길 또는 관문.
[39] 용추(龍湫): 문경시 가은읍 완장리에 위치한 폭포.
[40] 초점(草岾): 문경새재를 새재라고 부르기 전의 옛 문헌상에 나타난 새재의 또 다른 이른다.

전복고기의 모양처럼 쌓았기 때문에 이름한다과 첨성대 선덕여왕善德女王이 돌을 다듬어 대를 쌓아서 천문을 살폈다 등의 고적이 매우 많이 있다. 또 치술령의 한쪽 지맥은 서쪽으로 망해산 장기長鬐이 되었고 북쪽으로 운제산이 되었는데, 운제산의 꼭대기엔 대왕암이 있고, 그 사이에 샘물이 솟아 나오며, 또 만장암도 있고, 또 하나의 지맥은 동대산과 황제산 등의 산이 되어 울산 바닷가 위에 임하여 있다.

보현산은 동으로 큰 바다에 임하였고 북으로는 조령이 바라보이며 중간에 법화동이 있는데 냉천이 흘러나와서 비록 무더운 여름이라도 얼음이 녹지 않으며 그 남쪽에는 무학산과 운문산 청도清道이 있는데 매우 준험하게 높이 솟아올라 여러 고을을 깔고서 점하고 있다. 계곡은 깊고 깊어 기암과 맑은 못이 많고 운문사가 있는데 도내의 명찰이다. 고려의 태조가 운문선사라 사액하였다. 동쪽에는 마곡산과 관문산이 높다랗게 서 있고 서쪽에는 팔조령이 있는데 길이 험준하여 남방의 요액이 된다.

팔공산은 대구의 북쪽에 산봉우리가 솟아있다. 구불구불 신령과 영천으로 뻗어가며 7개 읍의 경계가 되고, 그 가운데 수도동에는 백 척의 비폭이 있고, 선주암과 읍선대의 기이한 명승이 있으며 동화사와 은해사가 있는데 가장 저명하다. 동화사에는 명승과 고적도 많고 홍진의 비도 있으며, 그 서쪽에는 가산 칠곡漆谷이 있는데 산성을 쌓아 옛날 별장別將을 두었다. 또 그 북쪽에는 유악산과 천왕산 인동仁同이 있는데, 금오산과 강을 사이에 두고 서로 대치하고 있다. 금오산 선산善山은 일명 남숭으로 이전에는 진과 보를 설치하였으며 성내 아홉 개의 우물과 일곱 개의 못이 있고 그 북쪽에 대혈굴이 있는데 백 장의 비폭이 아래로 쏟아진다. 야은 길재 선생이 벼슬을 버리고 이곳의 채미정에 은거하면서 대나무를 심던 밭도 지금 남아있다. 비슬산 현풍玄風의 또 다른 이름은 포산이라고도 하며 산세가 준험하게 높으며, 대현봉과 천왕봉의 두 봉우리가 있고 신라의 도승인 관기와 도성이 같이 은거하던 곳이다.

山岳

太白山聳峙于本道之北方, 與江原道劃界. 一支西行爲小白山竹嶺豊基, 鵲城醴泉, 鷄立·主屹·曦陽聞慶, 靑華·俗離尙州, 秋風嶺黃澗, 黃岳金山, 德裕安義, 長安·智異等諸山以大嶺爲西北界. 一支東走爲日月英陽·淸凉·周防·普賢靑松, 斷石·吐舍慶州, 雲門淸道, 圓寂蔚山, 金井等山止于東南海上.

太白山在奉化郡北, 盤礴于江原忠淸三道界, 山勢石少土多, 峯巒皆禿立. 山上有潢池, 卽洛東江源, 風光秀麗, 池近民居, 成村落, 種粟蔗爲業. 嶺上有覺華寺, 洪濟庵, 往往有高僧棲息, 有朝鮮史庫. 高麗崔詵《龍壽寺記》曰: "三韓之勝, 太白爲首云.".

小白山順興土山聳立無巖石, 故山勢雖壯, 少形勝. 遠望則峰巒蓊蔚, 際天上峰曰: '國望登此可望國都故名', 又有慶元峯藏高麗忠肅王胎室, 懽喜峰, 西有紫霞臺, 可坐數十人, 多形勝. 北有浮石寺寺後有浮石, 新羅義相大師得道入天竺, 植杖於寮門前, 詹曰: "吾去後, 此杖必生枝葉, 從知吾之不死也.". 去後作塑像安之, 其杖卽生枝葉, 長至屋宇, 千年如一. 光海朝鄭造爲嶺伯, 見之曰: "仙人所杖, 吾亦欲杖.". 卽斷, 去後抽二莖, 如前而長, 四時長春, 無開落, 號'仙飛花樹'. 清凉山安東, 孤雲崔致遠讀書于此, 故有致遠峰爛柯臺最著名, 其傍石窟中有一老婆像, 稱孤雲孃婢. 且有松臺, 風穴之奇勝, 卽退溪李文純公滉之藏修處. 結峙于禮安江上, 外觀則古松點綴于土山而已, 及入洞府, 石壁四面環圍, 奇巖絶崖, 難可名狀. 山水明麗, 形勝淸秀, 世人比之於武夷九曲. 又駕鶴, 文殊, 天登, 白屛, 文筆, 遠志等諸山列峙, 而天登山之鳳亭寺落水坮, 琵琶山之三層石室, 蓬山之絶壁深潭皆景槪絶奇.

鳥嶺在本道西北境上, 巍然聳出于雲表, 險阻橫亘, 限絶胡嶺之界. 其中一嶺稍坦夷, 坂路迂回, 蜿然如長蛇, 故人馬通行, 往時通京城之要衝, 大路車馬絡繹不絶, 自鐵道殼設于秋風嶺以後, 往來稀少. 且此嶺爲關阨重地, 故山腹環築三重城, 設三關門, 置鎭將防守, 現廢其制. 森林蓊鬱四五十里, 爲有名大森林地, 其中有御遊洞, 卽高麗恭愍王避亂駐驛處, 宮室遺址尙存. 龍湫在草岾上, 巖石矗立, 飛瀑成潭, 三石窟含牙深黑, 令人悚然, 氣慄. 其南有串岬遷坪早, 緣崖鑿石, 架設棧道, 縈紆屈曲六七百步, 犬灘迴流其下, 曦陽·靑華·仙遊等諸山迸峙其西.

太白山一支南延, 爲釵磨, 日月諸山. 釵磨其峰如刀釵之尖銳, 難爲何樊, 日月磅礴, 深峻重崗, 疊嶂, 綿亘起伏. 其東南有周房·普賢·龍頭等山, 周房之鶴巢巖, 龍頭之葦井水, 以靈境著名.

鵄述嶺在慶州南三十里, 一支東爲吐含·明活·狼山·含月等山, 盤礴雄峻, 列峙于東海上. 狼山爲慶州邑鎭山, 卽新羅古都享國千年, 古稱鷄林, 君子國是也, 今稱東京, 有新羅時半月城, 鮑石亭鍊石作鮑魚形築之故名, 瞻星臺善德女主鍊石築臺以候文等古跡頗多. 又鵄述一支西爲望海山長瞽, 北爲雲梯山, 山頂有大王巖, 巖間泉水沸出, 又有萬丈巖, 又一支爲東大黃梯等山, 臨于蔚山海上.

普賢山東臨大海, 北望鳥嶺, 中有法華洞, 冷泉流出, 雖盛夏不解氷其, 南有舞鶴山雲門山清道極峻, 聳起盤據數州. 洞壑深邃, 多奇巖澄淵, 有雲門寺, 爲道內名刹. 高麗太祖賜額雲門禪寺. 東有馬谷山, 關門山之屹立, 西有八助嶺, 路險, 爲南方要阨.

八公出聳峙于大邱北. 逶迤橫亘于新寧永川等七邑界, 其中修道洞有百尺飛瀑, 又有仙舟巖, 揖仙臺之奇勝, 有桐華寺, 銀海等最著名. 桐華寺多名僧, 古跡有弘眞之碑, 其西有架山漆谷, 築山城, 舊置別將. 又其北有流岳山, 天王山仁同, 與金烏山隔江相峙. 金烏山善山一名南嵩, 有山城, 往時設鎭堡, 城內有九井七澤, 其北有大穴窟, 百丈飛瀑垂下. 高麗末吉冶隱再棄官歸隱于此, 採薇亭, 種竹田, 至今尙在, 琵瑟山玄風亦名苞山, 山勢峻極, 有大見天王兩峰, 新羅道僧觀機, 道成之同隱處.

하류 河流

낙동강은 본도의 진강이며 그 원류는 두 곳이다. 하나는 태백산의 황지 삼척三陟에서 발원하기 때문에 이름을 황수라고 하고 천산에서 흘러나오기 때문에 천천이라고도 명하는데 남쪽으로 흘러서 도미천, 매토천 봉화奉化과 나화석천, 부진 예안禮安, 요촌탄, 물야탄, 견항탄 안동安東, 대곡탄 예천醴泉, 작탄 용궁龍宮이 되고 상주 동쪽에 이르러 낙동강 상주尙州 고호古號는 상락上洛이니 상락의 동쪽에 있기 때문에 이름한 것이다이 된다. 다른 하나는 속리산 상주尙州의 청계에서 발원하여 이안천 함창咸昌이 되어 황령의 물과 합류하고 소공촌을 지나 중천에 이르러 합류한다. 이어 봉황대를 거쳐 곶천에 와 합류하여 문경의 경계에 이르러 소야천이 내려와 합류하고 상주의 동쪽에 이르러 낙동강에 들어가 합류하는데 곧게 본도 서부의 중앙을 관통하여 남도로 흘러 내려간다. 대개 이 낙동강은 전 도내의 냇물과 시냇물이 모아 합해져 흐름이 7백여 리를 넘실거리며 흘러내려 가서 바다로 흘러 들어가니 세상에서 말하기를 영남인의 성질이 이 물과 같이 굳세고 곧고, 단합한다고 한다. 이 강 이외에는 다른 대류는 없고 다만 지류에 지나지 않을 뿐이다.

❶금호강의 원류는 보현산 청송靑松에서 나와서 영천 자을아천 신녕新寧이 되며 북천이

남천과 합류하여 동경도 영천과 경주의 도계渡界가 되고, 하양군과 경산군과 자인군의 여러 군의 물이 합하여 대구의 북쪽에 이르러 사수가 되고 해안천과 합류하여 거천으로 들어가며 사문진에 이르러 낙동강으로 들어가는데 얕은 여울이 많아 배가 다니지 못하고 다만 논에 물을 대는 이로움만 있을 뿐이다. 감천의 원류 하나는 부항현에서 나오고 하나는 우마현에서 나오며 하나는 대덕산 모두 지례知禮에서 나와서 구산 아래에서 합류하여 동쪽으로 흘러 금산의 동쪽 황악산 아래에 이르러 흘러와 합하여 개령과 선산을 거쳐서 낙동으로 들어간다.

가야천의 원류는 가야산과 수도산의 두 산에서 나와 고령을 거쳐 낙동강으로 들어가며 연변 일대의 관개가 두루 넉넉하여 가뭄에도 재해로 이어지지 않는다. 민속이 사납다고 하는데 어느 술자가 말하길, "수세가 크게 격동해서 그러하다." 한다.

河流
洛東江爲本道之鎭江, 其源有二. 一則發于太白山潢池三陟, 故名曰: '潢水', 穿山流出, 故亦名穿川, 南流爲道美川, 買吐川奉化, 羅火石川, 浮津禮安, 蓼村灘, 勿也灘, 犬項灘安東, 大谷灘醴泉, 鵲灘龍宮, 至尙州東爲洛東江尙州古號上洛在上洛之東故名. 一則發于俗離山尙州, 淸溪爲利安川咸昌, 與黃嶺水合流, 經昭孔村, 中川來合經鳳凰臺, 串川來合, 至聞慶界蘇野川來合, 至尙州東入洛東江合流, 直貫本道西部之中央流下南道. 盖此江會合全道內川溪衆流, 注洋七百餘里, 注入海, 俗稱嶺南人性, 質如此, 水之勁直, 團合云, 此江以外無他大流, 但不過支流而已. ●錦湖江源出普賢山靑松, 爲永川, 玆乙阿川新寧, 北川與南川合流, 爲東京渡永川慶州渡界, 合河陽, 慶山, 義興諸郡水, 至大邱北爲泗水, 合解顔川, 八莒川, 至沙門津注入洛東江, 多淺灘, 不得漕運, 但有灌漑之利.
甘川其源一出釜項峴, 一出牛馬峴, 一出大德山並知禮, 合于龜山下, 東流至金山, 東黃岳山下流來合, 經開寧, 善山, 注洛東江, 伽倻川源出星州之伽耶, 修道兩山, 經高靈, 注于洛東江, 沿邊一帶灌漑周洽, 旱不爲災. 民俗多悍, 術者謂: "水勢之太激云.".

해만 및 도서 海灣及島嶼

본도의 동편 일대는 동해의 물가이다. 그러나 바다의 만(灣: 육지로 쏙 들어간 바다의 부분)과 각(角: 육지가 뿔 모양으로 나온 곳)의 들어가고 나온 곳이 많지 아니하고 오직 약간의 항만, 포구와 도서가 있을 뿐이다.

축산포는 영해군에 있는데 동북은 강원도의 평해와 경계를 접하였으며 동쪽에는 축산도가 있는데 그 형상이 소와 같으며 관어대가 있어 바다를 가까이하고 산에 위치하고 있어서 풍경이 아름답고 고우며, 또 백사정, 강곡포와 대진경정 등이 있는데 남북으로 멀리 아득하게 펼쳐있고 그 남쪽에 오포 영덕盈德와 개포 청하淸河와 칠포 흥해興海 등이 있다.

연일만은 연일군에 있는데 동쪽에 장기갑이 해상에 돌출하여 안아 휩싸고 동남은 만인데 넓게 수 리를 뻗어 있어서 가히 큰 배를 정박할 수 있지만 동북풍을 피하기 어렵다. 서북 해안에는 흰 모래와 푸른 자갈이 많아 경치가 아름답고 고우며, 북쪽에는 죽도와 포항이 있는데 형산강이 흘러 들어가는 입구이며 동해 일대의 큰 포구로 청어가 많이 생산된다.

울릉도는 옛 우산국인데 동해의 300리 밖에 있으며 울진과 가장 가까워 하늘이 개이면 바라볼 수 있다. 동서는 50리이고 남북은 40리인데 신라의 지증왕 때 백성을 모질게 약탈하여 나무로 사자상을 만들어 쫓아내는 계책을 세워 그들을 항복케 하였다. 조선의 세종 시기에는 백성을 여러 차례 요란하고 노략질하여 사람들의 거주를 허락하지 않다가 숙종 시기에 삼척영장 장한상을 보내서 개척하게 하였다. 성인봉이 있는데 매우 기이하고 준엄하며 목재와 어류 등의 천연물은 조선의 제일이다. 지난날에는 삼척부에 속하였으나 지금은 군을 설치하여 본도의 관할이 되었다.

海灣及島嶼

本道東方帶濱于東海. 然以海灣, 岬角之出入不多, 惟有略于灣浦島嶼而已.
丑山浦在寧海郡, 東北與江原道平海接界, 東有丑山島, 其形如牛, 有觀魚臺, 臨海據山, 風景佳麗, 又有白沙汀, 綱谷浦, 大津鯨汀等縹渺南北, 其南有梧浦盈德, 介浦淸河, 漆浦興海等.

延日灣在延日郡, 東長鬐岬突出于海上抱圍, 東南灣內廣亘數里, 可大艦碇泊, 難避東北風. 西北岸多白沙碧礫, 風光佳麗, 北有竹島及浦項, 卽兄山江注口, 爲東海一大浦口, 多産靑魚. 鬱陵島古于山國, 在東海三百里外, 蔚珍最近, 天晴可望. 東西五十里, 南北四十里, 新羅智證在時, 民悍侵掠, 作木獅子像計以降之, 朝鮮 世宗朝以民多擾掠, 不許人居, 肅宗朝遣三陟營將張漢相尋得開拓. 有聖人峯甚奇峻, 本材魚類等天産物, 爲朝鮮之第一, 往昔屬三陟府, 而今設郡爲本道營轄.

청도군(淸道郡)

동쪽으로 언양 경계까지 180리, 서쪽으로 창녕 경계까지 50리, 남쪽으로 밀양 경계까지 40리, 북쪽으로 달성 경계까지 24리이다.
東至彦陽界百八十里, 西至昌寧界五十里, 南至密陽界四十里, 北至達城界二十四里.

건치연혁 建置沿革

본래 이서소국으로 신라 유리왕이 정벌하여 취한 후에 구도성 경내의 솔이산성 솔이산이라고도 한다, 경산성 가산이라고도 한다, 오도산성 등의 3성을 합병하여 대성군에 두었다. 구도仇刀는 구도仇道라고 불리기도 하였으며 오야산은 오례산이라고도 하는데, 오도산이 그 지역을 말하는 듯하다.

경덕왕 시기에는 구도성을 오악현으로, 경산성을 형산현으로, 솔이산성을 소산현으로 개칭하여 모두 밀성군[41] 관할 현에 속하게 하였다.

고려 초기에 다시 3성(현)을 합하여 군으로 승격하였으며 오늘날의 이름(청도)라 개칭하였다. 도주라 부르기도 한다. 하지만 여전히 밀성 관할 하에 있었다. 예종 4년 사축년, 1109년에 감무를 두었으며, 충혜왕 시기에는 청도인 김선장[42]의 공훈으로 지군사[43] 파견 행정구역으로 승격되었으나 얼마 지나지 않아 (다시 격을 내려) 감무[44]가 파견되었다. 공민왕 15년 병오년, 1366년에 다시 군으로 승격되어 군수를 두었다.

조선에 이르러 태조 시기에는 기존 체제를 따랐다가 순종 경술국치[45] 후에 치소[46]

---

[41] 밀성군(密城郡): 오늘날의 밀양시.
[42] 김선장(金善莊): 본서 〈훈신〉 편에 기록되어 있다.
[43] 지군사(知郡事): 고려 시대 한 군을 관할하는 으뜸 벼슬. 현종 9년(1018)에 둔다.
[44] 감무(監務): 고려시대와 조선 초기, 속군현(屬郡縣)에 파견된 지방 관직. 현령(縣令)보다 한층 낮은 지방관.
[45] 경술국치(庚戌國恥): 일제가 대한제국에게 통치권을 일본에 양여함을 규정한 한일병합조약을 강제로 체결하고 이를 공포한 경술년(1910년) 8월 29일을 일컫는 말.
[46] 치소(治所): 어떤 지역의 행정 사무를 맡아보는 기관이 있는 곳.

를 광암47)으로 옮겼으며 오늘날에도 이를 유지하고 있다.

建置沿革

本伊西小國新羅儒理王伐取之後, 合仇刀城境內率伊山伊一作已驚山一作茄山烏刀山等三城, 置大城郡仇刀一云: '仇道', 一云: '烏也山, 又烏禮山', 疑烏刀山是其地. 景德王時, 仇刀改稱烏岳縣, 驚山改荊山縣, 率伊山改蘇山縣, 俱爲密城郡領縣. 高麗初, 復合三城爲郡, 改今名一云: '道州'仍屬密城. 睿宗四年已丑置監務, 忠惠王時以郡人金善莊有功陞知郡事, 未幾還爲監務. 恭愍王十五年丙午復爲郡置郡守. 朝鮮, 太祖朝因之, 純宗庚戌後, 移治于廣巖, 今因之.

군명 郡名

도주, 이서, 오산, 이산, 대성, 마악, 청도라 하였다.

道州, 伊西, 鰲山, 伊山, 大城, 馬岳, 淸道.

산천 山川

◦ **오산**48) 군의 남쪽 3리 지점에 있다. 진산49)의 동쪽에는 '고사동'50)이라는 계곡이 있

---

47) 광암(廣巖): 청도역(청도읍 고수리) 인근에 위치하였던 일명 청도 납닥바위로 그 모양이 넓고 편편하여 수십 명이 앉을 수 있는 바위. 이에 옛부터 왕래하는 사람들이 이곳에서 만나는 등 길손의 만남 장소와 휴식처로 유명. 과거 경부선철도 부설 당시 매몰되어 찾아 볼 수 없었으나 98년 역전도로 4차선 확장공사시 발견되어 군민의 쉼터로 재조성 된다.

48) 오산(鰲山): 오늘날 청도군 청도읍 상리와 각남면 사리, 화양읍 동천리의 경계에 있는 남산(南山)[852m]. 청도의 진산(鎭山)으로 ≪신증동국여지승람(新增東國輿地勝覽)≫과 ≪여지도서(輿地圖書)≫에는 청도 고을의 진산인 오산으로 기록되어 있다. 관아의 동헌에서 남쪽을 보면 연이은 산의 모습이 자라의 머리와 등판을 연상하게 한다고 하여 '자라 오(鰲)' 자를 취하여 오산이라 칭하게 되었다고 한다. 화악산과 남산 사이에는 청도군 각남면과 청도읍을 연결하는 지방도 902호선이 밤티재를 넘어 지나간다. 남산의 동쪽 능선을 따라 옛 통신 시설인 남산 봉수대가 위치하고, 동쪽에는 원효가 수도를 하기 위해 창건한 적천사와 천연기념물 제402호인 청도 적천사 은행나무가 있다. 북쪽 비탈에는 청도의 대표적 휴양지인 남산 계곡이 있으며, 범곡리의 계곡을 따라 청도 팔경의 하나인 낙대 폭포가 위치해 있다. 한국학중앙연구원 제공, [향토문화전자대전] 참조.

49) 진산(鎭山): 각 지역의 뒤에서 진호하는 큰 산이란 뜻으로 주산(主山)으로 불리기도 한다. 청도군의 진산이 바로 오산이다.

50) 고사동(高沙洞): 고사동 또는 고사리는 청도읍과 화양읍의 경계를 이루는 대동곡이다. 지금도 골짜기가 보이는 마을에서는 골짜기로 구름이 들어가면 비가 온다고 믿었다. 그래서 날이 가물면 대동곡에서 기우제

어, 장차 하늘에서 비바람이 내리려 할 때 미리 소리를 울리는데, 구름 기운이 뿜어져 나와 골짜기 안으로 들어가면 비가 내리고, 구름이 골짜기 밖으로 나오면 바람이 분다. 소리가 크게 나면 (그날) 즉시 들어맞고 소리가 작으면 이삼일 후에 이내 효험이 있었다.

鰲山 在郡南三里. 鎭山東有一谷名曰: '高沙洞', 天將風雨先期而鳴, 噴出雲氣, 雲入洞內則雨, 雲出洞外則風. 大鳴則卽驗, 小鳴則二三日後乃驗.

◦ **운문산**51) 군의 동쪽 96리 지점에 있다.

雲門山 在郡東九十六里.

◦ **오혜산**52) 군의 동남쪽 31리 지점에 있다.

烏惠山 在郡東南三十一里.

◦ **마곡산**53) 군의 동쪽 113리 지점에 있다.

馬谷山 在郡東一百十三里.

(祈雨祭)를 지냈다. 한국학중앙연구원 제공, [향토문화전자대전] 참조.
51) 운문산(雲門山): 경상북도 청도군 운문면과 경남 밀양시 산내면(山內面) 경계에 있는 산으로 높이는 1,195m에 이른다. 영남 7산 가운데 하나로, 가지산(1,241m)·천황산(1,189m) 등과 함께 이른바 영남알프스를 이룬다. 동운문은 남쪽 비탈면의 절벽 밑에 구연동(臼淵洞), 얼음골로 불리는 동학(洞壑), 해바위 등 천태만상의 기암이 계곡과 더불어 절경을 이룬다. 또 북쪽 기슭에는 560년(신라 진흥왕 21)에 창건된 운문사가 있고, 남쪽에는 석골사(石骨寺) 등 크고 작은 절과 암자가 산재이다. 국가유산으로는 운문사에만 금당 앞 석등(보물 193), 내원암석조아미타불좌상(경북문화유산자료 342), 대웅보전(보물 835) 등 7점이 있음. 운문사 경내의 400년 된 반송은 천연기념물 제180호로 지정되었다. [두산백과 두피디아] 참조.
52) 오혜산(烏惠山): 오늘날의 오례산(烏禮山)으로 일명 오혜산(烏惠山), 오례산(鰲禮山), 구도산(仇刀山)이라 불림. 청도읍에서 남동쪽으로 6km 가량 떨어진 매전면 구촌리·지전리와 청도읍 거연리 일대이다. ≪삼국사기≫ 권32 잡지1 제사조에는 신라가 삼산(三山)과 오악(五岳) 이하 명산 대천을 나누어 대사·중사·소사로 삼았다는 기록이 있다. 이중 삼산(三山)에 지내는 제사는 대사에 해당하였는데, 나력(奈歷)·골화(骨火)·혈례(穴禮)가 바로 그 세 산에 해당. 이 중에서 혈례산(穴禮山)이 오례산성(烏禮山城)이 있었던 오례산 또는 오혜산이라 추측된다.
53) 마곡산(馬谷山): 구체적인 위치를 확실하게 알 수 없으나, 경북 청도군과 경주시, 경산시의 접경에 있는 산 일대로 추측된다. ≪여지도서(輿地圖書)≫에 따르면 "영천의 영지산에서 출발하여 남쪽으로는 운문산이 된다(自永川靈芝山來, 南作雲門山)"라 기록되어 있었다.

◦ **갑을령**[54] 군의 서쪽 54리 지점에 있다.

甲乙嶺 在郡西五十四里.

◦ **성현**[55] 군의 북쪽 23리 지점에 있다.

省峴 在郡北二十三里.

◦ **자양산**[56] 군의 북쪽 15리 지점에 있다.

紫陽山 在郡北十五里.

◦ **삼성산**[57] 군의 북쪽 15리 지점에 있다.

三聖山 在郡北十五里.

◦ **자천**[58] 군의 북쪽 5리 지점에 있으며, 비슬산[59]에서 발원하여 운문천과 합류하고 동

---

[54] 갑을령(甲乙嶺): 경상북도 청도군 풍각면에 위치해 있다. ≪여지도서(輿地圖書)≫에 따르면 "현풍 비슬산에서 시작하여 서쪽으로는 창녕 화왕산이 있다(自玄風琵瑟山來, 西作昌寧火王山)"라 기록되어 있다.

[55] 성현(省峴): 경상북도 청도군 화양읍 송금리에 위치하고 있으며, 고도는 370m. ≪여지도서(輿地圖書)≫에 따르면 "경산 마음산에서 출발하여 서쪽으로는 대구 최정산이 있다(自慶山馬飮山來, 西作大丘最頂山)"라 기록되어 있음. 청도군, ≪청도군지≫, 구일출판사, 1991, p.60 참조.

[56] 자양산(紫陽山): 경상북도 청도군 이서면 팔조리에 위치하며, 상원산에서 흘러온 한 줄기의 지맥이 팔조령을 낳고, 서쪽으로 흘러가는 중간에 자양산을 이루고 있다. 주자학(朱子學)을 숭상하고 주자(朱子)의 가르침에 의한 행실(行實)을 지켜오고 있어서 중국의 주자가 살았던 산 이름을 따서 신촌리와 팔조리 일대에 있는 산 이름을 자양산(紫陽山)이라 명명한다. 한국학중앙연구원 제공, [향토문화전자대전] 참조.

[57] 삼성산(三聖山): 비슬산에 북동 방향으로 뻗은 최정 산괴의 봉우리 중 하나로 고도는 668.4m. 경상북도 청도군 이서면과 대구광역시 달성군 가창면의 경계에 위치한 산으로 서쪽으로 우미산(牛尾山)과 대치하고, 남으로 홍두깨산과 연결되어 있다. 삼성산에서 동쪽으로 봉화산(烽火山)을 가로질러 상원산(上院山)으로 이어진 병풍 산괴는 북쪽으로 동학산(動鶴山), 두루봉, 병풍산(屛風山), 용지봉(龍池峰) 등을 이룬다. 주암산(舟巖山)에서 시작하여 남쪽으로 최정산을 거쳐 우미산, 삼성산, 봉화산, 팔조령(八助嶺)으로 이어지는 최정 산괴는 비슬 산지의 중앙에 위치하고 있는 산괴로 비슬산과 비슷한 형태를 보이므로 비슬산의 형제산이라고 불린다. 한국학중앙연구원 제공, [향토문화전자대전] 참조.

[58] 자천(紫川): 청도군 북쪽에 흐르고 있는 자천(紫川)은 밀양부 비슬산(琵瑟山)에서 시작되어 유천(楡川)으로 흘러든다. ≪오산지(鰲山志)≫에 의하면, 청도라는 명칭은 "산과 시내가 맑고 아름다우며 큰 길이 사방으로 통한다(山川靑麗, 大道四通)."에서 유래하였다고 한다. ≪한국 지명 총람≫에는 요길천(要吉川)·송읍천(松邑川)이라고도 부른다고 기록되어 있고, ≪오산지≫에는 이서면 서원리 앞을 흐르는 강, 즉 청도천이 자천(紫川)으로 기록되어 있다. 한국학중앙연구원 제공, [향토문화전자대전] 참조.

쪽으로는 재악천⁶⁰⁾과 합해지고 성의 남쪽에 이르러서는 응천⁶¹⁾이 된다.

紫川 在郡北五里, 源出琵瑟山, 與雲門川合流. 東與載岳川合, 至城南爲凝川.

○ **운문천**⁶²⁾ 군의 동쪽 90리 지점에 있으며, 운문산에서 발원하여 자천과 합류한다.

雲門川 在郡東九十里, 源出雲門山, 與紫川合流.

○ **유천**⁶³⁾ 군의 남쪽 40리 지점에 있으며, 군의 수구이다.

楡川 在郡南四十里此爲一郡水口.

○ **금물법지**⁶⁴⁾ 군의 북쪽 14리 지점에 있다.

今勿法池 在郡北十四里.

○ **거천**⁶⁵⁾ 군의 남쪽 30리 지점에 있다.

巨川 在郡南三十里.

---

59) 비슬산(琵瑟山): 경상북도 청도군 각북면과 대구광역시 달성군 유가읍, 가창면에 걸쳐 있는 산. 청도군과 달성군의 경계인 높이 1,083.4m의 봉우리가 있다. 비슬산 능선에는 북쪽의 최고봉인 천왕산에서 남쪽으로 월광봉, 대견봉, 조화봉, 관기봉 등 1,000m 내외의 높은 봉우리가 다수 있다. 대견봉과 조화봉의 능선과 서사면 일대에는 천연기념물 435호인 비슬산 암괴류를 비롯하여 단애, 애추, 토르, 박리, 다각형 균열 등 화강암 풍화 지형이 잘 발달해 있으며, 대견봉과 월광봉 사이의 완경사지인 고위침식면 지형 일대는 진달래나무 군락지이다. [한국민족문화대백과사전] 참조.
60) 재악천(載岳川): 현 밀양 단장천(丹場川)의 옛 명칭.
61) 응천(凝川): 현 밀양강(密陽江)의 옛 명칭.
62) 운문천(雲門川): 경상북도 청도군 운문면 신원리에 위치한 하천. 운문천은 운문산에서 유래되었다고 한다. 한국학중앙연구원 제공, [향토문화전자대전] 참조.
63) 유천(楡川): 청도천이 동남으로 산서지방을 관류하여 유천에 이르고, 동창천은 산동지방을 서남으로 관류하여 유천에 이른다고 하였으며, ≪여지도서(輿地圖書)≫에 따르면 "자천과 운문천이 만나는 지점이다(紫川與雲門川合處)"라 기록되어 있음. 청도군, ≪내고장 전통문화≫, 한국출판사, 1981, p.20 인용.
64) 금물법지(今勿法池): 조선 전기의 ≪경상도 속찬 지리지(慶尙道續撰地理誌)≫에는 '금물법지' 현재 풍양지의 전신이라고 설명한다. 한때 지하수를 개발하기 전에 풍양지는 금촌들과 고철들을 적셔주는 감로수였다. 한국학중앙연구원 제공, [향토문화전자대전] 참조.
65) 거천(巨川): ≪신증동국여지승람≫에 따르면 거연(巨淵)은 군의 동쪽 30리에 있으며, 용단(龍壇)이 있어서 가뭄을 만나면 비를 빈다고 설명한다.

○ **이목연**[66] 혹은 '이목[67]'이라 하는데, 운문사 남쪽 골짜기에 있다. 그곳에는 신령한 존재가 있어, 비가 내리길 빌면 효험이 있다고 한다.

李木淵 或云: '螭目', 在雲門寺南谷, 有神物祈雨, 有應.

○ **용소**[68] 군의 서쪽 소태리[69] 뒷산 석굴에 안에 있으며, 둘레가 대략 한 장丈[70] 정도이며, 바깥은 좁고 안쪽은 넓은 형태이다. 깊이는 헤아릴 수 없다. 속설에는 신령한 용이 살고 있어, 해마다 가뭄이 들면 필히 기우제를 올린다고 한다.

龍沼 在郡西小台里後山石窟中, 方可一丈而外狹內寬, 深不測. 諺傳有神龍, 每歲旱必禱.

◎ **지리설** 地理說

우리 군이 고을을 이룰 수 있었던 것은 산천이 맑고 아름다우며, 큰 길이 사방으로 통하였기 때문이다. 그리하여 이를 읍의 이름으로 삼았다.

郡之爲邑, 山川淸麗, 大道四通, 故取以爲邑名.

○ 대개 경주부 서쪽 단석산[71]에서 갈라진 첫 지맥이 서쪽으로 뻗어 굽이굽이 100여

---

[66] 이목연(李木淵): 운문면 신원동 절골에는 운문사가 자리하고 있고 절 서쪽 개울에 이목소라는 깊이 2m쯤 되고 둘레가 20여m 되는 조그마한 소로 추정된다. 촌로들의 말에 의하면 과거 이목소는 깊이가 8m정도나 되고 둘레가 맥여m나 되는 커다란 소 였다고 한다. 이 소는 가뭄에 영험하다고 기우제를 지냈으며 이 소에서해 용왕의 아들 이목(璃目)이 살던 곳이라 하여 이목소라 한다. 청도군, ≪내고장 전통문화≫, 한국출판사, 1981, p.386 참조.

[67] 이목(螭目): ≪삼국유사≫에서 '이목(梨木)'으로, 구비설화에서 '이목(李木)'이라고 표현하였다고 한다. 임의제 외, 〈≪신증동국여지승람≫의 경상도편 산천(山川) 항목에 수록된 수경(水景) 요소의 특징〉, 한국전통조경학회지, 34(2), 1-15, 2016. 참조.

[68] 용소(龍沼): 온막리에서 내려온 운문천이 가례를 감돌아 나가면서 큰 소를 이루고 있어, 용소(龍沼)·용전(龍田)·용호 등의 별명을 가지고 있다고 한다. 한국학중앙연구원 제공, [향토문화전자대전] 참조.

[69] 소태리(小台里): 본래 경북 청도군 외서면에 속하였는데, 1912년 행정구역 개편 당시 소태와 대곡, 금서, 솥마지 등을 병합하여 경상남도 밀양군 청도면 소태리가 되었다. 한국학중앙연구원 제공, [향토문화전자대전] 참조.

[70] 장(丈): 미터법의 3.03m에 해당하는 길이단위.

[71] 단석산(斷石山): 경북 경주시 건천읍에 있는 산. 높이 827m로, 건천읍 방내리(芳內里)와 송선리, 화천리, 산

리를 가로질러 청도군의 갑방72)에 이른다. 봉우리가 우뚝 솟아 수려하고 단정하며 곧아 그 높이가 하늘에 닿을 듯하여 '갑산'73)이라 하였으며, 가뭄이 들면 기우제를 지냈는데 효험이 있었다. 지맥은 서쪽으로 성현협·팔조협·율현을 지나 30여 리 직선으로 뻗어 가는데 비슬산이다. 남쪽으로 마현을 지나면서 갑을령이 되는데 청도군의 갑을방74)에 위치하고 창녕과의 경계선에 해당하여 이러한 이름이 붙어졌다. 또한 동쪽으로는 청도군 서쪽 구좌75) 지역의 경계로 뻗어 있으며 근재(芹峙)76)와 곤을재(昆乙)77)를 넘어 수십 리 더 나아가면 둔덕산78)인데, (이 산이) 곧 밀양의 본산이다. 이 산에서 갈라진 하나의 지맥이 화악산을 이루는데, 이것이 바로 청도군의 주산에 해당한다. 주산 아래 작은 봉우리가 마치 자라가 엎드린 형상을 띠고 있어 '오산'이라 불리며, 북쪽을 향해 형세를 갖추고 있어 고을의 터가 되었다. 예로부터 이 지세를 일컬어 '회룡고조'79)라 하였

내면 내일리에 걸쳐있다. 신라 때 화랑들의 수련장소로 이용되었던 곳으로, 김유신이 검으로 바위를 내려쳤더니 바위가 갈라져 단석산(斷石山)이라 하였다는 전설이 있다.

72) 갑방(甲方): 24방위에서 북동쪽을 나타내는 방향 시표.

73) 갑산(甲山): ≪오산지≫에 따르면 용각산을 '갑령'이라 한다. 그 100여 년 뒤에 그려진 ≪해동지도(海東地圖)≫에도 비슷하게 '갑산(甲山)'이라 표기되어 있다. '용각산' 혹은 '용산'이라는 지금의 이름이 속명(俗名)으로 있다가 나중에 부상했을 가능성이 있다. 매일신문, 〈[雲門에서 華岳까지] (36) 용각산 용산면〉, 2010. 09. 04. 참조.

74) 갑을방(甲乙方): 24방위에서 남동쪽을 나타내는 방향을 표시한다. ≪오산지≫에는 "비판산(비슬산)의 지맥이 남쪽으로 가서 마치협(馬峙峽)을 지난 뒤 굽이쳐 갑을령(甲乙嶺)이 됐다가는 동쪽으로 굽는다."라고 기록되어 있다. 여기서 마치협은 마령재를 가리키는 것으로 추정된다. 한국학중앙연구원 제공, [향토문화전자대전] 참조.

75) 구좌(仇佐): 경상남도 밀양시 청도면에 속하는 법정리. 1912년 행정구역 개편으로 구좌리(九佐里)와 근기리가 병합되면서 구좌리의 '구' 자와 근기리의 '기' 자를 합하여 '구기리(九奇里)'가 됨. '구좌리'는 마을에 옛날부터 9개의 절이 있었다고 하여 붙여진 지명이라 전함. [한국향토문화전자대전] 참조.

76) 근재(芹峙): 경상북도 청도군 각남면 옥산리에서 경상남도 밀양시 청도면 소태리로 넘어가는 건티재로 추정된다. 건티재는 청도군 각남면에서 경상북도와 경상남도의 경계를 넘어 밀양시 청도면에 이르는 두 고개 중 하나이다. 건티재는 호암산 서편의 고개이고, 요진재는 호암산 동편으로 오른다. 화악산(931.5m)에서 호암산(611.6m)을 거쳐 천왕산(618.2m)에 이르는 산지가 그것이다. 요진재가 화악산과 호암산 사이의 고개인데 반해, 건티재는 호암산과 천왕산 사이의 고개이다. 한국학중앙연구원 제공, [향토문화전자대전] 참조.

77) 곤을재(昆乙峙): 경상북도 청도군 각남면 함박리에 위치한 요진재로 추정된다. 요진재는 함박리에서 밀양군 청도면 소태리로 넘어가는 고개로 골이 깊고 산길이 험하고 높아 군내에서도 이름있는 고개이다. 최일용, ≪청도마을지명유래지≫, 청도문화원, 1996, p.248 인용.

78) 둔덕산(屯德山): 옛 기록에 화악산(華岳山)은 화산, 화악, 둔덕(屯德) 등으로 다양하게 불려진다. ≪신증동국여지승람≫에는 화악산을 둔덕이라고도 하였고, ≪대동지지(大東地志)≫에 '화산은 서남 5리에 위치한다.'라고 기록되어 있다. 한국학중앙연구원 제공, [향토문화전자대전] 참조.

79) 회룡고조(回龍顧祖): 청도군의 산세는 '용이 할아버지를 돌아본다.'라는 회룡고조형으로 산의 지맥이 뺑 돌

으며 경내에 효자가 대대로 끊이지 않았다고 한다. 또한 읍 터를 이루는 지맥이 흘러 나가는 형세를 취하고 있어 청덕루를 세워 그 기세를 눌렀다고 전해진다. 또 읍 터는 선인장과 같은 형상을 띠고, 군의 주산은 날아오르는 봉황의 형국을 하고 있다고 전한다. 아울러 성의 서쪽 약 2리 지점에 말이 달리며 뛰어오르는 형상의 산이 있는데, 이를 '진산'이라 하였다. 그 옆에 단정을 세우고 이를 '늑원'이라 칭하였는데, 마치 달리는 말을 고삐로 죄는 의미에서 유래한 것이다. 늑원으로부터 한 골짜기를 가로막아 빙고원에 이르기까지 임목을 심어 읍 터를 가리어 보호하였다. 임진왜란 이후에 조성해 두었던 수풀은 폐허가 되었다.

蓋慶州府西斷石山首支西出逶迤橫亘百有餘里, 至于郡之甲方. 一峯屹立秀正直, 其高造天因名甲山, 遇旱禱雨, 有驗. 一支西過省峴峽, 八助峽, 栗峴, 直走三十餘里, 爲琵瑟山. 南過馬峴爲甲乙嶺, 在郡之甲乙方昌寧界故名. 又東走郡西仇佐之境, 過芹峙, 昆乙峙, 行數十里, 爲屯德山, 卽密陽之主山, 此山一支爲華岳山, 卽郡之主山. 山下小峯如鰲之伏, 故各曰: '鰲山', 山下北向作局爲邑基, 古稱地理爲回龍顧祖, 境內孝子世不乏絶云. 又云: "邑基地脉有流注之勢, 置淸德樓, 以壓之.", 又云: "邑基爲仙人掌形, 郡之主山爲飛鳳形.", 又云: "城西二里許有山如馬奔騰之狀名曰: '鎭山', 置短亭于其側號'勒院', 似勒制馬之意.", 自勒院截一谷至氷庫原樹之林木, 遮蔽邑基, 壬亂後林藪自廢.

토산 土産

면, 삼, 쌀, 보리, 콩, 밤, 감, 배, 호두, 종이, 봉밀, 은구어, 적죽[80] 와암산에서 난다, 송이버섯, 석이버섯, 닥나무, 석류황 마암산에서 난다, 복령.[81]

棉, 麻, 稻, 大麥, 大豆, 栗, 柿, 梨, 胡桃, 紙, 蜂蜜, 銀口魚, 笛竹出臥岩山, 松蕈, 石蕈, 楮, 石硫黃出馬岩出, 茯苓.

아 본산과 마주하고 있고, 외부에서 물이 유입되지 않는 특징이 있다. 한국학중앙연구원 제공, [향토문화전자대전] 참조.

80) 적죽(笛竹): 피리 만드는 데 쓰이는 대나무.
81) 복령(茯苓): 구멍장이버섯과의 버섯.

기차역 汽車驛

◦ **남성현역**[82] 경부선 상에 있으며, 북쪽으로는 삼성역에, 남쪽으로는 청도역과 연결된다.

南省峴驛 在京釜線, 北接三省驛, 南接清道驛.

[남성현역 역사][83]

---

[82] 남성현역(南省峴驛): 경상북도 청도군 화양읍 다로리에 있는 경부선 철도역. 한국학중앙연구원 제공, [향토문화전자대전] 참조.
[83] 한국학중앙연구원 제공, [향토문화전자대전] 인용.

○ **청도역**[84] 북쪽으로는 남성현역에, 남쪽으로는 유천역과 연결된다.

　清道驛 北接南省峴驛, 南接楡川驛.

[지금의 청도역][85]

---

[84] 청도역(清道驛): 경상북도 청도군 청도읍 고수리에 있는 경부선 철도역. 한국학중앙연구원 제공, [향토문화전자대전] 참조.
[85] 한국학중앙연구원 제공, [향토문화전자대전] 인용.

◦ **유천역**86) 북쪽으로는 청도역에, 남쪽으로는 밀양역과 연결된다.

榆川驛 北接淸道驛, 南接密陽驛.

[유천역]87)

---

86) 유천역(榆川驛): 유호리는 고려 때부터 유천역이 있었던 마을로서, 행정 중심지로서 역할을 하였던 곳이다. 고려시대부터 있었던 역(驛)과 관(館)은 청도천 서쪽에 있었고, 청도군에서는 철도 개통과 함께 청도역이 보통 역으로 영업을 개시하였고, 1906년 유천역이 영업을 개시하였다. 또한 철도 직선화로 1943년 6월 1일 유천역이 현재의 밀양시 금산리로 이전하게 되었다. 한국학중앙연구원 제공, [향토문화전자대전] 참조.
87) 대구신문, 〈[청도 유천문화마을] '옛 것'이 살아있다, 추억이 솟아난다〉, 2024.10.03. 인용.

명승지 名勝

◦ **공암**[88] 군의 동쪽 86리 지점에 위치하고 있으며, 층층으로 쌓인 벼랑 위에 바위 구멍이 있는데, 용 한 마리가 살 수 있을 만하다. 바로 그 아래는 바닥이 없다. 동쪽으로 시내를 하나 건너면 곡천당이 있는데 삼족당 김대유가 머물던 곳이다. 지금은 폐하였다.
孔巖 在郡東八十六里, 層崖之上有石穴可容一龍, 直下無底, 東渡一溪, 有曲川堂三足堂金大有所卜. 今廢.

[공암 풍벽][89]

---

[88] 공암(孔巖): 공암은 경상북도 청도군 운문면 대천리에서 경주로 가는 길목인 운문면 공암리에 자리함. 높이 약 30m의 반월형 절벽으로 정상에 커다란 구멍이 있는데, 바닥이 강과 연결되어 있어 '구멍 바위'로도 불림. 한자로 기록하면서 공암이라 함. 공암(孔巖)은 두암(竇巖)이라고 하기도 하는데 수헌 이중경 선생의 부친(父親) 이기옥(竇巖 李璣玉)선생은 이 바위가 있는 이곳을 흠모해서 호(號)를 두암(竇巖)이라고 하였다고 함. 이 구멍은 직하(直下)로 뚫려있어서 옛날 어떤 선비가 은 술잔을 이곳에 떨어뜨렸는데 아래에 있는 소(沼)에서 술잔을 찾았다는 전설이 있음. 청도신문, 〈청도의 관광자원 공암풍벽과 거연정〉, 2017.08.25., 한국학중앙연구원제공, [향토문화전자대전] 참조.

[89] 한국학중앙연구원 제공, [한국향토문화전자대전·디지털청도문화] 인용.

○ **사간정**90) 사간을 지낸 경재 곽순91)이 머물던 계정으로 곡천당과 물을 사이에 두고 서로 마주하고 있다. 지금은 폐하였다.

司諫亭 司諫警齋郭珣所卜溪亭, 與曲川堂隔水相對. 今廢.

○ **낙화암**92) 운문사 골짜기 입구에 있다. 바위가 못 안에 들어가 있으며 그 모양이 자라가 엎드려 있는 형상을 하고 있다. 그 위에 수십 명의 사람이 앉을 수 있다. 신라의 국왕이 이곳에서 노닐었는데, 춤을 추던 기녀가 물에 떨어져 죽어 '기연암' 또는 '낙화암'이라 하였다.

落花巖 在雲門洞口, 岩入淵中如鼈之伏, 上可坐數十人. 新羅王遊於此, 舞妓落水死, 故淵名曰: '妓淵岩', 名曰: '落花'.

○ **탁영대**93) 군의 북쪽 10리에 있으며, 자계서원의 동쪽에 있으며, 탁영 김일손이 자주

---

90) 사간정(司諫亭): 두암선생만 공암을 흠모한 것이 아니고 삼족당 김대유 선생도 이곳에 정자를 지어 곡천대(曲川臺)라고 했다고 이중경 선생의 유운문산록에 기재되어 있으며 경재 곽순선생도 이곳 개울 건너에 정자를 지어 이름을 사간정(司諫亭)이라 함. 청도신문,〈청도의 관광자원 공암풍벽과 거연정〉, 2017.08.25. 참조.

91) 곽순(郭珣): 조선 전기 청도 운문산에서 은거한 문신. 본관은 현풍(玄風). 자는 백유(伯瑜), 호는 경재(警齋). 1524년(중종 19) 사마시에 합격하고, 1528년(중종 23) 27세에 식년 문과 병과로 급제하여, 성균관 박사·호조 좌랑·형조 좌랑·진보 현감(眞寶縣監)·춘추관 기주관(記注官) 등을 거쳐, 1543년에 사예(司藝)가 됨. 이듬해 장령으로서 기묘사화 때 화를 당한 조광조의 신원을 상소함. 1545년 명종이 즉위한 후에는 홍문관 교리로서 경연의 시독관을 겸했고, 봉상시 정·사간을 역임. 같은 해 교리로 재직한 초기에 어진 사람을 골라 세워야 한다는 택현설(擇賢說) 때문에 곤욕을 겪음. 중종이 죽고 인종이 즉위하자, 소윤과 대윤간의 세력 투쟁이 심해지더니 소윤 윤원형(尹元衡)의 횡포가 심하게 되자 관직을 포기하고 청도 운문산에 입산하였으나 을사사화 때 장살당함. 1568년(선조 1)에 관직이 환수되었고, 영천(永川) 송곡 서원(松谷書院)과 청도 우연 서원(愚淵書院)에 제향됨. 경상북도 청도군 운문면 공암리에 유허비가 있음. 한국학중앙연구원 제공, [향토문화전자대전] 참조.

92) 낙화암(落花巖): 신원리와 방음리 일대에는 무적숲, 무적천, 무적들, 무적골, 무적암, 무적폭포 등 '무적(舞笛)'이라는 지명이 많이 남아 있음. 무적은 '피리 소리에 맞춰 춤을 춘다'는 의미인데 신라 때부터 내려오는 말. 무적숲에는 신라의 왕이 주변의 아름다운 풍광에 반해 피리소리에 맞춰 춤추며 놀았다는 이야기가 전해옴. 무적숲 북쪽에는 수십 명이 앉을 수 있는 널찍한 바위인 낙화암이 있음. 영남일보,〈[화랑정신, 청도에서 꽃피우다3] 화랑과 신라의 발자취, 청도에서 찾다〉, 2020.11.18. 참조.

93) 탁영대(濯纓臺): 경상북도 청도군 이서면에 있는 조선전기 김일손을 추모하기 위해 창건한 서원의 동쪽에 있는 건물. 경내 건물로는 3칸의 묘우(廟宇), 신문(神門), 5칸의 강당, 각 3칸의 동재(東齋)와 서재(西齋), 3칸의 전사청(典祀廳), 2층 3칸의 영귀루(詠歸樓), 외삼문(外三門), 비각(碑閣), 4칸의 고자처(庫子處) 등 12동의 건물과 천운담(天雲潭)·탁영대(濯纓臺) 등이 있음. 한국학중앙연구원 제공, [향토문화전자대전] 참조.

노닐어 그 이름이 유래하였다. ○반동익 자는 홍서, 본관은 기성인이 남긴 시가 있다.

紫溪東畔濯纓臺	자계 동쪽 언덕가 탁영대 있고,
下有澄潭一鑑開	그 아래 맑은 못 하나의 거울처럼 펼쳐져 있구나.
認得先生遊釣處	선생께서 노닐며 낚시하시던 자리 알아보겠네,
閑雲無恙影徘徊	한가한 구름 여전히 그림자 드리운 채 배회하고 있네.

濯纓臺　在郡北十里, 紫溪東濯纓金馹孫嘗遊此故名. 　○潘東翼[94]　字鴻瑞歧城人有詩: "紫溪東畔濯纓臺, 下有澄潭一鑑開. 認得先生遊釣處, 閑雲無恙影徘徊".

[탁영대 새김글][95]

---

[94] 반동익(潘東翼): ≪기성반씨족보≫(대구: 대보사, 2000, p.136)에 반동익(24세손)에 대해 다음과 같이 기록하고 있다. "東翼初諱洋夏字, 鴻瑞號, 聽溪高宗四年一八六七年丁卯十一月十七. 日生合邦時弔閔忠正公見血竹感歎有詩云蕭蕭凡草木落, 葉滿長安凜忠. 臣竹千秋獨耐, 寒京鄕世世稱歎. 己卯十月五日卒墓九羅重青山坐" 기성반씨 집성촌(청도군 이서면 가금구라길) 거주 후손 반재혁(潘在赫) 선생 제공.

[95] 청도군청,『청도의 금석문』, 청도군·한빛문화재연구원, 2011, 인용.

◦ **풍우대**96) 군의 동쪽 60리에 있으며, 삼족당 김대유가 머물던 곳이다. 예전 누대 앞에는 계곡물이 흐르는 절경이 있었으나, 오늘날에는 없어져 밭으로 변하였다.
風雩臺 在郡東六十里, 三足堂金大有所卜. 臺前古有溪澗之勝, 今廢爲田.

◦ **우연**97) 군의 동쪽 60리에 있으며, 삼족당 김대유가 한평생 거처하던 곳으로 한때 독락당과 취성정이 있었으나 모두 없어졌다. ○ 김대유가 '우연'에 대해 논한 시가 있다.

訥淵之水達愚淵	눌연의 물이 우연에 이르고,
欲訥如愚聖所傳	우연처럼 어눌하고자 함은 성인의 전함이라.
漁釣十年來往此	고기 낚으며 10년을 이곳에 다니며,
愚於人事訥於言	세상일엔 어리석고 말은 어눌해졌네.

○ 또 그의 시문에 이르길,

卽山而獵卽溪漁	산에 들어가 사냥하고 개울에 나가 고기 잡으나,
漁獵非關獸與魚	나의 어렵은 짐승이나 물고기를 위함이 아니네.
剩得溪山爲我有	덤으로 시내와 산을 나의 것으로 삼게 되었고,
故憑漁獵送居諸	고기잡이에 의지해 이곳에 머물며 나날 보내네.

약봉 김극일98)의 시에도 이르길,

---

96) 풍우대(風雩臺): ≪청도문헌고≫에 "군의 동쪽 매전면의 아읍촌 앞에 있다. 층층 바위가 절벽에 매달려 있는 것이 우뚝한 코를 깎아놓은 것 같다. 강물은 대를 감싸고 흐르는데 목욕을 할 만하고 바람을 쐴 만하여 마치 증점의 무우와 같다. 이러한 까닭으로 삼족당 기대유 선생이 일찍부터 이곳에서 유상하였다."고 기록하고 있다.

97) 우연(愚淵): 버꾸[법이]에서 내려오는 개울이 동창천에서 만나서 우연(愚淵)을 이루고 있는 언덕 위에 삼족대가 있다. 한국학중앙연구원 제공, [향토문화전자대전] 참조.

98) 김극일(金克一): 조선 전기에, 밀양부사, 내자시정, 사헌부장령 등을 역임한 문신. 본관은 의성(義城). 자는 백순(伯純), 호는 약봉(藥峰). 경상도 안동 출신. 주로 지방관을 역임했고, 효성이 매우 지극하였다. 문장은 고결하고 창고(蒼古)해 한 글자도 진부한 말이 없었다고 한다. 더욱이 시에 뛰어나 시인으로서 명성이 높았다. 시는 매우 정교했고 사실을 인용함에 비유함이 간절하였고, 저서로는 『약봉일고(藥峰逸稿)』가 있다.

先生舊臺榭	선생께서 머물던 옛 누대와 정자가,
零落半樹陰	반 그늘진 나무 아래 쓸쓸히 흩어져 있구나.
苔蘚封丹竈	이끼는 단약 만들던 화로 덮고,
塵埃生素琴	거문고 위엔 먼지만이 내려앉았구나.
高風誰復續	고상한 기풍 누가 다시 이어가겠는가,
遺跡邈難尋	남은 자취 아득하여 찾아보기 어렵구나.
惟有堂前水	오직 정자 앞 물만이,
淸如隱者心	은자의 마음처럼 맑구나.

愚淵 在郡東六十里, 三足堂金大有平生棲息之所, 有獨樂堂醉醒亭俱廢. ○金大有詩: "訥淵之水達愚淵, 欲訥如愚聖所傳. 漁釣十年來往此, 愚於人事訥於言. ○又詩: "卽山而獵卽溪漁, 漁獵非關獸與魚. 剩得溪山爲我有, 故憑漁獵送居諸." 金藥峯克一詩: "先生舊臺榭, 零落半樹陰. 苔蘚封丹竈, 塵埃生素琴. 高風誰復續, 遺跡邈難尋. 惟有堂前水, 淸如隱者心."

○ **낙수암** 군의 남쪽 10리에 있는 폭포 계곡으로 물이 매달려 떨어지며 절경을 이룬다. ○권대간[99]이 낙수암에 관한 남긴 시가 있다.

〈落水巖題詠〉

觀瀑南崖趁晚晴	비 갠 저녁 틈에 남쪽 절벽 폭포를 바라보니,
山高秋色共崢嶸	높은 산 가을빛 함께 우뚝 솟아있네.
銀河一派天中瀉	은하수 물줄기 하늘에서 쏟아져 내리고,
雷鼓千椎地底鳴	수천의 망치질 천둥소리가 땅 밑까지 울리네.

안동의 사빈서원(泗濱書院)에 배향되었다. 한국학중앙연구원 제공, [한국민족문화대백과사전] 인용.

[99] 권대간(權大諫): 조선(朝鮮) 중기(中期)의 문신(文臣)(1639~1704). 자(字)는 개옥(皆玉). 호(號)는 남곡(南谷). 문장(文章)과 글씨에 뛰어났으며, 고부단사(告訃單使)의 서장관(書狀官)으로 중국(中國) 청나라(淸)에 다녀왔다. 대사간(大司諫), 대사헌(大司憲), 호조(戶曹) 참의(參議)를 지냈다. 저서(著書)에 ≪남곡집(南谷集)≫이 있다.

飛沫灑松長帶濕	튀는 물방울 소나무에 흩뿌려 늘 습기를 머금고,
回湍憂石自成平	소용돌이 바위를 근심하듯 감싸니 자연히 평평해지네.
青蓮已去其詩在	청련은 이미 떠났지만 그의 시는 여전히 남아있고,
悵望香爐紫翠橫	자줏빛 푸른 산세 비켜 뻗은 향로봉 애틋이 바라보네.

落水巖 在郡南十里, 瀑沛懸流有奇勝. ○權大諫詩: "觀瀑南崖趁晚晴, 山高秋色共崢嶸. 銀河一派天中瀉, 雷鼓千椎地底鳴. 飛沫灑松長帶濕, 回湍憂石自成平. 青蓮100)已去其詩在. 悵望香爐紫翠橫."

고적 古跡

◦ **읍성** 둘레는 1,400보이고 높이는 3척이다. 동·서·북의 세 개의 문이 있다. 서문루를 이르러, '무회루'라 하였고 기유(1669년) 연간, 군수 유비101)가 지었다. 동문루를 '봉일루'라 하였으며, 무자(1708년) 연간, 군수 임정102)이 지었다.

邑城 周一千四百, 三尺. 有東西北三門, 西門樓曰: '撫懷'. 己酉年間, 郡守俞秘建. 東門樓曰: '捧日'. 戊子年間, 郡守林淨建.

---

100) 청련(青蓮): 중국 당나라의 시인(701~762) 이백(李白). 자는 태백(太白). 호는 청련거사(青蓮居士). 젊어서 여러 나라에 만유(漫遊)하고, 뒤에 출사(出仕)하였으나 안녹산의 난으로 유배되는 등 불우한 만년을 보냈다. 칠언 절구에 특히 뛰어났으며, 이별과 자연을 제재로 한 작품을 많이 남겼다. 현종과 양귀비의 모란연(牧丹宴)에서 취중에 〈청평조(清平調)〉3수를 지은 이야기가 유명하다. 시성(詩聖) 두보(杜甫)에 대하여 시선(詩仙)으로 칭했다. 시문집에 ≪이태백시집≫ 30권이 있다. [표준국어대사전] 참조.
101) 유비(俞秘): 조선 후기 청도 군수를 지낸 문신. 자는 여병(汝柄), 1666년 9월에 부임했다. 1671년(현종 12년) 9월에 줄우관 선정비가 있고 재임시 청도읍성 서문을 건립하고 무회루라 하였다. 당시에 세운 선정비가 청도 도주관(道州館) 좌측에 현존하고 있다. 한국학중앙연구원 제공, [향토문화전자대전], 청도군, ≪내고장 전통문화≫, 한국출판사, 1981, p.35 인용
102) 임정(林淨): 자는 도중(道仲), 사마시로 1706년 10월에 부임하여 1709년(숙종 35년) 5월에 사체되고 재임시 청도읍성 동문을 건립하여 봉일루라 하였다. 청도군, ≪내고장 전통문화≫, 한국출판사, 1981, p.36 인용.

[청도 읍성][103]

◦ **폐성** 군의 동쪽 7리 지점에 있으며, 동서 모두 석벽으로 둘러싸여 있다. 세간에 전하길, 고려 태조가 동쪽을 정벌할 때, (이 폐성에) 산적들이 불러 모여 성을 점거하고 복종하지 않았다. 이에 태조가 봉성사 승려 보양에게 (계책을) 묻자, 보양이 대답하였다. "개는 밤은 잘 지키지만, 낮에는 (집을) 지키지 못하고, 앞은 지켜도 뒤는 잊어버리니, 낮에 그 북쪽을 공격하십시오." 태조가 그 말대로 하자, 적이 과연 패하였다. 속칭 성의 모습이 개가 남쪽으로 달려가는 형상을 하고 있어 성 아래에 '덕사'[104]를 지었는데, 대게 '덕 덕(德)'은 '떡 병(餠)'의 속명으로 개가 떡을 좋아하기에 (떡을 탐하게 하여) 머물러 두고자 하는 의도였다고 한다. ≪도선답산기≫에 "목마른 용이 물을 마

---

[103] 한국학중앙연구원 제공, [한국향토문화전자대전·디지털청도문화] 인용.
[104] 덕사(德寺): 오늘날 청도군 화양읍 소라길 16-107에 위치. 이 덕사가 자리하고 있는 곳은 옛 산성인 폐성으로 멀리 삼국시대부터 고려 초기까지의 갖가지 일들을 간직하고 있는 유서 깊은 곳이다. 신라말에서 고려 초기에 창건된 것으로 전해지나 문헌이나 고증이 없어 창건주는 물론, 상세한 사실은 알길 없고, 전하는 말에 의하면 신라고찰이라고 하였다. 또한 이 덕사는 조선조 초엽에 당시의 왕사이었던 무학대사가 중건하였다고 하며 지금의 건물들은 조선조 중엽에 이루어진 것이라 한다. 청도군, ≪청도군지≫, 구일출판사, 1991, p.1021, 인용.

시는 형상"이라고 하였는데, 이곳이라 짐작된다.

吠城　在郡東七里, 東西皆石壁也. 世傳高麗太祖東征, 有山賊嘯聚據城不服. 太祖問奉聖寺僧寶壤, 壤曰: "犬者司夜而不司晝, 守前而忘其後, 宜以晝擊其北. 太祖從之, 賊果敗. 俗稱城之形如犬南走之狀, 置德寺於城下, 蓋德餠之俗名, 犬爲嗜餠留住之意 ○ 道詵踏山記有"渴龍飮水形.", 疑此地.

[폐성]105)

○ **오혜산성** 석돌로 쌓였으며 그 둘레는 9,980척이고 높이는 7척이다. 성 가운데 3곳의 시내, 5개의 못, 3개의 샘이 있다. 임진왜란 때 충청방어사 박명현106)이 조정의 명을

---

105) 한국학중앙연구원 제공, [한국향토문화전자대전·디지털청도문화] 인용.

106) 박명현(朴明賢): 박명현(朴命賢)으로 쓰기도 하였다. 본관은 죽산(竹山). 연성부원군(延城府院君) 박원형(朴元亨)의 후손이다. 조선후기 토포사, 충청도방어사, 전라도병마절도사 등을 역임한 무신이다. 1605년 이몽학의 반란을 평정한 공으로 홍가신·임득의 등과 함께 청난공신(淸難功臣) 2등에 녹훈되고, 연창군(延昌君)에 봉하여 졌으며 위계는 가선대부에 이르렀다. 1608년 선조가 죽자 무장 고언백(高彦伯)과 함께 임해군(臨海君)을 추대하려다가 잡혀 문초를 받던 중 물고(物故: 사회적으로 이름난 사람이 죽음)되었고, 공신녹권에도 삭제되었다.

받들어 충청도 군을 이끌고 수축하였으나 완성하지 못하였다.

烏惠山城 石築周九千九百八十尺, 高七尺. 中有三溪, 五池, 三泉. 壬亂忠淸防禦使朴明賢以 朝令, 領忠淸導軍修築未完.

[오혜산성]107)

○ **이서고성** 군의 북쪽 10리 지점에 있으며 토성의 둘레는 1천여 척이다. 세간에 전해지길, 이서국의 옛터라고 한다. 오늘날에는 백곡촌108)이라 한다.

---

107) 한국학중앙연구원 제공, [한국향토문화전자대전·디지털청도문화] 인용.
108) 백곡촌(柏谷村): 경상북도 청도군 화양읍 토평리와 이서면 고철리에 있는 토성으로 백곡산성이라고 한다. 경상북도 청도군 화양읍 토평리 백곡 마을을 둘러싸고 있는 야산의 남쪽 구릉에 토루의 흔적이 남아 있으며, 이 지점이 백곡산성의 위치로 추정된다. 남쪽 구릉의 끝 부분에 '이서국 성지(伊西國城址)'라는 표식이 세워져 있고, 그 동쪽으로 토성의 흔적을 찾아볼 수 있다. 고대 이서국의 왕성지로 알려져 있으나 실체에 대한 조사가 이루어지지 않아 명확지 않다. 다만 1832년에 간행된 ≪청도군 읍지(淸道郡邑誌)≫ 고적조를 보면 이서 고성은 군의 북쪽 10리에 있으며, 4면이 모두 토축으로 주위가 일천여 척이며, 이곳을 이서 고지라 전한다고 한다. ≪조선 보물 고적 조사 자료(朝鮮寶物古蹟調査資料)≫에도 이서면 토평리를 이서국의 읍지라 하였으므로 이러한 기록에 근거하여 보면 백곡산성을 이서국의 도읍지로 추정할 수 있다. 이서국에 대한 역사 기록에 보이는 신라 금성의 공격과 죽엽군의 출현 기사를 고려할 때 이서국은 상당한 세력을 가진 진한의 소국임을 알 수 있다. 한국학중앙연구원 제공, [향토문화전자대전] 인용.

伊西古城 在郡北十里. 土城週遭一千餘尺. 世傳：" 伊西國古址.", 云 : 今 '栢谷村'.

◦ **고려탑** 군의 서쪽 소태리에 있으며, 진암 아래 옛 암자의 유허에 있다. 모두 5층이며, 너비는 5척, 높이는 35척이다. ○과거 병진년 겨울에 도굴범이 한밤중 탑의 한 층을 훼손하였고, 마을 사람이 그 안에 부장된 기물과 목록을 얻었는데, 탑은 고려 문종 병신년(1056년)에 세워졌으며 거란의 '청녕'이란 연호가 사용되어 있었다고 한다.
高麗塔 在郡西小台里, 眞巖下佛庵遺墟. 凡五層, 廣五尺, 高三十五尺. ○去丙辰冬盜夜毁塔一層, 洞人得其所藏器物目錄, 卽高麗文宗丙申所建, 用契丹淸寧年號云.

◦ **용송** 군의 동쪽 50리 명대촌 앞 길가에 위치하고 있으며 그 뿌리는 마치 용이 몸을 틀고 누운 듯하고 몸체는 용의 비늘과 같으며, 누워 하늘을 가로지르고 있으며 돌기둥이 이를 받치고 있다. 그 머리는 곧게 솟아 수 장에 이르는데, 관모처럼 드리워져 수묘의 밭을 덮고 있는 듯하다. 세간에 식성군 이운용[109]이 손수 심었다고 전해진다. ○이병연은 선대 조상인 연평부원군 이귀가 광해군 시기 이천으로 유배되었을 때 지은 〈용암시〉의 의미에 감동하였다.

莫笑隆中諸葛老　　　융중에 은거한 늙은 제갈량을 비웃지 말라,
慇懃三顧豈無時之意　정성스러운 삼고초려의 때가 어찌 없겠는가.

또 다음과 같은 시가 있는데,

衣鱗體屈五文成　　비늘 옷 입고 몸을 굽히니 오색 문양 이루고,
以待攀天志竟成　　하늘 오르길 기다리며 그 뜻 결국 이뤄지리라.

---

[109] 이운용(李雲龍): 1562년 경북 청도에서 남해 현령을 지낸 이몽상의 아들. 임진왜란 발발 당시인 1592년 옥포만호로서 옥포대첩에서 공을 세웠다. 1604년에는 선무공신으로 식성군(息城君)에 봉해졌고, 동 9월에 삼도수군통제사가 된 인물이다. 광해군 2년(1610년 사망한 후 병조판서로 추증됨. 이 묘는 본래 경북 청도에 있었으나, 20년 후인 1630년 그의 아들 평택현감 이암에 의해 경상남도 의령군 지정면 오천리로 옮겨졌다. 국가유산청 제공, [국가유산포털] 인용.

| 諸葛隆中猶未老 | 제갈량도 융중에서 아직 늙지 않았으니, |
| 不勞三顧豈無成 | 삼고의 노력 있다면 어찌 이룸 없겠는가. |

龍松 在郡東五十里明臺村前路傍根如龍盤, 體如龍鱗, 臥而橫空, 撑之以石柱. 其頭直上數丈如冠蓋覆數畝田. 世傳息城君李雲龍手植云. ○李秉延因感延平先祖光海朝謫伊川賦龍岩詩:"莫笑110)隆中諸葛老, 慇懃三顧豈無時之意". 而有詩:"衣鱗體屈五文成, 以待攀天志竟成. 諸葛隆中猶未老, 不勞三顧豈無成."

교궁111) 校宮

◦ **문묘** 군의 북쪽 4리 지점에 위치하고 있다. ≪탁영집≫에 "다섯 번 옮겼으나 제자리를 정하지 못하였다"라는 말이 전해진다. 오늘날 그 다섯 차례 옮긴 위치가 어디인지는 알 수 없다. 군의 북쪽 3리 지점에 옛터가 있는데, 융경 무진년(1568)112)에 세운 것이다. ○ 김안국 자는 국경, 호는 모재이며 본관은 의성이다. 문과에 급제하여 중호당에서 문장과 학문에 정진하여 당대 종유로 추앙받았다. 명륜당에 대해 쓴 시가 있는데 다음과 같다.

慨息彝倫九晦沈	인륜의 도리가 아홉 겹 어둠에 잠겨 탄식 나오고,
端緣俗學累人心	까닭을 따지니 속된 학문 사람의 마음 혼란케 함이라.
考亭當日編書意	주희 선생, 당시 경서를 편찬한 뜻은,
願與諸生細講尋	여러 유생 세밀히 강론하고 탐구하길 바라는 바였네.

○군수 송석조113)가 인조 연간 오산 북쪽 기슭으로 옮겨 세웠고 후에 군수 홍수량114)

---

110) 원문의 경우 '道'로 표기되어 있었으나, 한국고전번역원 제공, [한국고전종합DB] ≪동춘당집 제23권·시장(諡狀)≫에 근거하여 '笑'로 바꾸어 해석하였다.
111) 교궁(校宮): 각 고을에 있는 문묘.
112) 융경무진(隆慶戊辰): 명나라 융경 연간의 무진년, 즉 1568년이다.

이 그 땅이 진흙으로 질어 (임금에게) 주청하여 이곳으로 옮겨 안치하였다. 과거 기사년에 (대성전을) 중수하였는데, 참봉 박한묵의 기록이 남아있다.115)

文廟 在郡北四里. 濯纓集有:"五遷而不奠厥居之語." 今未知五遷之何地. 郡北三里有古址隆慶戊辰所建也. ○金安國字國卿號慕齋義城人. 進文重湖堂文章學問爲世宗儒, 題明倫堂詩:"慨息彛倫九晦沈, 端緣俗學累人心. 考亭當日編書意, 願與諸生細講尋." ○知郡宋碩祚 仁祖朝移建于鰲山北麓, 其後知郡洪受浣以其地泥濃, 奏請移安于此. 去己巳重修, 參奉朴漢默有記.

원사 院祠

◦ **성황사**116) 읍의 진산117) 아래에 있으며, 오산군118) 김지대와 오산군 김한귀의 초상

---

113) 송석조(宋碩祚): 자는 대보(大甫)·홍보(弘甫)이며, 본관은 은진. 1588년(선조 21) 사마시에 생원 3등으로 합격하였고, 1601년(선조 34) 식년 문과에서 을과 4등으로 급제하였다. 승정원 주서(承政院注書)에 임명되었다가 이듬해인 1602년(선조 35)에는 세자시강원 설서로 옮겼다. 이후 한림원 대교를 거쳐, 1605년(선조 38)에는 이조 좌랑에 올랐다. 그러나 사간원에서 너무 이른 시기에 이조 좌랑에 올라서 법에 위배된다고 상소하여, 관직에서 물러났다. 1608년(선조 41)에는 사헌부 지평에 임명되었고, 해운 판관 등을 역임하였다. 1625년(인조 3) 4월에 청도 군수로 부임하였다가 이듬해 12월에 물러남. 재임 중에 청도 향교를 경상북도 청도군 화양읍 합천리로 이건하였다. 한국학중앙연구원 제공, [한국향토문화전자대전·디지털청도문화] 인용.

114) 홍수량(洪受浣): 자는 청숙(淸叔)이고 호는 채헌(蔡軒)이라 하였으며 남양인으로 1683년 7월에 부임하여 1686년(숙종 12년) 4월에 최인월옥 한 일로 좌파되었다. 청숙은 위엄보다 덕으로 다스렸으므로 사람들은 더욱 우려워 하였고 문장이 특히 시부와 해서가 뛰어났다고 하며 향교를 중수하였다. 청도군, ≪내고장 전통문화≫, 한국출판사, 1981, p.36 인용.

115) 오늘날 청도군 화양읍 동교길 36(교촌리)에 위치한 청도향교로 1568년(선조 1) 현유(賢儒)의 위패를 봉안, 배향하고 지방민의 교육과 교화를 위하여 청도의 고평동(古坪洞)에 창건하였다. 1626년(인조 4) 군수 송석조(宋碩祚)가 화양면 합천리로 옮겼고, 1683년(숙종 9) 군수 홍수량(洪受浣)이 중수하였다. 그 뒤 1734년(영조 10) 군수 정흠선(鄭欽先)이 현재의 위치로 이건하였으며, 1843년(헌종 9) 군수 송계백이, 1929년 군수 최병철이 각각 대성전을 중수하였고, 1978년 군수 최형수(崔亨洙)가 명륜당을 보수하였다. 한국학중앙연구원 제공, [한국민족문화대백과사전] 인용.

116) 성황사(城隍祠): 청도군 화양읍 교촌리 310번지 언덕에 소재하고 있다. 이곳은 김지대(金之岱), 김한귀(金漢貴) 양 선생을 모신 사당(祠堂). 이 두 분은 청도가 낳은 큰 인물이기도 하거니와 고을이 밀양군 속현(屬縣)으로 감무(監務)가 파견된 지역에 불과했는데 후일 군수에 해당하는 지군사가 다스리는 군으로 행정단위를 승격시킨 공적이 컸음을 기리고 앞으로도 고을을 지키는 수호신(守護神)이 되어 주실 것을 기원하여 청도군민이 세운 것이다. 청도신문, 〈청도의 수호신인 김지대(金之岱), 김한귀(金漢貴) 선생을 모신 성황사(城隍祠)〉, 2020.08.12.

화를 봉안하고 있다.

城隍祠 在邑鎭山下, 奉安鰲山君金之岱鰲山君金漢貴肖像.

○ **자계원**119) 군의 북쪽 자천에 위치하고 있으며, 절효 김극일·탁영 김일손·삼족당 김대유를 배향하고 있다. 선조 무인년(1578)에 창건되었으며, 영백 윤근수120)가 찬조하고 군수 황응규121)가 그 사실을 기록하였다. 임진왜란(1592) 시기 화재로 소실되었다가 무인년122) 중건되었다. 현종 신축년(1661) 판서 송준길과 정랑 김수홍이 주청하여 사액을 내려받았다. 고종 신미(1871) 사우가 훼철되고, 갑자(1924)123) 사림과

---

117) 진산(鎭山): 옛날에 온 나라를 또는 서울과 각 고을을 각각(各各) 진호한다고 생각한 산(山). 청도의 남산(오산) 중허리에 자리하고 있다.

118) 오산군(鰲山君): 김지대 공은 고려 고종조 전라도안찰사(全羅道按察使), 지추밀원사(知樞密院事), 정당문학이부상서(政堂文學吏部尙書), 중서시랑평장사(中書侍郎平章事) 등 제 관직을 거쳐 최 고위직 태부(太傅)에 올랐으며 김한귀 공은 공민왕조 동경도병마사(東京道兵馬使), 감찰대부(監察大夫), 개성윤(開城尹) 등 제 관직을 거쳐 고려명현이 모셔지는 선원각에 배향되었다. 김지대공은 오산군으로 봉호 되면서 청도김씨(淸道金氏)의 시조가 되었고 김한귀공은 그 후손인데 특별히 동명의 봉호를 이어받은 것이다. 청도신문, <청도의 수호신인 김지대(金之岱), 김한귀(金漢貴) 선생을 모신 성황사(城隍祠)>, 2020.08.12.

119) 자계원(紫溪院): 경상북도 청도군 이서면에 있는 조선전기 김일손을 추모하기 위해 창건한 서원. 교육시설. 1518년(중종 13) 지방 유림의 공의로 김일손(金馹孫)의 학문과 덕행을 추모하기 위해 자계사(紫溪祠)를 창건하여 위패를 모셨다. 1576년(선조 9) 서원으로 승격되었으나 임진왜란으로 소실되었다가, 1615년(광해군 7) 중건하고 김극일(金克一)과 김대유(金大有)를 추가 배향(配享)하였다. 한국학중앙연구원 제공, [한국민족문화대백과사전] 인용.

120) 윤근수(尹根壽): 조선 중기에, 홍문관부교리, 대사성, 공조참판 등을 역임한 문신. 본관은 해평(海平). 자는 자고(子固), 호는 월정(月汀). 장원(掌苑) 윤계정(尹繼丁)의 증손으로, 할아버지는 사용(司勇) 윤희림(尹希林)이다. 청백간손(淸白簡遜)하고 문장이 고아하며 필법이 주경(遒勁)해 예원(藝苑)의 종장(宗匠)이라 일컬어졌다 한다. 저서로는 『사서토석(四書吐釋)』 등이 있다. 한국학중앙연구원 제공, [한국민족문화대백과사전] 인용.

121) 황응규(黃應奎): 조선 전기의 문신으로, 1569년(선조 2) 과거에 급제하여 전생서 주부(典牲署主簿)를 비롯하여, 여러 벼슬을 두루 역임하였다. 고향에 은거하던 중 임진왜란을 만나 양곡을 내어 병사를 돕고, 향병대장에 추대되어 의병을 모집하는 등 국난을 극복하기 위해 노력하였다. 본관은 창원(昌原). 자는 중문(仲文), 호는 송간(松澗). 1576년(선조 9) 8월에 청도 군수로 부임하였다가 1579년(선조 12) 2월에 이임하였다. 한국학중앙연구원 제공, [향토문화전자대전] 인용.

122) 무인년(戊寅年): 을묘년의 오기로 보인다. 임진왜란 때 소실되었다가 1615년(광해군 7) 중건되어 김극일(金克一)·김대유(金大有)를 추가로 배향하였다. 1661년(현종 2) '자계'라는 사액을 받아 사액서원이 되었다. 1871년(고종 8) 흥선대원군의 서원철폐령으로 훼철되었다가 1984년 복원되었다. [네이버 지식백과] 자계서원 <영귀루, 동.서재>[紫溪書院 <詠歸樓, 東.西齋>], [두산백과 두피디아] 인용.

123) 갑자(甲子): ≪청도문헌고≫ p.107에는 신유년(1921)이라고 기록되어 있다. ≪청도의 지정문화재≫ p.99에는 고종 8년(1871) 서원 철폐령에 의해 훼철되어 동·서재만 남아있다가 1924년 참봉 김용희가 중건하였다고 기록되어 있다.

후손들이 다시 세웠다.

紫溪院 在郡北紫川, 節孝金克一·濯纓金馹孫·三足堂金大有. 宣祖戊寅建, 嶺伯尹根壽贊助, 知郡黃應奎記實. 壬辰回祿戊寅重建. 顯宗辛丑判書宋浚吉正郞金壽興奏請賜額. 高宗辛未毁撤去, 甲子士林及本孫復設.

○ **남계원**[124] 군의 서쪽 두곡리에 있으며, 영헌공 김지대를 배향하고 있다. 숙종 경진년(1680)[125]에 사당을 세우고, (사당을) '충효당', (강당을) '쌍수당'이라 하였다. 추담 성만징의 축문[126]과 병계 윤봉구의 기문이 전해진다. 고종 신미년(1871)에 훼철되었으며, 이후 옛터에 중건하였다. 이중린·노상직·조긍섭 등이 상량문과 기문을 지었다.

南溪院 在郡西杜谷里英憲公金之岱. 肅宗庚辰建祠曰: '忠孝堂', 曰: '雙修師'. 傳成晚徵撰祝文屛溪尹鳳九記. 高宗辛未毁撤後重建於遺墟. 李中麟盧相稷曺兢燮有上樑文及記.

○ **명계원**[127] 군의 동쪽 명대리에 위치해 있다. 시호 양헌공 호 용헌인 이원을 배향하고

---

[124] 남계원(南溪院): 경상남도 문화유산자료로 지정되었으며, 오늘날의 지정 명칭은 밀양 남계서원이다. 행정구역 변경으로 현재 소재지는 경상남도 밀양시 두곡3길 43-16(청도면)에 위치해 있다. 1704년에 김지대를 제향하기 위해 창건되었다가 고종 5년(1868)에 흥선대원군의 서원 철폐령에 따라 훼철되었다. 융희 1년(1907)에 기존의 낡은 강당을 철거하고 새로 지었다. 1954년에 다시 구 강당을 철거하고 지금의 쌍수당(雙修堂)을 신축하였다. 1986년부터 서원 복원을 추진하여 1989년에 묘우(廟宇)를 완공하였다. 1990년에 김지대의 5세손인 김한귀(金漢貴)와 7세손인 김점(金漸)을 함께 배양하여 현재에 이른다. 건물은 충효사, 쌍수당, 내삼문인 대보문(代報門), 동재인 원청제(元淸齋), 서재인 강의재(剛毅齋), 외삼문인 상덕문(尙德門) 등으로 이루어져 있다. 쌍수당은 정면 6칸, 측면 1칸 반으로 중앙 2칸에 마루를 두고 좌우에 온돌방을 두었다. 충효사는 정면 3칸, 측면 2칸 규모로 쌍수당 우측에 위치해 있다. 향사일은 음력 3월 첫번째 해(亥)일이다. 한국학중앙연구원 제공, [한국민족문화대백과사전] 인용.

[125] 경진년(庚辰年): 기타 기록에 의하면 숙종 30년(1704, 갑진년)으로 기록되어 있다. 1704년(숙종 30)에 고을의 유림들이 고려 중기에 평장사를 지낸 영헌공(英憲公) 김지대(金之岱, 1190~1266)의 충효쌍수(忠孝雙修) 정신을 기리기 위해 세운 서원이다. 1996년 3월 11일에 경상남도 문화재자료(현, 문화유산자료)로 지정되었다. 한국민족문화대백과사전 인용.

[126] 추담 성만징 찬, 〈상향축문〉: "충성과 효성을 모두 갖추시고, 어질고 착한 일을 갖추고 높이시니, 삼한의 바른 기상은 백세토록 영웅의 풍모를 갖추셨네." 이종옥 외, 《국역 청도문헌고》, 강산애드, 2009, p.108 인용.

[127] 명계원(明溪院): 명호서원은 1790년(정조 14)에 지방 유림의 공의로 이원과 이주 선생의 학문과 덕행을 추모하기 위하여 창건하였다. 처음에는 청도군 매전면 온막리의 자미산 아래에 있었고 서원명도 명계서원이라 부른다. 그 후 1837년(헌종 3)에 정상동으로 이전하여 명호서원이라 개칭하였다. 선현배향과 지방교육

있다.

明溪院 在郡東明臺里, 襄憲公容軒李原.

◦ **선암원**[128] 군의 동쪽 50리 지점 선호[129]에 있다. 삼족당 김대유와 소요당 박하담을 향사하기 위해 건립되었다.

仙巖院 在郡東五十里仙湖. 三足堂金大有逍遙堂朴河淡.

◦ **봉동원**[130] 군의 북쪽 20리 지점인 대전동 뒤 봉산 아래에 있다. 이조참의 수몽헌 예승석을 배향하고 있다. 숙종 병자년(1696)[131]에 사우를 세우고, '청백당', '경의당'이라 하였다. 판서 김이교가 축문을 지어 말하였다.

의 일익을 담당하여 오던 중 대원군의 서원철폐령으로 1868년(고종 5)에 훼철된 뒤 복원하지 못하였으나, 매년 9월 중정에 설단으로 향사를 올리고 있다. [네이버 지식백과] 명호서원 (대한민국 구석구석, 한국관광공사) 인용.

128) 선암원(仙巖院): 동창천 물이 굽이쳐 흐르는 선암(仙巖))에 자리잡고 있다. 삼족당 김대유(三足堂 金大有: 1479~1552) 선생과 소요당 박하담(逍遙堂 朴河淡: 1506~1543) 선생 두분을 향사(享祀)하던 곳으로 한국학의 보고(寶庫)이다. 초창은 선조1년(1568년) 매전면 운수정(雲樹亭)에 두분의 위패를 봉안하고 향사하여 향현사(鄕賢祠)라 하였다. 이곳은 1577년(선조 10) 군수 황응규(黃應奎)의 주선으로 사우(祠宇)와 위패(位牌)를 옮겨 선암서원이라 개칭하였는데 1868년 대원군의 서원 철폐령에 의해 훼철되었다. 지금의 건물들은 고종 15년(1878) 소요당(逍遙堂) 선생의 후손들이 다시 중창하여 선암서당으로 고쳐 오늘에 이른다. 정침은 정면5칸 측면1칸으로 우에서 좌로 부엌, 방, 마루, 방의 순서로 구성되어 있다. 사랑채인 득월정(得月亭)은 정면4칸, 측면1칸의 소규모 건물로 정침과는 토담으로 내.외 되어있고 방2칸, 대청2칸의 단순한 평면인데 특히 가구와 헌부(軒部) 구성에 주목할 기법이 있다. 지붕은 홑처마 팔작으로 처마는 선자(扇子)가 걸린 귀보다 중앙부분이 튀어나오도록 긴 서가래를 걸었고 대청에 보는 3량 가로 걸작이다. 평면구성은 안채, 득월정(得月亭), 행랑채, 대문채가 자를 이루고 그 뒤편으로 북향한 선암서당(仙巖書堂)이 있다. 이 건물은 정면5칸 측면2칸으로 가운데3칸을 대청마루를 깔고 양쪽에 방을 두었고 포작은 외1출 내3출목을 조직되어 있다. 선암서당의 뒤편 장관각에는 보물로 지정된 배자예부운략판목(排字禮部韻略板木)과 지방문화재 해동속소학판목(海東續小學板木). 14의사록판목 등이 보관되어 있다. 청도군 제공, [청도군 문화관광] 인용.

129) 선호(仙湖): 금천면 신지리에 위치. 1리인 신지(薪旨)를 선호(仙湖), 섶마리, 섶말, 선마리 등으로 부름. 처음에는 용두소(龍頭沼) 소요대(逍遙臺)와 같은 절승지에 선인(仙人)이 유유(優遊)할만한 곳이라 선호(仙湖)라 하였다 한다. 최일용, 《청도마을지명유래지》, 청도문화원, 1996, p.567 인용.

130) 봉동원(鳳洞院): 이서면 대전리에 있으며 의흥인 수몽헌 예승석과 유담 예충년을 향사하던 서원으로 지금은 훼철되고 없다. 청도군, 《청도군지》, 구일출판사, 1991, p.981 인용.

131) 청도문헌고에 순조 병자년(1816)이라 하여 기록의 차이를 보인다.

三朝碩老　　삼조에 걸친 큰 어른이여,
　　兩府巨卿　　양부의 중신이 되었네.
　　忠孝貽範　　충효로 후세에 귀감이 되어,
　　淸白傳聲　　청명한 명성이 널리 전해지네.

고종 신미년(1871)에 훼철되었으며, 지금은 봉동정사에 남아있으며, 문헌공 병계 윤봉구132)가 이를 썼다.

鳳洞院 在郡北二十里大田洞後鳳山下. 文吏參 守夢軒 芮承錫. 肅宗丙子建祠曰: '淸白堂',
曰: '敬義'. 判書金履喬撰祝文曰: "三朝碩老, 兩府巨卿. 忠孝貽範, 淸白傳聲." 高宗辛未
毁撤, 現存鳳洞精舍, 文憲公屛溪尹鳳九書之.

○ **지산원**133) 군의 북쪽 신안촌에 위치하고 있다. 모효재 박지현, 경양재 박태고를 향사하기 위해 건립한 서원이다.

芝山院 在郡北新安村. 慕孝齋朴之賢·景陽齋朴太古.

○ **화계사**134) 군의 서쪽 화산 아래에 있다. 이락 장방한을 향사한다.

華溪祠 在郡西華山下. 二樂齋蔣邦翼.

○ **용강사**135) 군의 북쪽 20리 지점에 위치하고 있다. (충숙공 박익과) 박경전, 박경신

---

132) 윤봉구(尹鳳九): 조선 후기 도봉 서원 중건에 기여한 문신. 본관은 파평(坡平). 자는 서응(瑞膺), 호는 병계(屛溪)·구암(久庵). 1714년(숙종 40) 진사가 되고 유일(遺逸)로 천거되어 1725년(영조 1) 청도군수가 되었다. 1805년(순조 5) 순조가 좌의정 서매수(徐邁修)의 청을 받아 윤봉구에게 문헌(文獻)이라는 시호를 내렸다. 한국학중앙연구원 제공, [향토문화전자대전] 인용.
133) 지산원(芝山院): 지산서원(芝山書院). 경상북도 청도군 이서면에 있는 조선후기 박호 등 4인의 선현을 추모하기 위해 창건한 서원. 교육시설. 선현배향과 지방교육의 일익을 담당하여오던 중 대원군의 서원철폐령으로 1868년(고종 5)에 훼철되었다가 1984년 4월에 복원되었다. 경내 건물로는 6칸의 상청사(尙淸祠), 신문(神門), 8칸의 경현당(景賢堂), 각 3칸의 동재(東齋)와 서재(西齋), 6칸의 주사(廚舍), 예도문(禮道門) 등이 있다. 한국학중앙연구원 제공, [한국민족문화대백과사전] 인용.
134) 화계사(華溪祠): 경상북도 청도군 화양읍 신봉리에 위치. 장방익과 장사랑, 장방호, 장방한을 추모한다. 한국학중앙연구원 제공, [향토문화전자대전] 인용.

등 여러 14의사를 함께 배향하고 있다.

龍岡祠 在郡北二十里. 朴慶傳朴慶新, 諸公十四義士並享.

◦ **명동사**136) 군의 북쪽 20리 지점에 위치하고 있으며, 병재 박하징을 배향하고 있다.

明洞祠 在郡北二十里甁齋朴河澄.

◦ **숭절사**137) 군의 북쪽 20리 지점에 위치하고 있으며 두촌 박양무를 배향하고 있다.

崇節祠 在郡北二十里, 杜村朴揚茂.

◦ **충현사**138) 대성면 흑석리139)에 위치하고 있으며 식성군 이운룡을 배향하고 있다.

忠賢祠 在大城面黑石里, 息城君李雲龍.

---

135) 용강사(龍岡祠): 용강서원(龍岡書院). 경상북도 청도군 이서면 학산리 450에 위치. 이서면사무소에 팔조령 방향으로 난 국도 30호선을 따라 약 950m 정도 이동하면 학산 1리 노인 회관이 길 우측에 있고, 노인 회관의 좌측으로 난 길을 따라 마을 야산으로 가면 용강 서원이 자리 잡고 있다. 전체적인 배치는 외삼문(外三門), 강당(講堂), 내삼문(內三門), 여충사(麗忠祠)를 동일 축선 상에 배치하였다. 강당의 우측에는 임진왜란 14의사를 모신 충렬사(忠烈祠)가 별도의 공간을 이룬다. 강당의 좌측에는 용강재(龍岡齋)와 주사(廚舍)를 우측에는 보인당(輔仁堂)을 각각 배치하였다. 한국학중앙연구원 제공, [향토문화전자대전] 인용.

136) 명동사(明洞祠): 명동서사(明洞書社). 경상북도 청도군 이서면 수야리에 있는 서사. 명동 서사는 1858년(철종 9년)에 창건하여 밀성인 병재(甁齋) 박하징[1483~1566]을 향사하기 위해 설립하였다. 1868년(고종 5년)에 흥선 대원군의 서원 훼철령에 의해 이 고을의 모든 서사 건물이 남김없이 훼철되었으나, 명동사만이 기적적으로 그대로 보존되어 명동 서사로 개액하였다.

137) 숭절사(崇節祠): 훈령서원 내 사당이다. 청도군 이서면 신촌리 639-1에 소재하고 있으며 밀성박씨 밀직부사공 양헌파 후손들이 건립하여 두촌 박양무, 화은 박계은, 호재 박맹문, 농암 박란 등 4선생을 숭절사에 봉안하여 향사하고 있다. 1868년 대원군때 훼철된 것을 1971년에 중건하여 1998년 유림들의 공의로 서당을 서원으로 개칭하였다고 한다. 청도문화원, ≪청도문화 서원·재실·정자≫, 강산애드, 2001, p.192 인용.

138) 충현사(忠賢祠): 청도 출신의 무관 동계 이운용을 기리기 위해 건립한 석동 서원에 있는 사당이다. 한국학중앙연구원 제공, [한국향토문화전자대전·디지털청도문화] 인용.

139) 대성면(大城面): 오늘날의 청도읍. 조선시대에 청도군의 남부지역을 차지하는 하남면(下南面)이었으나, 1914년 행정구역 개편 때 용산면(龍山面)과 밀양군 상동면(上東面)의 일부를 합쳐 대성면으로 고쳤다. 1940년 이후 청도면이 되고 다시 읍으로 승격되었다. 한국학중앙연구원 제공, [한국민족문화대백과사전] 인용.
흑석리(黑石里): 오늘날의 청도읍 원정2리. ≪청도의 지정문화재≫에 따르면, 이운룡장군 영정을 1919년 개모(改模)하여 구 영정은 청도읍 원정리 흑석에 있는 충현사로 이안하여 봉안하고 있다고 한다. ≪청도 마을지명유래지≫에 따르면, 원정리에 흑석(黑石)동이 있다.

[충현사]140)

- **충효사**141) 군의 동쪽 길부리에 위치하고 있으며, 운곡 박문부를 배향하고 있다.

  忠孝祠 在郡東吉夫里, 雲谷朴文富.

사찰 寺刹

- **적천사**142) 오산의 남쪽에 있다. ○승려 인각의 시가 있다.

---

140) 한국학중앙연구원 제공, [한국향토문화전자대전·디지털청도문화] 인용.

141) 충효사(忠孝祠): 고종의 서원 철폐령에 의해 금호서원이 훼철되자 1928년 대월산 아래로 이건하여 충효사로 개칭하였다. 금호서원은 임진왜란 때 큰 공을 세우고 경상 우수사 겸 삼도 수군통제사에 이른 동계(東溪) 이운룡(李雲龍)[1562~1610] 장군과 향산(鄉山) 이백신(李白新)의 영정(影幀)을 봉안하고 추모하기 위해 세운 서원이다. 한국학중앙연구원 제공, [한국향토문화전자대전·디지털청도문화] 인용.

142) 적천사(磧川寺): 경상북도 청도군 청도읍 화악산(華岳山)에 있는 삼국시대 신라의 승려 원효가 창건한 사찰이다. 대한불교조계종 제9교구 본사인 동화사(桐華寺)의 말사이다. 사기(寺記)에 의하면, 664년(문무왕 4) 원효(元曉)가 수도하기 위해 토굴을 지음으로써 창건하였다. 828년(흥덕왕 3) 심지왕사(心地王師)가 중창했으며, 고승 혜철(惠哲)이 수행한 곳으로도 유명하다. 한국학중앙연구원 제공, [한국민족문화대백과사전] 인용.

隔林遙聽出山鍾	숲 너머 산에서 종소리 아득히 들려오니,
知有蓮坊在翠峯	푸른 봉우리에 연방이 있음을 알겠구나.
樹密影遮當戶月	초목 빽빽하여 문 비추는 달빛 가리고,
谷虛聲答打門笻	빈 골짜기 문 두드리는 지팡이 소리에 답하네.
水鋪白練流全石	물은 흰 명주 깐 듯 온 돌에 흐르고,
虹曳靑羅掛古松	무지개는 푸르름 끌어다 노송에 걸었네.
莫怪老人留數日	늙은이 며칠 머무름을 괴이하게 여기지 말라,
當年普照示遺蹤	그 옛날 보조국사께서 자취를 남겨 보여주셨다.

磧川寺 在鰲山南○僧麟覺143)詩: "隔林遙聽出山鍾, 知有蓮坊在翠峯. 樹密影遮當戶月, 谷虛聲答打門笻. 水鋪白練流全石, 虹曳靑羅掛古松. 莫怪老人留數日, 當年普照示遺蹤."

[적천사]144)

---

143) ≪청도문헌고≫에는 '獜角', ≪신증동국여지승람≫에는 '○僧麟角詩'으로 표기되어 있다.
144) 한국학중앙연구원 제공, [한국향토문화전자대전·디지털청도문화] 인용.

◦ **운문사**145) 운문산 아래 위치하고 있으며, 처음에는 '작갑'이라 불리었다. 신라 고승 보양이 창건하였으며, 고려 태조가 '운문선사' 편액을 하사하였다. '원응국사비'가 있으며 윤언이 비문을 지었다고 전해진다.146) ○ 권응인이 운문사에 대하여 다음의 시를 지었다.

一宿雲門寺	운문사에 하룻밤을 묵나니,
千林杜宇聲	온 숲에서 두견새 울음소리 들어오네.
花濃香襲杖	짙게 핀 꽃향기 지팡이에 배고,
溪近冷侵屛	계곡 찬 기운 잠자리에 스며드네.
古跡碑橫草	고적의 비석엔 잡초 무성하고,
奇觀月可庭	기이한 풍경 속 달빛은 뜰을 비추네.
塵蹤難再到	세속의 발자취로 다시 이르기 어려우니,
回首憶三淸	뒤돌아보며 삼청을 생각하네.

○ 현감 조원명이 '약야계' 세 글자를 계곡가의 바위 위에 써서 새기었다.

○ 김윤환 자는 문화이고 호는 청암이며 통천 사람이다. 충신 응의의 후손으로 과거

---

145) 운문사(雲門寺): 경상북도 청도군 운문면 호거산(虎踞山)에 있는 삼국시대 신라의 승려 원광이 머물렀던 사찰. 대한불교조계종 제9교구 본사인 동화사(桐華寺)의 말사이다. 557년(진흥왕 18) 이름이 알려지지 않은 한 신승(神僧)주1이 수행하다가 560년(진흥왕 21)부터 건물을 지어 '대작갑사(大鵲岬寺)'라는 이름으로 창건하였다. 이어서 동쪽에 가슬갑사(嘉瑟岬寺), 서쪽에 대비갑사(大悲岬寺), 남쪽에 천문갑사(天門岬寺), 북쪽에 소보갑사(所寶岬寺)를 지었다. 이때 창건한 다섯 갑사를 오갑사(五岬寺)라고 한다. 한국학중앙연구원 제공, [한국민족문화대백과사전] 인용.

146) 청도 운문사 원응국사비(淸道 雲門寺 圓鷹國師碑)는 경북 청도군 운문면 신원리 1794-12번지 운문사에 소재하고 있으며, 1963년 보물로 지정되었다. 현재 귀부(龜趺)와 이수(螭首)는 상실되었고, 세 조각으로 절단된 비신만이 복원되어 있다. 비의 주인공인 원응국사는 일찍 출가하여, 1085년(선종 2) 송나라에 가서 화엄의 뜻을 전하고 천태교관(天台敎觀)을 배워 귀국하였다. 1106년(예종 1) 중대사(重大師), 1109년 선사(禪師)가 되었고, 1144년(인종 22) 운문사에서 93세로 입적하였다. 비의 앞면에는 그의 행적이 행서로 새겨져 있으며, 뒷면에는 국사의 문도들의 성명이 해서로 새겨져 있다. 건립 연대는 비문이 파손되어 알 수 없으나, 국사가 입적한 다음 해 인종이 국사로 봉하고, 윤언이(尹彦頤)에게 비문을 짓게 하였다는 비문 내용으로 보아 대략 1145년 이후로 추정된다. 윤관(尹瓘)의 아들인 윤언이(1090~1149)가 지었고 글씨는 신품사현 중의 한 사람인 대감 국사(大鑑國師) 탄연(坦然, 1069~1158)이 쓴 것으로 전해지고 있으나 확실하지는 않다. 왕희지의 행서를 기반으로 생기가 도는 글씨이다. 비신 앞면 상단부에는 '圓應國師碑銘(원응국사비명)'이라는 제액이 해서로 새겨져 있다.

에 급제하여 내장원경을 지냈으며, 5개 군의 수령으로 있으면서 많은 치적을 남겨 그의 덕을 기리기 위해 송덕비가 세워졌다. 그는 운문사에 관해 시를 남기기도 하였다.

  雲門山色拱雲門 운문산 빛 운문사 감싸안고,
  時有曇雲護世尊 때때로 흐린 구름은 세존을 보호하네.
  雲屐閑穿雲裡到 구름 속 한가로이 나막신 신고 운문사 이르니,
  老僧欣接掃雲痕 노승은 기쁜 마음으로 구름 자취 쓸어내네.

雲門寺　在雲門山下, 初名'鵲岬'. 新羅高僧寶壤所創, 高麗太祖賜額曰: '雲門禪寺'. 有圓應碑, 尹彦頤撰文. ○權應仁詩: "一宿雲門寺, 千林杜宇聲. 花濃香襲杖, 溪近冷侵屛. 古跡碑橫草, 奇觀月可庭. 塵蹤難再到, 回首憶三淸.". ○縣監趙遠朋書刻'若耶溪'三字於溪邊石上. ○金閏煥字文和號淸菴通川人. 忠臣應漪后, 進士內藏院卿, 曾經五郡多有治績, 立碑頌德. 有詩: "雲門山色拱雲門, 時有曇雲護世尊. 雲屐閑穿雲裡到, 老僧欣接掃雲痕.".

[운문사]147)

---

147) 한국학중앙연구원 제공, [한국향토문화전자대전·디지털청도문화] 인용.

○ **병사**[148] 폐성에 있으며 '덕사'를 가리킨다.

   餅寺 在吠城卽德寺.

○ **천주사**[149] 군의 서쪽 30리 지점에 있다.

   天柱寺 在郡西三十里.

○ **수암사**[150] 군의 동쪽 90리 지점에 있다.

   水巖寺 在郡東九十里.

---

[148] 병사(餅寺): 경상북도 청도군 화양읍 소라리에 위치. 덕사의 창건은 신라 말 고려 초라고 전해지나 문헌이나 고증이 없어 상세한 사실은 알 길이 없고 현재의 덕사가 세워진 것은 조선 선조 때. 청도 군수로 부임한 황응규는 1576년(선조 9)에 주구산(走狗山)의 산세가 풍수지리상 개가 달아나는 형상이라 하여 달아나는 개를 떡을 주어 머물게 하기 위해 절을 지었다. 이 절을 '떡절'라 하고, 한자로는 '병사(餅寺)'라고 표기하였으나 후에 변화되어 덕사(德寺)로 부르게 되었다고 한다. 한국학중앙연구원 제공, [한국향토문화전자대전·디지털청도문화] 인용.

[149] 천주사(天柱寺): 경상북도 청도군 각남면 옥산리 인근에 옛날 천주사(天柱寺)의 절터로 알려진 천지라는 곳이 있다. 천주사에 있는 승려들은 불공이나 수양을 게을리하고 나쁜 행패를 일삼기로 유명하였다. 고개를 넘나드는 부녀자들을 겁탈하기도 하고, 강도짓도 서슴없이 행하였다. 승려들이 제 본분을 잊고 나쁜 짓을 일삼자 하늘에서 천주사에 빈대를 들끓게 하였다. 승려들이 천주사에 더 이상 살지 못하게 벌을 내린 것이다. 이 때문에 지금도 천지에 널려 있는 바위들을 뒤집으면 빈대들이 있다고 한다. 천지에는 시발 바위라는 큰 바위가 있다. 시발 바위의 밑은 동굴처럼 이루어져 있는데, 바위 이름이 시발 바위인 것은 승려들이 이 바위 동굴에서 부녀자를 폭행하였기 때문이라고 한다. 시발 바위 밑 동굴은 지금도 여러 명이 비를 피할 수 있을 정도로 넓다. 또한 바위 밑에는 장군수라는 물이 흐르는데, 누구든지 그 물을 마시면 장군이 된다고 한다. 지금도 바위 속을 흐르는 물소리가 들린다고 한다. 한국학중앙연구원 제공, [한국향토문화전자대전·디지털청도문화] 인용.

[150] 수암사(水巖寺): 경상북도 청도군 운문면 마일4길에 위치. 바위틈에서 물이 난다하여 붙여신 이름. 숙대는 길고 높게 쌓아있고 절터는 논·밭으로 변해 있었으며 옛 법당에는 어느 성씨의 묘가 한기 들어서 있었다. 바로 곁에 우물이 하나있었는데 항상 물이 가득하였다. 지금 마을의 상수도로 사용하는 곳이다. 이절 주지 스님은 마을사람들을 위하여 이 샘의 물을 4중으로 정수하여 내려 보내고 있다고 한다. 청도신문, 〈복원되어 가는 수암사(水巖寺)〉, 2017.07.12 인용

◦ **대비사**[151] 군의 동쪽 80리 지점에 있다.

　大悲寺 在郡東八十里.

[대비사][152]

---

[151] 대비사(大悲寺): 경상북도 청도군 금천면 대비사에 있는 조선후기에 창건된 사찰건물. 1985년 보물로 지정되었다. 앞면 3칸, 옆면 3칸의 단층 건물로, 지붕은 맞배지붕을 올렸다. 공포(栱包)가 기둥 위 뿐만 아니라 기둥과 기둥 사이에도 설치된 다포(多包)계 건물이다. 이 건물은 17세기 경에 다시 건립된 것으로 추정되며, 공포의 일부에 조선 초기 건물의 양식이 남아 있는 건물로 알려져 있다. 한국학중앙연구원 제공, [한국민족문화대백과사전] 인용.

[152] 한국학중앙연구원 제공, [한국향토문화전자대전·디지털청도문화] 인용.

∘ **죽림사**153) 군의 남쪽 2리 지점에 있다.

竹林寺 在郡南二里.

[죽림사]154)

---

153) 죽림사(竹林寺): 경북 청도군 화양읍 신봉리에 위치. 화악산(華岳山)의 지령인 남산 중턱에 자리잡은 이 사찰은 610년(진평왕 32년)에 법정대사(法定大師)가 창건하여 화남사(華南寺)라 하고 635년(선덕여왕 4년)왕의 명으로 일본에 건너가 불교의 포교와 화친사(和親使)로서 많은 성과를 거두고 돌아오니 왕은 절 주변 토지 900여평을 하사하고 대나무를 심게 하였다. 이 대나무가 무성하게 자라게 되자 죽림사(竹林寺)라 개칭하고 사원의 전성기를 이루게 되었다. 그 후 왕사였던 지눌 보조국사(知訥 普照國師, 1158~1210년)가 1180년(명종 10년)경 중건하고 조선 태조 때 무학대사(無學大師, 1327·1405년)기 중수하였으나 임란 때 병화로 대웅전과 명부전이 소실되고 보광전(普光殿)만 남은 것을 인덕당(人德堂)을 세우고 불상을 봉안해오다 다시 법당과 요사(1935년)를 건립하고 1999년 법당을 중건하여 지금에 이르고 있다. 청도군 제공, [청도군 문화관광] 인용.

154) 한국학중앙연구원 제공, [한국향토문화전자대전·디지털청도문화] 인용.

◦ **대산사**155) 군의 서쪽 40리 지점에 있으며 천수불156)을 모시고 있다.

臺山寺 在郡西四十里, 有千手佛.

[대산사]157)

---

155) 대산사(臺山寺): 경북 청도군 각남면 옥산길에 위치. 화악산(華岳山)에서 서쪽으로 뻗어 내린 월은산정에 자리잡은 이 사원은 신라 흥덕왕 5년(830년)에 창건하고 목지국(目支國)에서 남해상에 표류해온 천수관음(千手觀音)불상 3구중 한 구는 운문사에 봉안하고 또 한 구는 간 곳을 알 수 없고, 나머지 한 구를 이곳에 봉안하여 용봉사(龍鳳寺)라 하였다. 임란 때 화재로 법당이 소실되고 천수관음불상은 왜적들이 도적질이 두려워 땅속에 묻었는데, 그 사실을 안 자가 고철로 팔려는 생각에 불상을 파내던 도중 피를 토하고 죽었다고 전해지며, 임란 후 불상을 파내어 법당에 다시 봉안하고 고종 13년(1876년) 왕후의 꿈에 부처님이 현몽(現夢)하여 많은 시주를 하고 절을 중건하였던 사원을 다시 의문화상(義文和尙)이 중수하여 대산사(臺山寺)라 개칭하였다. 1930년(일제강점기) 또다시 야습한 도적 때들의 방화로 법당은 사라지고 불상은 반소 된 것을 봉안해오다 주변 땅에 묻었다고 전해지고 있다. 월은산(月隱山)은 제비가 알을 품고있는 형상으로 많은 새들이 살고 있는 곳인데 풍각면 덕양리에서 대산사(臺山寺)로 오르는 산길이 뱀의 모양과 같아 뱀이 제비 알을 훔쳐 가는 것을 막기 위해 지대석을 멧돼지형상으로 만든 돼지 탑이 조성하였고 2000년 여름 사찰경내 밭에서 발견된 천수관음(千手觀音)불상수인에서 용봉사의 내력을 느낄 수 있다. 청도군 제공, [청도군 문화관광] 인용.

156) 천년 고찰인 대산사는 1876년 의문 스님이 중창한 관음 기도 도량으로, 창건 당시 월씨국에서 천수불(千手佛)이 전래되었는데 왕명을 받들어 이 불상을 대산사에 봉안하게 했고 원지국(圓支國)에서 남해를 통해 표류해 온 42수의 관음보살상을 함께 모신 것으로 전해지고 있다. 이 절에 모신 관세음보살상은 42수관음보살상이었다.

157) 한국학중앙연구원 제공, [한국향토문화전자대전·디지털청도문화] 인용.

◦ **미륵**158) 운문산 아래 길부촌159) 앞에 있으며, 높이는 20척 정도이며 둘레는 수십 척이다. 신라시대에 창건되었다.

彌勒 在雲門山下吉夫村前, 高二十尺周數十圍, 新羅時創建.

[청도 박곡리 석조여래좌상]160)

---

158) 오늘날 청도군 금천면 박곡리 653에 소재하고 있는 청도박곡동석조석가여래좌상으로 보인다. 이 불상은 통일신라시대에 만들어진 것으로 추측되는 높이 1.35m의 미륵불이다. 불상은 전체가 화강암으로 만들어져 높이 약 1.2m의 연화대 위에 있으며 지금은 불각을 세워 안치하고 있다. 다만 《조선환여승람》과 그 높이와 둘레에서 차이가 있다. 청도군, 《청도의 지정문화재》, 강산애드, 2002, p.125 인용.

159) 청도문화원 《청도마을지명유래지》(p.568)에 따르면 길부촌은 三洞(吉夫, 지부골)로 오늘날 청도군 금천면 신지리(법정리) 지부리이다.

160) 국가유산청 제공, [국가유산포털] 인용.

학교 學校

- **보통학교**[161] 이서면, 화양면, 풍각면, 매전면, 금천면, 운문면 각 한 곳씩 소재하고 있다.

  普通學校 伊西面, 華陽面, 豊角面, 梅田面, 錦川面, 雲門面各一.

- **심상소학교**[162] 화양면, 풍각면 각 한 곳씩 소재하고 있다.

  尋常小學校 華陽面, 豊角面各一.

부조묘 不祧廟

- **이원** 자는 차산이고, 호는 용헌이며, 본관은 고성이다. 문헌공 강의 아들이다. 정몽주는 문경이 (자신의) 재능과 덕을 크게 펼치지 못하였으나, 이제 이처럼 훌륭한 자식을 두었으니, 하늘의 보답이 참으로 효험하도다."라고 하였다. 태조부터 역대로 네 명의 왕을 섬기어 문하좌상의 지위에 올랐다. 청백리에 조정을 도운 공로로 철성부원군에 봉해졌으며, 시호는 양헌이다. 사당은 매전면 명대촌에 있으며, 서거정이 신도비의 비문을 지었다.

  李原 字次山, 號容軒, 固城人. 文敬公岡子. 鄭夢周曰: "以文敬之才德, 不大厥施, 今有兒如此, 天之報施, 信有徵哉." 太祖以下歷事四朝進文左相. 清白吏, 佐命勳, 鐵城府院君, 諡襄憲. 廟在梅田面明臺村徐居正撰神道碑.

---

[161] 보통학교(普通學校)는 1906년 〈보통학교령〉에 따라 설치된 초등교육기관을 말한다. 구한말 신학제의 제정에 따라 설치된 소학교(小學校)를 보통학교로 변경하였다. 청도에 설치되었던 보통학교들로는 매전면의 매전 공립 보통학교, 금천면의 금천 공립 보통학교, 이서면의 이서 보통학교, 풍각면의 풍각 공립 보통학교, 화양면의 청도 공립 보통 교학, 운문면의 운문 공립 보통학교, 각북면의 각북 공립 보통학교가 있다. 한국학중앙연구원 제공, [한국향토문화전자대전·디지털청도문화] 인용.

[162] 심상소학교(尋常小學校)는 조선에 거주하는 일본인을 위한 초등교육기관을 말한다. 청도에 설치되었던 심상소학교로는 화양면의 화양공립심상소학교와 이서면 칠곡리의 이서공립심상소학교가 있다. 청도군, 《청도군지》, 구일출판사, 1991, pp.677-678 인용.

○ **이운룡** 본관은 재령이다. 선조 연간 선무공신에 책록되었으며, 식성군에 봉해졌다. 사당은 대성면 흑석리에 있다. 〈훈신〉편에서 찾아볼 수 있다.
李雲龍 載寧人. 宣祖朝錄宣武勳, 息城君. 廟在大城面黑石里. 見勳臣篇.

수비 竪碑

○ **김극일효문비** 군의 북쪽 자계촌에 있다. 점필재 김종직이 비문을 지었으며 〈효자〉편에서 상세히 볼 수 있다.
金克一孝門碑 在郡北紫溪村. 佔畢齋金宗直撰碑文, 詳見孝子篇[163].

○ **박한주유허비** 군의 서쪽 30리 지점의 차산촌 바위 위에 있다. 자는 천지, 호는 우졸재이다. ○문과에 급제한 후 사간원헌납을 지냈다. 김한훤, 정일두 동학과 함께 점필재 문하에서 수학하였으며, 이 셋을 이르러 '삼현'이라 하였다. 무오사화 때 벽동으로 내쫓기고, 갑자사화에 화를 입었다. 중종 때 도승지에 추증되었으며, 밀양 예림서원에 제향되었다.
朴漢柱遺墟碑 在郡西三十里車山村岩上. ○字天支, 號迂拙齋. 進文獻納. 與金寒暄鄭一蠹同學於佔俾齋門並稱'三賢'. 戊午士禍竄碧潼甲子被禍. 中宗朝贈都承旨, 享密陽禮林院.

---

[163] 절효 김극일(節孝金克一)묘 효문정려비명(孝門旌閭碑銘) - 점필재 김종직(佔畢齋金宗直) 찬(撰): 사람의 아름다운 행실 중에 효행보다 앞서는 것이 없는데 누군들 부모가 없으랴마는 효도를 온전하게 하는 사람이 적도다. 금관국의 먼 후손 가운데 바로 그런 사람이 있었으니 어려서부터 효성을 지녀 백발의 나이에 더욱 새로워졌네. 증삼에게도 부끄럽지 않고 금루도 공경한다. 신물도 역시 감동하여 그 여막에 와서 보호했네. 두 서모가 돌아갔을 때에도 기년 동안 마음으로 슬퍼하였다. 이것은 모두 큰 행실들이니 그 나머지를 알 만도 하다. 장공예를 본받아 백 번을 참을 일도 공은 여유 있게 해냈거니와 열흘에 아흐레를 소찬(蔬饌)으로 지냈으니 어찌 억지로 한 일이거나 시켜서 한 일이겠는가? 숨은 덕을 갚게 되니 하늘이 정한 것이다. 아들이 있고 손자들이 있어 성실하여 칭찬이 자자하니 마땅히 이끌어 될 것이다. 높은 벼슬을 한 사람이 많이 나왔네. 내가 이 시를 지어서 후학들에게 권면하노라. 이종옥 외, 《국역 청도문헌고》, 강산애드, 2009, pp.123-124 인용.

정려 旌閭

◦ **이택준** 정문은 군의 서쪽 구곡리에 있으며, 〈효자〉편에서 찾아볼 수 있다.
　李宅俊 閭在郡西九谷里, 見孝子篇.

◦ **배세중** 정문은 매전면 아음촌 앞에 있으며, 〈효자〉편에서 찾아볼 수 있다.
　裵世重 閭在梅田面牙音村前, 見孝子篇.

◦ **문일태** 정문은 군의 서쪽 대산촌에 있으며, 〈효자〉편에서 찾아볼 수 있다.
　文日泰 閭在郡西臺山村, 見孝子篇.

석총 碩塚

◦ **김지대** 〈명신〉편에서 찾아볼 수 있으며, 묘는 군의 남쪽 대현리 북산 계좌에 있다.
　金之岱 見名臣篇, 墓在郡南大峴里北山癸坐.

◦ **김일손** 〈유현〉편에서 찾아볼 수 있으며, 군의 북쪽 수야산 무좌에 있다.
　金馹孫 見儒賢篇, 墓在郡北水也山戌坐.

명묘 名墓

◦ **김극일** 〈효자〉편에서 찾아볼 수 있으며, 군의 북쪽 나복산 간좌에 있다.
　金克一 見孝子篇墓, 在郡北蘿菖山[164]艮坐.

---

[164] 나복산(蘿菖山): 나부산(320m)으로 계명동 동쪽에 있는 산으로 옛날 봉이 날아와서 나부시 앉았다고 나무시, 나부기라 불렀으나 전음되어 나부라 부르게 되었다. 최일용, ≪청도마을지명유래지≫, 청도문화원, 1996. p.313 인용.

- **김맹** 〈문과〉편에서 찾아볼 수 있으며, 군의 북쪽 수야산 술좌에 있다. 함허정 홍귀달이 비문을 지었으며, 점필재 김종직이 묘지문을 지었다.[165)

    金孟 見文科篇, 墓在郡北水也山戌坐. 涵虛亭洪貴達撰碑, 文佔畢齋金宗直撰誌.

- **김대유** 〈학행〉편에서 찾아볼 수 있으며, 군의 동쪽 삼족당 북쪽 금곡산에 있다.

    金大有 見學行篇, 墓在郡東三足堂北金谷山.

누정 樓亭

- **청덕루** 객관의 동쪽에 있다.[166) 고려 지군사 최안을이 지었다. 전록생[167)은 자가 맹경, 호는 야은이며 본관은 담양이다. 고려 보리공신이며 예문관 대제학을 지냈으며, 시호는 문명이다. 청덕루에 대해 다음의 시를 남기었다.

廨宇崇崗底	언덕 아래 높다란 관아,
危樓壓上頭	솟은 누각 머리 위를 누르네.
半空有平地	허공 반절에 평지가 있어,
炎夏似凉秋	한여름에도 서늘한 가을 같네.
民力元無借	백성의 힘 본디 빌리지 않았으니,

---

165) 〈집의 김맹 묘갈명〉: "아아 공은 뛰어났습니다. 자기의 분수를 잘 지키시고, 또한 이를 널리 펼쳤습니다. 효성이 지극했으며, 또한 우애가 있었습니다. 스스로를 잘 다스리고, 조용하게 세상을 사셨습니다. 뜻하지 않게 벼슬길에 올랐으나 오랫동안 청렴한 정랑으로 남았습니다. 돌아와서는 깨끗하고 조용하게 지내시면서 북두칠성처럼 몸을 바로 세우셨습니다. 전원생활을 즐기면서 아내가 집안을 잘 다스려 많은 공적을 이루었습니다. 널리 후의를 베풀었으며, 혼자 배불리 먹지 않았으니 그 보답은 마땅히 뒤에 따라왔습니다. 한 나라를 가슴에 품을 만한 그릇이기에 일찍 뜻을 세워 크게 이루었습니다. 지혜를 바탕으로 좋은 일을 하도록 권유하였으며, 여기 부부 함께 합장을 하였습니다. 서로 도와 굳건하게 할지니 분명하게 기록하여 영원히 후세에 전하고자 한다." 이종옥 외, ≪국역 청도문헌고≫, 강산애드, 2009, p.125 인용.

166) ≪오산지≫의 기록에 따르면, 청덕루 옛터는 북문 안 서쪽 모퉁이의 연못가에 있다고 전하고 있다. 그러면서 소주를 달아 ≪승람≫에 객관의 동쪽에 있다는 것은 잘못된 것이다라고 지적하고 있다. 여기서의 ≪승람≫이란 ≪신증동국여지승람≫ 또는 ≪동국여지승람≫을 말한다. 이중경, ≪譯註鰲山誌≫, 明心出版社, 2003, p.31 인용.

167) 다른 기록에는 자는 맹경(孟耕), 야은(壄隱)으로 기록되어 있다.

樓名果不浮	누각의 이름 과연 헛되지 않도다.
何須論四景	굳이 사방 경치 논할 것 있으랴,
淸德說崔侯	청덕이란 이름 최공168)을 말함이라.

○권근 호는 양촌이며 김해169)로 귀양 갈 적에 청덕루에 올라 시를 지어 (그 시를) 편액으로 걸었다.170) ○이언적 자는 복고, 호는 회재이며, 본관은 여주이다. 중종조 문과에 급제하였다. 시호는 문원이다. 문묘에 배향되었다. 그는 청덕루에 다음의 시를 남기었다.

綠酒對靑眼	녹주는 반가운 눈길과 마주하고,
紅塵欲白頭	속세에 머리털은 희어졌네.
郊平烟十里	평평한 교외 연기 십 리에 퍼지고,
樓古月千秋	옛 누대에 달빛 천 년을 비추었네.
雲嶺尋無日	운문산 찾을 날도 기약하지 못하고,
萍蓬跡似浮	내 자취는 부평초처럼 떠도네.
徘徊慕淸德	청덕을 흠모하며 서성이니,
留詠有孫侯	시를 남긴 분 중에 손공이 있네.171)

---

168) 최공(崔侯): 청덕루(淸德樓)는 ≪동국여지승람(東國輿地勝覽)≫에 의하면 고려시대 지군(知郡) 최안을(崔安乙)이 세웠다고 전해진다. 한국학중앙연구원 제공, [향토문화전자대전] 인용.

169) 권근(權近): 본관은 안동이며, 자는 가원(可遠)·사숙(思叔), 호는 양촌(陽村), 시호는 문충(文忠), 초명은 진(晉)이다. 1367년(공민왕 16) 성균시(成均試)를 거쳐 이듬해 문과에 급제, 춘추관 검열이 되고, 우왕(禑王) 때 예문관응교(藝文館應教), 좌사의대부(左司議大夫)를 거쳐, 성균관 대사성, 예의판서(禮儀判書) 등을 역임하였다. 창왕(昌王) 때 좌대언(左代言), 지신사(知申事)를 거쳐 밀직사첨서사(密直司僉書事)로 명나라에 다녀왔다. 1375년(우왕 1) 박상충(朴尙衷), 정도전(鄭道傳), 정몽주(鄭夢周)와 같이 친명정책(親明政策)을 주장하여 원나라 사절의 영접을 반대하였고, 1389년(창왕 1) 윤승순(尹承順)의 부사(副使)로서 명나라에 다녀올 때 가져온 예부(禮部)의 자문(咨文)이 화근이 되어 우봉(牛峯)에 유배되었다가 영해(寧海), 흥해(興海), 김해(金海) 등지로 이배(移配)되었다. 1390년(공양왕 2) 이초(彛初)의 옥(獄)에 연루되어 또다시 청주(淸州)에 옮겨졌다가 풀려났다. 경북도청 제공, [경북을 빛낸 인물] 인용.

170) "날 저문데 다락에 오른 객이(日暮登樓客), 성취한 일 없이 늙어만 가네(蹉跎欲白頭). 나무에 부는 바람 비를 보낼 듯하고(樹風如送雨), 보리는 벌써 익어 가네(麥氣已生秋). 가을이 오랬으니 지영이 뛰어나고(邑古坤靈秀), 산이 비껴 있어 黛色을 띄웠네(山橫黛色浮). 流離 하다가 도리어 자리를 얻었네, 청안에 어진 원이 있구나(靑眼有賢侯)." 청도군, ≪청도군지≫, 구일출판사, 1991, p.789 인용.

○최원우의 기문이 있다.172) ○임진왜란 때 병화에 불타 없어진 뒤 지군 권일이 중건하고 옛 선현의 시문을 현판에 새겨 걸었다. 관찰사 이관징이 편액의 글씨를 썼으며, 짧은 서문도 적었다.

淸德樓 在客館東. 高麗知郡事崔安乙建. 田祿生字孟卿, 號野隱潭陽人. 麗輔理功臣, 藝文大提學, 諡文明. 曾有詩:"廂宇崇崗底, 危樓壓上頭. 半空有平地, 炎夏似凉秋. 民力元無借, 樓名果不浮. 何須論四景, 淸德說崔侯". ○權近號陽村謫金海, 登樓賦詩揭板. ○李彦迪 字復古號晦齋驪州人. 中宗朝文貫成, 諡文元, 享文廟173). 有詩:"綠酒對靑眼, 紅塵欲白頭. 郊平烟十里, 樓古月千秋. 雲嶺尋無日, 萍蓬跡似浮. 徘徊慕淸德, 留詠有孫侯". ○崔元祐有記. ○壬亂蕩廢其後, 知郡權佾重建. 以古賢題詠揭板, 觀察使李觀徵書額, 仍作小序.

◦ **청향루** 북문 안쪽에 있었으나 지금은 없어졌다.

淸香樓 在北門內今廢.

---

171) ≪晦齋集·古詩·今詩≫⟨次淸道淸德樓韻 示主人李使君煥⟩
172) ≪청도문헌고≫에 따르면, 기문이 있었으나 전란 때 잃어버렸고 이 누도 없어졌다고 한다. (청도문화원, p.38) 참조.
173) 유네스코 세계문화유산인 경주 양동마을 태생으로 유학자로서 최고의 영예인 문묘 종사와 조선왕조 최고 정치가의 영예인 종묘 배향을 동시에 이룬 6현 중 한 명이다. (이들 6현은 이언적, 이황, 이이, 송시열, 박세채, 김집이다.) 1569년 종묘의 명종 묘정에 배향되어 종묘배향공신이 되었다.

◦ **운수정** 군의 동쪽 55리 지점에 위치하고 있으며 삼족당 김대유가 머무르던 곳으로 지금은 폐하였다. 명사의 시문이 있었으나 병화로 소실되었다.

雲水亭 在郡東五十五里, 三足堂金大有所卜今廢. 有名人題詠失於兵燹.

[운수정]174)

---

174) 한국학중앙연구원 제공, [한국향토문화전자대전·디지털청도문화] 인용.

◦ **영귀루** 자계서원을 문루이다. 지군 황응규의 기문이 있다.

　詠歸樓 卽紫溪書院門樓. 知郡黃應奎有記.

[자계서원 영귀루]175)

◦ **삼족당** 우연 위에 위치하고 있으며, 김대유가 거처하던 곳이다. 방계 후손인 참봉 김용희가 중수하였다.

　三足堂 在愚淵上金大有棲息地, 傍後孫參奉容禧重修.

◦ **소요정** 군의 동쪽 선호 위에 위치하고 있다. 강산의 절경이 매우 뛰어나 군의 동변쪽 명소가 되었다. 소요당 박하담이 은거하던 곳이다. 그의 자손들이 수리하고 정비하여 옛 모습 그대로 당당히 남아있다.

　逍遙亭　在郡東仙湖上, 江山絶勝爲郡東名區. 逍遙堂朴河淡杖屨176)所. 子孫修輯依舊傑然.

---

175) 한국학중앙연구원 제공, [한국향토문화전자대전·디지털청도문화] 인용.
176) 장구(杖屨): 지팡이와 짚신을 아울러 이르는 말로 이름난 사람이 머물러 있던 자취를 비유적(比喩的)으로 이르기도 한다.

◦ **삼우정** 임당리에 있으며 부사 박경신177)이 유거지이다.

　三友亭 在林塘里, 府使朴慶新退居地.

◦ **이모정** 군의 동쪽 50리 지점에 있으며 제우당 박경전이 지었다.178)

　二慕亭 在郡東五十里悌友堂朴慶傳所築.

[이모정 전경]179)

◦ **눌연정** 눌연 위에 있으며 정민도가 강학하던 곳이다. 눌연정에 관해 자작한 시가 있다.

---

177) 본문 〈원종훈(原從勳)〉편에서 찾아볼 수 있다.
178) 이모정(二慕亭): 임진왜란이 일어나자 창의하여 의병대장으로 활약한 제우당(悌友堂) 박경전(朴慶傳) 선생을 위한 정자로서 나라에 충성하고 부모에 효도한 것을 사모한다는 뜻으로 이모정(二慕亭)이라 부른다. 이 정자는 원래 운문면 순지리 뒤 산록계곡에 세워져 제우당 박경전 선생의 만년을 보내는 곳이었는데 1922년 이곳으로 이건하여 하당은 제우당의 동생인 박경준(朴慶俊) 선생을 추모하기 위한 재사로 상우재(尙友齋)라 한다. 청도문화원, 《청도문화 서원·재실·정자》, 강산애드, 2001, p.224 인용.
179) 한국학중앙연구원 제공, [한국향토문화전자대전·디지털청도문화대전] 인용.

鑑心莫若爾深淵	마음을 비추는데 이만한 심연 없고,
處訥居愚以是傳	말없이 우둔하게 지내며 세상에 도를 전하네.
時向淵心發浩歎	때로 깊은 마음에서 탄식 터져나오나,
何如上聖欲無言	어찌하겠는가 위대한 성인도 말씀 없으셨으니.

訥淵亭 在訥淵上, 丁敏道講學之所. ○自詩: "鑑心莫若爾深淵, 處訥居愚以是傳. 時向淵心發浩歎, 何如上聖欲無言.".

◦ **군자정** 유등연지 위에 위치하고 있다. 진사 이육이 물러나 이곳에 머무르며 연못을 파고 연꽃을 심고 정자를 지어 거처하였다. 후에 폐허가 되었는데, 자손이 중건하고 먼 곳과 가까운 유생들이 계를 결성하고 강학하였으며, 회당 장석영의 기문을 지었다.
君子亭 在柳等蓮池上. 進士李育退居于此, 鑿池種蓮築亭棲息. 後廢子孫重建, 遠近章甫設稧講學, 晦堂張錫榮記.

[유등 연지 군자정][180]

---

180) 한국학중앙연구원 제공, [한국향토문화전자대전·디지털청도문화대전] 인용.

○ **만화정** 선호에 있으며 운강 박시묵의 별당이다. 운강은 만화정에 대해 다음의 시를 남기었다.

樓下眞源活水深	누각 아래 근원의 깊은 물 흐르고,
烟霞十里見晴陰	안개와 노을은 십 리 맑음과 흐림을 드러내네.
不妨斂跡隨時遯	자취를 감추고 시세 은거함에 거리낄 것이 없고,
祇可忘形盡日吟	형체를 잊고 온종일 시를 읊을 뿐이네.
半世浮雲誰富貴	뜬구름 같은 반평생, 누가 부귀를 누렸는가?
一川明月我胷襟	한 줄기 맑은 달빛이 내 가슴을 적히네.
是非不到空山裏	시비가 없는 이 빈 산속에,
魚在于淵鳥在林[181]	고기는 깊은 못에 새는 숲에 있구나.

[만화정 전경][182]

---

[181] 한국고전번역원 한국고전종합DB 제공, 《운강집 雲岡集·卷之一·詩》〈萬和亭〉에 따라 둘째 구 '復'을 '見'으로, 셋째 구의 '未'를 '不'로 바꾸어 해석하였다.
[182] 한국학중앙연구원 제공, [한국향토문화전자대전·디지털청도문화대전] 인용.

萬和亭 在仙湖上雲岡朴時默別墅, 有詩:"樓下眞源活水深, 烟霞十里見晴陰. 不妨斂跡隨時趣, 祇可忘形盡日吟. 半世浮雲誰富貴, 一川明月我胷襟. 是非不到空山裏, 魚在于淵鳥在林."

○ **세심대** 만화정 뒤 운강 박시묵이 은거하던 곳으로 운강은 세심대에 대해 다음의 시를 남기었다.

如斗山阿一小臺	북두처럼 솟은 언덕 작은 정자,
不門不壁洞然開	문도 벽도 없이 탁 트여 열려있네.
當春風引中和入	봄바람 맞아 중화의 기운 스며들고,
到夜星從太極來	밤 되면 별빛 태극에서 내려오네.
邵氏空樓形自在	소씨183) 빈 누각처럼 그 형상 자유롭고,
蘇家虛戶制同裁	소씨 텅 빈 집184) 같이 지어진 듯하네.
最憐一帶澄泓水	가장 사랑스러운 것은 한 줄기 맑은 물인데,
爲洗翁心滾滾回185)	늙은이 마음을 씻어내듯 소용돌이치며 돌아 흐르네.

洗心臺 在萬和亭後雲岡朴時默杖屨之所, 有詩:"如斗山阿一小臺, 不門不壁洞然開. 當春風引中和入, 到夜星從太極來. 邵氏空樓形自在, 蘇家虛戶制同裁. 最憐一帶澄泓水, 爲洗翁心滾滾回."

○ **일취정** 백곡리에 있으며, 군수 김용복이 쉬며 머물던 곳이다. 대나무와 소나무를 심

---

183) 소씨(邵氏): 중국 북송의 소옹(邵雍, 자는 요부)의 거처 안락와(安樂窩)를 가리킨다. 소씨의 빈 누각은 자연과 조화를 이루며 살았던 그의 철학적 삶의 공간을 가리킨다.

184) 소가(蘇家): 중국 북송의 소식과 그의 동파초당을 가리킨다. 빈 집(虛戶)은 소식의 소박한 삶과 청빈함, 문인의 은둔과 고상한 지향을 뜻하며 시의 작가는 그와 같은 방식의 은둔 공간과 정신을 계승하고자 하는 태도를 보여주는 대목이다.

185) ≪운강집·권1·詩≫〈洗心臺〉:"如斗山阿一小臺, 不門不壁洞然開. 當春風引中和入, 到夜星從太極來. 邵氏空樓形自在, 蘇家虛戶制 同裁. 最憐一帶澄泓水, 爲洗翁心滾滾回.","此地精明起此, 堪輿一氣到頭. 小軒交互峯腰, 細浪渟泓水面. 衣冠每掛松園, 筇屐頻移石逕. 今日洗心明日, 朝陽出去夕陽."

고, 돌을 끌어다 인공산을 조성하였으며, 녹수 그늘 기이한 형태를 이루어 아득하게 세속을 벗어난 듯한 풍치가 있다.

一翠亭　在栢谷里, 郡守金容復遊息地. 種竹植松, 引石造山, 樹陰奇形, 迢然有物外風致.

제영 題詠

◦ **이달** 호는 손곡, 홍주 사람이다. 그는 다음의 시를 남기었다.

旅舍不堪黃葉落	객관에 지는 누런 잎 마주하기 어려워,
暮天遙望白雲飛	저물녘 흘러가는 흰 구름 바라보네.
沙梁鴈下寒江渚	모래톱엔 기러기 내려앉고 강물은 차갑고,
門巷烟生苦竹扉[186]	연기 피는 골목 대나무 싸리문 쓸쓸하기만 하네.

李達 號蓀谷, 洪州人. 有詩: "旅舍不堪黃葉落, 暮天遙望白雲飛. 沙梁鴈下寒江渚, 門巷烟生苦竹扉.".

유현 儒賢[187]

◦ **김일손** 자는 계운, 호는 탁영이고, 본관은 김해이다. 〈효자〉편 극일의 손자이자 문과에 급제한 맹의 아들이며 점필재의 문도이다. 성종 시기 생원, 진사시, 문과에 합격한 뒤 한림직(홍문관 박사)을 지냈으며, 도학에 정통하며 문장은 넓고 컸다. 성화 연간 경술년(1490) 연경 사신으로 가 ≪소학집설≫을 예부원외랑 정유에게 얻어 귀국한

---

[186] ≪海東繹史卷第四十九≫・〈題淸道李蓀谷詩集卷之四家〉: "南來數月計多違. 節序如流已授衣. 旅舍不堪黃葉落. 暮天遙望白雲飛沙梁鴈下寒江渚門衖烟生苦竹扉唯有同來野僧在病吟相對說."
[187] 유현(儒賢): 도학이 한세상 으뜸이 되는 사람. 오병무 역, ≪국역 조선환여승람: 남원≫, 두레 출판 기획, 2000, p.293 인용.

뒤 간행하여 널리 유포하였다. 중국 사람은 그를 '동국의 한창려[188]'라 불렀으며, 무오사화로 화를 입었다. 중종조에 다시 복관되었다. 순조 연간에 이조판서로 추증되었으며, 시호는 문민이며 자계서원에 배향되었다. 우암 송시열이 문집의 서문을 지었다.

金馹孫 字季雲, 號濯纓, 金海人. 孝子克一孫, 文科孟子, 佔畢齋門人. 成宗朝生進文翰林, 道學純熟文章灝噩. 成化庚戌, 赴燕京得≪小學集說≫於禮部員外程愈歸而刊布. 華人稱以'東國韓昌黎'戊午禍. 中廟朝復官. 純祖朝贈吏判, 諡文愍, 享紫溪院, 尤菴宋時烈作文集序.

학행 學行[189]

○ **김대유** 자는 천우, 호는 삼족당이다. 〈유현〉편 일손의 조카이다. 중종 때 진사가 되고 문과에 급제한 뒤 (사간원의) 정언을 지냈다. 효성과 우애가 돈독하고 학문 또한 심오하여, 정암 조광조와 남명 조식 등의 여러 유현에게 추앙받았다. 운문산 우연 위에 집을 짓고, '삼족당'이라 이름붙이고 고기 잡고 사냥하는 것을 스스로의 즐거움으로 삼았다. 율곡 이이가 삼족당의 서문을 지었다.

金大有[190] 字天佑, 號三足堂, 儒賢馹孫姪. 中廟朝進文正言. 孝友敦純篤學問深. 遂爲趙靜菴曺南冥諸賢之推重. 築室於雲門山愚淵上, 扁以'三足'漁獵自娛. 栗谷李珥作三

---

[188] 한창려(韓昌黎): 중국 당(唐)을 대표하는 문장가이자 사상가인 한유이다. 당송 8대가(唐宋八大家)의 한 사람으로 자(字)는 퇴지(退之), 호는 창려(昌黎)이며 시호는 문공(文公)이다.

[189] 학행(學行): 학문과 덕행이 세상의 사표가 되는 사람. 오병무 역, ≪국역 조선환여승람: 남원≫, 두레 출판기획, 2000, p.293 인용.

[190] ≪청도문헌고≫: "본관은 김해이며, 동창 김준손의 아들로 스스로 호를 삼족당이라 하였다. 중종 때 진사시에 합격하였으며, 뒤에 행의가 훌륭하다고 하여 유일로 천거되어 직장에 제수되었다가 다시 현량과에 천거되었다. 기개와 도량이 보통 사람을 뛰어넘고 지식이 밝아 호조 정랑으로 옮겼다가 정언에 제수되었으나 사직하고 고향으로 돌아왔다. 뒤에 칠원 현감으로 부임하여 3개월이 지나자 교화가 널리 행해져서 고을 사람들이 신과 같이 여겼다. 벼슬을 마치고 돌아와서는 운문천의 우연에다 집을 짓고 스스로 호를 지어 삼족이라 하였다. 을사년에 복과하여 전적이 제수되었으나 나아가지 않았다. 명종 초에 같은 인사들을 모두 서용하였으나 끝내 나아가지 않았다. 남명 조식이, '일을 처리하는 국량이 크고 깊었으니 사물마다 그 인이 미쳤고, 언론이 격앙하였으니 그 의리가 아주 굳세었다. 착함을 좋아하면서도 홀로 착함에만 그치고, 널리 구제하려 했으나 자신을 구제하는데 그쳤다.'라고 하였다." (청도문화원, 2009, p.154)

足堂序.

○ **박하담** 자는 응천, 호는 소요당이며 본관은 밀양이다. 퇴암 승원의 아들이다. 중조조에 진사가 된 뒤 기묘년(1519)[191] 현량과에 선발되었으나 부모님이 노쇠함을 이유로 벼슬에 나아가지 않았다. 운문산 눌연 위에 집을 짓고, '소요당'이라 이름 붙였는데, 기문[192]에 다음과 같이 쓰고 있다. "옛사람이 말한 소요란, 반드시 세속 밖 광막한 땅에 있는 것이 아니다. 마음, 본성, 몸의 작용이 온전히 갖추어지고, 이기와 동정의 오묘함에 이르면, 저절로 즐거운 터전이 있게 된다고 하였다." 도신[193]이 조정에 그를 천거하며 이렇게 말하였다. "행동은 염경(염옹)과 민자건[194]과 견줄만하고 학문은 정주[195] 계승하였으며, 세 번 불렀어도 나아가지 않았다." 문집[196]이 전해지며, 우연서원[197]과 선암서원[198]에 제향되었다.

朴河淡 字應千, 號逍遙堂, 密城人. 退巖承元子. 中廟朝進士己卯被賢良選以親老不赴.
築室於雲門山訥淵上揭以逍遙有記曰: "古人逍遙, 未必在物外廣漠之鄕. 心性體用之

---

[191] 한국학자료통합플랫폼 제공, [한국의 과거급제자]에 따르면, 박하담은 1516년(중종 11) 병자 식년시 생원 3등 13위라고 기록되어 있다. 본문의 '기묘년(1519)'과 차이점이 있다.

[192] ≪溪堂先生文集≫ 卷十四 〈掌隸院司評逍遙堂朴先生行狀〉에서 찾아볼 수 있다.

[193] 도신(道臣): 조선(朝鮮) 시대(時代)에 둔, 각(各) 도(道)의 으뜸 벼슬. 그 지방(地方)의 경찰권(警察權)·사법권(司法權)·징세권(徵稅權) 따위의 행정(行政)상(上) 절대적(絶對的)인 권한(權限)을 가진 종이품(從二品) 벼슬로, 도관찰출척사(都觀察黜陟使)를 세조(世祖) 12년(1466)에 고친 것이다.

[194] 염경과 민자건(冉閔): 공자는 자신의 제자 중에서 안연·민자건·중궁·염백우(염경)을 덕행이 가장 뛰어난 제자로 꼽았다.

[195] 정주(程朱): 송나라(宋)의 유학자(儒學者) 정호(程顥)·정이(程頤) 형제(兄弟)와 주희(朱熹)를 아울러 이르는 말.

[196] ≪소요당선생일고(逍遙堂先生逸稿)≫이다.

[197] 우연서원(愚淵書院): 금천면 신지리로 옮겨 선암서원(仙巖書院)에 1609년(광해군 1)에 눌연 정민도 선생이 우연서원을 수리하여 삼족당 김대유, 경재 곽순과 함께 배향되고 있다고 전해지고 있다. 한국학중앙연구원 제공, [한국역대인물 종합정보시스템] 인용.

[198] 선암서원(仙巖書院): 동창천의 맑은 물이 굽이쳐 흐르는 기슭에 자리 잡은 이곳에는 삼족당 김대유(三足堂 金大有) 선생과 소요당 박하담(逍遙堂 朴河淡) 선생을 향사하는 곳이다. 초창은 매전 동창(東倉)에 건립한 운수정(雲樹亭)에서 두 선생이 돌아가신 후 1568년(선조 1)에 위패를 모시고 향사를 받들어 오던 것을 1577년(선조 10) 군수 황응규(黃應奎)의 주선으로 사우를 선암으로 옮겨 선암서원으로 이름을 고치고 봉향하였다. 그러나 1868년(고종 5) 서원 철폐령에 의해 훼철되고 지금의 건물은 1878년 소요당의 후손인 박형묵(朴衡默), 박재형(朴在馨) 등에 의해 중창되었다. 청도문화원, ≪청도문화 서원·재실·정자≫, 강산애드, 2001, p.259 인용.

全, 理氣動靜之妙, 自有樂地云云."[199] 道臣薦于朝曰: "行擬冉閔, 學述程朱, 三徵不起.". 有文集, 享愚淵院仙岩院.

○ **박하징** 자는 성천, 호는 병재이다. 충숙공 박천익[200]의 후손이다. 8세에 《대학》을 통달하고 삼족당 김대유, 남명 조식, 청송 성수침 등의 여러 유현과 도의의 교분을 맺었다. 회재 이언적과 퇴계 이황 두 선생이 그를 덕을 이룬 인물이라 칭찬하였다. 효행으로 천거되어 교관이 되었고, 벼슬은 형조참의에 이르렀다.[201] 사후에 호조판서로 추증되었으며, 명동사에 제향되었다.

 朴河澄[202] 字聖千號甁齋. 忠肅公天翊后. 八歲通大學與金三足堂曹南冥成聽松諸賢爲道義交. 晦齋退溪兩先生許以成德孝薦敎官, 官至刑參. 贈戶判, 享明洞祠.

○ **박태고** 자는 생만, 호는 경양재이며, 본관은 밀양이다. 〈유일〉편 박지현의 아들이며, 우암 송시열의 문도이다. 숙종 시기 사마시에 합격하였으며, 학행으로 천거되어 준원전 참봉과 장녕전 참봉에 제수되었다. 한포재 이건명과 소재 이이명과 함께 교유하며

---

[199] 《溪堂先生文集・卷之十四》〈掌隷院司評逍遙堂朴先生行狀〉에 전해진다. "(중략)以逍遙扁其堂. 蕭散以自暢. 爲之記以見志. 略曰古人逍遙. 未必在物外廣漠之鄕. 名敎中自有樂地. 心性體用之全. 理氣動靜之妙. 默契于方寸. 曲暢而旁通焉. 所謂鳶飛魚躍光風霽月盡在此. 對山水驗太極成象. 看花草想造物生意. 此吾逍遙之樂. 所以養吾沖和之心. 金三足先生大有愚淵沿水下. 郭警齋先生珣孔巖在水上. 皆數里. 日過從. (중략)"

[200] 박익(朴翊): 본관은 밀성(密城)이며, 자는 태시(太始), 호는 송은(松隱)이다. 초명은 박천익(朴天翊)이다. 1352년(공민왕 2) 과거에 급제하여 소감・예부시랑・중서령・세자이사・예문춘추관직제학 등을 역임하였다. 외직으로는 동북면도지휘사 이성계(李成桂)의 막하에서 홍건적과 여진족 토벌에 전공을 세웠고, 우왕 때도 이성계를 도와 왜구 토벌에 공을 세웠다. 박익은 조선이 개국하자 두문동(杜門洞)의 귀은재(歸隱齋)로 들어가 은거하였다. 1395년(태조 4) 태조가 공조판서・형조판서・예조판서・이조판서를 제수하며 불렀으나 모두 거절하였고, 이듬해인 1396년 좌의정을 제수하였지만 나아가지 않았다. 박익은 이후 고향인 밀양에 은거하며 지내다가 1398년(정종 즉위년) 사망하였다. 한국학중앙연구원 제공, [향토문화전자대전] 인용.

[201] 다른 기록에 따르면, 관직으로 교관・습독 등에 올랐으며, 1515년(중종 10) 통훈대부에 제수되어 사간원 정언에 올랐다. 1519년(중종 14) 관직에서 물러나 낙향하여 학문에 전념하였다고 전한다. 한국학중앙연구원 제공, [향토문화전자대전・디지털청도문화] 인용.

[202] 《청도문헌고》: "본관은 밀양이며, 봉사 건(乾)의 아들로 호는 병재이다. 형인 소요당 하담, 성와 하청과 더불어 삼족당 김대유를 따라 도의를 갈고 닦았다. 귀일곡의 수석을 사랑하여 그 곳에 자리잡아 집을 짓고 살았으므로, 자손들이 이곳을 제사 지내는 곳[尸祝之所]으로 삼았다. 만구 이종기가 지은 『명동실기(明洞實紀)』가 있다."(청도문화원, 2009, p.155)

시문을 주고받은 것이 많았다. 종형 박사고, 박상고와 함께 사계 김장생 선생의 억울함을 풀기 위해 상소를 올리기도 하였다. 그가 졸하였을 때, 한포재가 지은 만사203)에 다음과 같이 기록하고 있다.

北闕天恩重	북궐 임금의 은혜 두터웠으나,
南州吾道喪	남녘 고을 우리의 도는 끊어졌네.
二胤能家業	두 아들이 가업을 잘 이어가니,
月明古紫陽	밝은 달처럼 옛 자양의 도가 비추고 있네.

사후에 지산서원204)에 배향되었다.

朴太古205) 字生晚, 號景陽齋, 密陽人. 遺逸之賢子, 尤庵門人. 肅宗朝進士學薦濬源殿叅奉, 又除長寧殿參奉. 從寒圃齋李健命, 疏齋李頤命多有唱酬, 與從兄師古尙古爲沙溪先生辨誣上疏. 及卒寒圃齋有挽曰: "北闕天恩重, 南州吾道喪. 二胤能家業, 月明古紫陽.". 追配芝山院.

---

203) 만사(輓詞): 만장(輓章)이라고도 한다. 만(輓)이란 앞에서 끈다는 뜻으로 상여가 떠날 때 만장을 앞세워 장지로 향한다는 뜻에서 만장이라고 부르며, 망인이 살았을 때의 공덕을 기려 좋은 곳으로 갈 것을 인도하게 한다는 뜻도 담겨 있다.

204) 지산서원(芝山書院): 청도군 이서면 신촌동 자양산하에 자리잡고 있는데 1844년(헌종 10)에 창건하여 4현을 향사하여 오던 중 1868년(고종 5)에 있었던 대원군의 서원 훼철령에 의해 훼철되고 당시 사재인 영모재(永慕齋)를 매수하여 지산서원(芝山書院)으로 하고 옆에 상청사(尙淸祠)를 지어 오늘에 이르고 있다. 이 서원에서 향사한 4현은 학구하여 도학의 이름이 높았던 유현들로서 일청재 박호(朴虎) 선생(두촌 박양무 선생의 5세손), 모효재 박지현(朴之賢) 선생(일청재 박호 선생의 현손으로 우암 송시열 선생의 문인), 경양재 박태고 선생(박지현 선생의 아들), 죽옹 박중채(朴重采) 선생(경양재 박태고 선생의 아들)이다. 청도문화원, ≪청도문화 서원·재실·정자≫, 강산애드, 2001, p.189 인용.

205) ≪청도문헌고≫: "본관은 밀양이며, 모효재 박지현의 아들로 호는 경양재이다. 우암 송시열의 문인이다. 숙종 때 진사로 천거되어 예원전·장녕전 참봉에 제수되었다. 한포재 이건명·소재 이이명과 더불어 시를 지어 주고받았으며 사계 김장생을 소를 올려 변호하였다. 직무를 보던 곳에서 돌아가시자 한포재가 만사를 지어 말하기를 '임금님의 은혜를 무겁게 입었는데 남쪽 고을에 유교의 도가 없어졌다.'고 하였다. 문집이 있으며 입재 송근수가 행장을 지었다. 지산사에 향사되었다."(청도문화원, 2009, p.159)

유일 遺逸[206]

◦ **박하청** 자는 '희천'[207], 호는 '성와'이며 본관은 밀양이다. 〈학행〉편 박하담의 동생이며 은거한 예조정랑이다. 13세에 맏형 소요당 박하담의 화병의 시를 보고 이에 화답하였다.

畫來松與竹	그림에는 소나무와 대나무가 있고,
交映此中間	이 가운데 서로 비추네.
溪邊雙白鷗	시냇가 기러기 한 쌍 있고,
飛過雨後山	비가 그친 뒤 산으로 날아가네.

그 시를 보고 의미에 대해 다음과 같이 말하였다:

非浩然藏伏	호연히 은거하고 숨어 지낸 것이 아니라,
以畜德禔躬終老	덕을 기르고 몸가짐 바로 하여 평생 살아가기 위함이네.

유고는 ≪기묘록≫에 전해진다.

朴河清 字希千, 號城窩, 密城人. 學行河淡弟. 逸禮郎. 十三和伯氏逍遙堂畫屏詩曰: "畫來松與竹, 交映此中間. 溪邊雙白鷺, 飛過雨後山."[208], 見時義曰: "非浩然藏伏, 以畜德禔躬終老." 有遺稿, 載≪己卯錄≫[209].

---

[206] 유일(遺逸): 세상을 은둔하되 민망함이 없고 문학이 순정한 사람. 오병무 역, ≪국역 조선환여승람: 남원≫, 두레 출판 기획, 2000, p.293, 인용.

[207] 희천(希千): 응도(應圖)로 자를 표기한 기록도 있다. ≪十四義士世系圖≫에는 희천으로 기록되어 있다.

[208] ≪晚求先生文集≫卷之十四·墓碣銘·〈城窩朴公墓碣銘〉에 전해진다. "(중략)年十三見伯氏逍遙堂畫屏詩, 輒和之曰畫來松與竹. 交映此中間. 溪邊雙白鷺. 飛過雨後山. 弟瓶齋小公一歲. 亦隨而和之. 及長力學不倦. 不求聞達. 官禮曹正郎. 己卯士禍後. 遂兄弟杜門. 講論經理. 其雪夜述懷詩曰世情猶可語. (중략)"

[209] 기묘록(己卯錄): 조선(朝鮮) 인조(仁祖) 17년(1639)에 실학자(實學者) 김육(金堉)이 쓴 책(册). 중종(中宗) 14년(1519) 기묘사화(己卯士禍)에 관련(關聯·關連)된 사람들의 전기(傳記)를 수록(收錄)하였다. 1책(册)의 목판본(木版本). 박하청은 기묘사화가 일어나자 관직을 포기하고 두문불출하면서 삼족당 김대유·청송

◦ **박맹문** 호는 호재이며 본관은 밀양이다. 성조 시기 문장과 인품이 뛰어나 순천교수에 천거되었으며 숭절사에 제향되었다.

朴孟文 號湖齋, 密陽人. 成廟朝以文行薦授順天教授, 享崇節祠.

◦ **정민도** 자는 덕소, 호는 눌연이며 본관은 나주이다. 좌랑 벼슬을 지냈고, 이조판서에 추증된 정세경의 손자이다. 지산 조호익과 함께 삼족당 김대유, 소요당 박하담을 사숙私淑하여 도의를 강마하고 후학을 계발하였다. 문장과 행실로 천거되어, 남학교수 겸 구읍 훈도에 제수되어 선비들이 공경하고 우러러보았다. 예조참의에 추증되었다.

丁敏道[210] 字德邵, 號訥淵, 羅州人. 佐郞贈吏判世卿孫. 與曺芝山好益, 金三足大有 朴逍遙河淡講磨道義啓發後學. 文行薦南學教授九邑訓導, 士林欽仰. 贈禮議.

◦ **김치삼** 자는 일지, 호는 도연정이다. 음사를 지낸 김대장의 손자이며, 한강 정구의 문도이다. 검간 조정, 참봉 이중경[211] 등과 도의의 교유를 하였다. 선조 시기 참봉에 제수되었으나 나아가지 않고 자신을 감추고 자연 속에서 은거하였다. 그의 문집[212]이 남아있다.

金致三[213] 字一之號道淵亭. 蔭仕大壯孫, 寒岡門人. 與趙黔澗靖, 李參奉重慶爲道義

성수침·경재 곽순·남명 조식 등과 도의로 교유하였다.

[210] ≪청도문헌고≫: "본관은 나주며, 판서 세경의 손자로 호는 눌연이다. 벼슬은 교수를 지냈다. 경서와 예의를 강론하여 글 읽는 풍습을 진작시켰다. 예조참의에 추증되었다." (청도문화원, 2009, p.169)

[211] 이중경(李重慶): 본관은 전의(全義). 자는 경숙(慶叔), 호는 수헌(壽軒) 또는 오대산인(梧臺散人)·봉옹(鳳翁)이다. 17세기 청도 지역에서 학덕과 문장으로 이름이 높았던 재지 사족 가운데 한 명이다. 이중경은 800편이 넘는 시(詩)와 산수 유기「유운문산록(遊雲門山錄)」, 그리고 연작 시조「오대어부가(梧臺漁父歌)」, 청도 지역 최초의 사찬 군지『오산지(鰲山誌)』등 다양한 분야에서 많은 작품을 남겼다. 한국학중앙연구원 제공, [한국향토문화대전] 인용.

[212] 김치삼은 집안의 화를 겪은 뒤라 애써 학문과 재주를 감추었고 저술을 남기는 것도 좋아하지 않았다. 그러나 선조의 맑은 기품과 고절이 사라지는 것을 그냥 보고 있을 수 없어 후손 김용희(金容禧)가 훼손된 나머지를 수습하고 정리하고 부록을 붙여『도연선생문집(道淵先生文集)』을 간행하였다. 한국학중앙연구원 제공, [향토문화전자대전] 인용.

[213] ≪청도문헌고≫: "본관은 김해이며, 탁영의 증손으로 호는 도연정이다. 한강 정구의 문인으로 임진왜란 때 묵간 조정, 진사 이광의와 함께 왜적을 방어하는 상소를 올려 나라를 걱정하고 충성을 도모하여 청사에 불꽃처럼 빛났다. 선조 병오년(1606)에 사마시에 합격하여, 사담시 참봉에 제수되었으나 오래지 않아 관직을 버리고 고향으로 돌아왔다. 일찍이 예로써 어리석음을 깨우치도록 설명하여 사문에서 추대하여 후하게

交. 宣廟朝除參奉不就, 韜晦林泉. 有文集.

◦ **이결**[214] 자는 자수, 호는 지암이며 본관은 재령이다. 한강 정구의 문도이며, 어려서부터 경서와 사서류에 통달하였고, 몸가짐에는 도가 있었다. 모친이 상을 당하자, 죽만 먹으며 여묘를 짓고 예법에 넘치도록 애통해하였는데 (결국) 몸이 상해 32세에 졸하였다.

李㓗 字子守, 號砥岩, 載寧人. 寒岡門人, 早通經史, 行己有道. 母喪歠粥廬墓, 哀毀逾制, 成疾而卒年三十四.

◦ **박적** 자는 화숙 호는 수모재이다. 〈학행〉편 박하징의 아들이다. 퇴계 이황의 문도이며, 〈제선생문〉을 남겼다. 효행으로 천거되어 순릉참봉에 제수되었다.

朴頔[215] 字和叔, 號守慕齋. 學行河澄子. 退溪門人有〈祭先生文〉. 孝行薦除順陵參奉.

◦ **이반** 자는 태소, 호는 모재이며, 본관은 고성이다. 용헌 이원의 후손이다. 마음을 가라앉히고 각고면려[216]하여 학문이 순수하고 돈독하였다. 임진왜란 당시 부모가 노쇠하여 의거에 나아가지 않았다. 그는 이에 대해 다음의 시를 통해 당시의 심경을 전하였다.

乾坤板蕩日	천지가 뒤흔들리는 날에,
忠孝兩全難	충과 효 둘 모두 지키기 어렵네.

대하였다. 운문에 있는 도연에다 집을 짓고 돌아가실 때까지 지냈다. 문집이 있다." (청도문화원, 2009, p.157)

[214] 이결의 결을 '潔'로 쓰인 기록도 있는데, ≪재령이씨족보≫에 다음과 '㓗'로 기록되어 있다. (㓗)
"初諱坤字子守號砥巖有孝行廬墓寒岡門人以文學重望爲儒林師標與李寶巖璣玉遊從於東岡守愚堂之門嘉靖辛酉生萬曆甲午卒墓在考墓下酉向原密菴裁撰碣○配固城李氏磐女墓合祔")

[215] ≪청도문헌고≫: "본관은 밀양이며, 병제 하징의 아들로 호는 수모재이며 퇴계의 문인이다. 여묘를 6년간 하여 효자로 참봉에 제수되었다." (청도문화원, 2009, p.158)

[216] 각고면려(刻苦勉勵): 어떤 일에 고생(苦生)을 무릅쓰고 몸과 마음을 다하여, 무척 애를 쓰면서 부지런히 노력(努力)함.

遂挈家入仁　　이내 가족 끌고 인곡[217]에 들어가,
谷以全之德　　그 덕을 온전히 지키고자 하네.

(그 후) 행의가 뛰어나 동중추에 천거되었다.

李礬[218] 字太素, 號慕齋, 固城人, 容軒原后. 潛心刻勵學問純篤, 壬亂以親老不赴義擧, 嘗有詩曰: "乾坤板蕩日, 忠孝兩全難. 遂挈家入仁谷以全之德." 行薦陞同中樞.

[구만산 이반굴 외부 사진][219]

---

217) 인곡(仁谷): 오늘날의 밀양시 산내면 인곡마을 일대를 말하는데, 이반이 전란을 피하여 숨었다는 곳은 밀양시 산내면과 청도군 매전면에 걸쳐있는 구만산의 한 바위굴이다. 1997년 후손 이종복 세운 비가 있다.

218) ≪청도문헌고≫: "본관은 고성이며, 모헌 육의 손자로 호는 모재다. 마음을 가다듬고 부지런히 노력하여 학문이 순수하고 독실하였다. 임란을 당하여서는 부모님이 늙어 의거에는 참가하지 않았으니 시를 지어 이르기를, '세상이 어지러울 때 충성과 효도를 모두하기 어렵구나.'라고 하고 마침내 가족들을 이끌고 인곡으로 들어가 보전하였다. 천거로 중추를 지냈다. 김영모가 지은 갈명이 있다." (청도문화원, 2009, p.157)

219) https://prosgpark.tistory.com/435 인용.

[구만산 이반굴 내부 사진][220]

[이반굴 유허지 비석 사진][221]

---

[220] https://prosgpark.tistory.com/435 인용.
[221] https://prosgpark.tistory.com/435 인용.

◦ **박담** 호는 용연이며 본관은 밀양이다. 한강 정구의 문도이다. 회연당222)에서 도를 강론하였으며, 의리가 탁월하였다. 정구 선생은 박담을 깊이 더 면려하며 말하였다. "우리 사림의 맥은 오직 여기에 있다." 선조 연간 첨정을 지냈으며 이조참의로 추증되었다.

朴譚223) 號龍淵, 密陽人. 寒岡門人. 講道於檜淵堂義理卓然. 先生深加勉勵曰: "吾林之緖, 惟在於此." 宣祖朝僉正贈吏議.

◦ **박규** 자는 계헌, 호는 황연이며 본관은 밀양이다. 참의 규연의 아들이다. 학문과 행실로 이름 높았으며, 은거한 덕행이 깊어 명망이 있어 사후 호조좌랑에 추증되었다.224)

朴珪 字季獻, 號黃硯, 密陽人. 叅議慶延子. 有學行隱德有望, 贈戶佐.

◦ **최형** 자는 군학, 호는 성재이며 본관은 경주이다. 〈효자〉편 최여준의 아들이다. 한강 정구의 문도이며 학문이 돈독하고 힘써 행하였다. 은거하며 덕을 쌓으며 벼슬에는 나아가지 않았다.

崔迥225) 字君學, 號誠齋, 慶州人. 孝子汝峻子. 寒岡門人篤學力行隱德不仕.

◦ **조성린** 자는 창서이며 본관은 함안이다. 내금위찰방을 지낸 조지경의 증손자이며, 한강 정구의 문도이다. 문학적 소양과 덕행으로 명망이 있었다.

趙成麟226) 字昌瑞, 咸安人. 察訪之瓊曾孫, 寒岡門人, 有文學德行.

---

222) 회연당(檜淵堂): 경상북도 성주군 수륜면 신정리 봉비암 아래 조선 중기의 문신이자 학자인 한강 정구의 학문과 덕행을 추모하기 위해 세운 회연서원이다.

223) ≪청도문헌고≫: "본관은 밀양이며, 부장 광신의 아들로 호는 용연이다. 일찍이 회연서원에서 강학을 하였는데, 한강이 더욱 열심히 노력하도록 격려하면서, '우리 사림의 실마리는 여기에 있다.'라고 하였다. 벼슬은 첨정을 지냈으며 이조참의에 추증되었다." (청도문화원, 2009, p.193)

224) 1853년 후손들이 선학(박규)를 추모하기 위해 건립한 재실인 황연재(黃硯齋)가 경상북도 청도군 금천면 섶마리 2길 15에 있다. 한국학중앙연구원 제공, [한국향토문화전자대전·디지털청도문화] 인용.

225) ≪청도문헌고≫: "본관은 경주이며, 경산 여준의 아들이다. 한강 정구의 문인으로 열심히 학문을 닦고 힘써 행하여 덕을 숨기고 벼슬길에 나가지 않았다." (청도문화원, 2009, p.170)

226) ≪청도문헌고≫: "본관은 함안이며, 참봉 윤적의 아들이다. 한강 정구를 사사하였는데 배운 것을 익히기에 태만하지 않았다. 견문과 학식이 고명하였으며 예절로써 수신제가를 근본으로 삼았다. 저술이 있었으나

◦ **최건** 자는 군립, 호는 경심재이며, 본관은 경주이다. 최형의 동생이다. 문학적 소양과 덕행으로 명망이 있었다. 인조 시기 훈도와 참봉에 제수되었다.
　崔建227) 字君立, 號警心齋, 慶州人. 逈弟. 有文學德行. 仁祖朝以訓導, 除奉參.

◦ **최원** 자는 군면, 호는 정재이며, 본관은 경주이다. 최건의 동생이다. 한강 정구의 문도로 문장과 학행이 뛰어나 사람들이 그를 '최씨 가문의 삼현'이라 불렀다.
　崔遠228) 字君勉, 號靜齋, 慶州人. 建弟. 寒岡門人, 以文學人稱崔門三賢.

◦ **예석훈**229) 자는 훈숙, 호는 독지당이며, 본관은 의흥이다. 수몽헌 예승석의 후손이다. 우암 송시열의 문도이며, 문학과 덕행으로 세간에 추앙되어 존중받았다.
　芮碩薰230) 字薰叔, 號獨知堂, 義興人. 守夢軒承錫后. 尤菴門人, 文學德行爲世推重.

◦ **박지현** 자는 자겸, 호는 모효재이며, 본관은 밀양이다. 우암 송시열의 문도이다. 숙종 연간 효행과 학문으로 천거되어 참봉에 제수되었으나 나아가지 않았다. 송시열 선생이 그의 효행을 가상하여 '모효'의 두 글자를 호로 주었으며 그의 재호齋號로 삼았다. 지산서원에 제향되었다.
　朴之賢231) 字子兼, 號慕孝齋, 密陽人. 尤菴門人. 肅宗朝以孝行文學薦, 除叅奉, 不

　 전하지 않는다." (청도문화원, 2009, p.170)
227) ≪청도문헌고≫: "본관은 경주이며, 회(逈)의 동생으로 호는 경심재이다. 참봉을 지냈다." (청도문화원, 2009, p.194)
228) ≪청도문헌고≫: "본관은 경주이며, 형(逈)의 아우로 호는 정재이다. 문학으로 명성을 크게 떨쳐 세상 사람이 높이 받들고 귀하게 여겼다." (청도문화원, 2009, p.170)
229) 현재 의흥 예씨 문중에서 독지당(獨知堂) 예석훈(芮碩薰)의 묘소를 수호하기 위해 1726년 건립한 재실 오사재(五思齋)가 있다. 경상북도 청도군 이서면 대전리 839에 위치한다. 한국학중앙연구원 제공,「향토문화전자대전」인용.
230) ≪청도문헌고≫: "본관은 의흥이며, 수몽헌 승석의 후손으로 호는 독지당이다. 처음에는 무과 출신이었으나 뒤에 가서 뜻을 바꾸어 책을 읽고 우암 송시열의 문하에서 학문을 닦았다. 우암을 따라 거제의 유배지까지 갔다." (청도문화원, 2009, p.159)
231) ≪청도문헌고≫: "본관은 밀양이며, 일청재 박호의 현손으로 우암 송시열의 문인이다. 숙종 때 천거되어 장릉 참봉에 제수되었으나 취임하지 않았다. 자양정사에 물러나 살면서 후학들을 가르쳤다. 우암이 그의 효행을 아름답게 여겨 '모효(慕孝)' 두 글자를 그의 호로 내려주고 그의 문인들에게 이르기를, '자겸은 나의

就. 先生嘉其孝以慕孝二字, 名其齋. 享芝山院.

○ **장방익** 자는 여간, 호는 이락재이며, 본관은 아산이다. 문익공 장성발의 후손이다. 은덕이 깊고 벼슬길에 나아가지 않았으며, 겸허하고 행실이 돈독하였다. 동생 방호, 방한과 함께 도를 강론하고, 후학을 이끌었다. 사림에서 존앙 받았고, 화계사에 향사 되었다.

蔣邦翼232) 字汝幹, 號二樂齋, 牙山人. 文翼公成發后. 隱德不仕, 高韜篤行. 與弟邦豪 邦翰講道訓迪. 士林尊仰享華溪祠.

○ **예수오** 자는 오서, 본관은 의흥이며, 예석훈의 아들이다. 가문의 가르침을 계승하여 학문이 넓고 문장에 능하였다. 박태고, 성만징 등의 여러 선비들과 함께 사계 선생의 억울한 누명을 벗기기 위한 상소문을 지었다.

芮秀五 字五瑞, 義興人, 碩薰子. 承襲庭訓博學能文. 與朴太古成晩徵諸公爲沙溪先生辨 誣疏.

○ **김은** 자는 대이, 호는 운곡이며, 본관은 김해다. 〈유현〉편 김일손의 후손이다. 효성과 우애가 깊고 경서를 깊이 궁구하였으며 당대 높은 명망을 얻었다. 누차 향시에 합격하였으나 끝내 문과에는 급제하지 못하였다. 문집이 전한다.

金垠233) 字大而, 號雲谷, 金海人. 儒賢馹孫后. 孝友窮經望重一世. 累登鄕解234)終屈禮

문하 가운데 효로 드러난 선비이자 유림의 표치가 된다.'고 하였다. 지산사에 향사되었다." (청도문화원, 2009, p.159)

232) ≪청도문헌고≫: "본관은 아산이며, 사효의 아들로 호는 이락재이다. 9세에 지은 대운암 시가 있다. 18세에는 과거에서 좋은 성적을 얻었으나 서리가 농간을 부려 방에 이름을 감추자 돌아와서 화계에다 집을 짓고 학생을 가르쳤는데, 타향에서 공부하러 온 사람이 50여인에 이르렀다. 학행으로 천거되어 북부참봉에 제수되었으며, 군자감정이 추증되었다. 금파 이정병이 지은 행장이 있다. 화계사에 향사되었다." (청도문화원, 2009, p.158)

233) ≪청도문헌고≫: "본관은 김해이며, 완송 헌장의 아들로 호는 운곡이다. 부모에게 효도하고 형제간에 우애가 있었으며, 경학을 깊이 연구하여 당시에 명망이 높았다. 여러 번 향시에 합격하였다." (청도문화원, 2009, p.174)

234) 향해(鄕解): 향시(鄕試)와 같다.

闈235), 有文集.

- **장방호** 자는 여헌, 호는 양헌이며, 본관은 아산이다. 장방익의 동생으로 백형과 함께 화계서당에서 도학을 강론하였으며 (그의 가르침을 받기 위해) 가깝고 먼 곳에서 온 학생이 매우 많았다.

    蔣邦豪 字汝憲, 號養軒, 牙山人. 邦翼弟與兄講道於華溪書堂, 遠近學者甚衆.

- **이광의** 자는 의중, 호는 죽헌이며, 본관은 고성이다. 용헌 이원의 후손이다. 진사시에 합격하였으며 참봉에 제수되었다. 문장이 뛰어나고 절개가 있어 사람들의 그를 존경하고 우러러보았다.

    李光義236) 字義仲, 號竹軒, 固城人. 容軒原后. 進參奉. 能文章有氣節, 人皆尊仰.

- **장방한** 자는 여번, 호는 국헌이며, 본관은 아산이다. 장방호의 동생이다. 효종 연간 진사에 급제하였으며 성균관에 십여 년 머물렀다.237) 문장으로 명성이 있었으며 (두루) 정통하였다. 맏형 장방익의 문집 ≪이락재집≫에는 '원방과 계방'238)이라 불렀다는 기록이 있다.

    蔣邦翰239) 字汝藩, 號菊軒, 牙山人. 邦豪弟. 孝宗朝進士居泮十餘年. 文望洽聞. 伯氏 ≪二樂齋集≫有元方季方之稱.

---

235) 예위(禮闈): 과거의 회시(복시). 또는 그 회시를 보이는 장소. 예조에서 주관하기 때문에 붙여진 이름이다. '闈'는 '圍'로도 쓴다.

236) ≪청도문헌고≫: "본관은 고성이며, 모헌의 후손으로 호는 죽헌이다. 여헌 장현광의 문인이다. 진사시에 합격하였으며 참봉으로 천거되었다. 문장에 능하고 기개와 절개가 높아 다른 사람들이 모두 추앙하였다." (청도문화원, 2009, p.159)

237) 거반(居泮): 조선시대 성균관에서 유생(儒生)이 기거(起居)하며 공부함을 이름. 또한 조선시대 성균관의 사역인들이 거주하던 성균관 동·서편에 있던 동네를 반촌이라 한다.

238) 원방과 계방(元方季方): '난형난제'의 고사성어가 유래하게 된 두 인물이다. 한나라 진식(陳寔)에게는 원방과 계방 두 아들이 있었는데, 모두 덕망 있었다. 원방에게는 아들 장문, 계방에게는 아들 효선이 있었는데, 그들 아버지의 은덕을 논쟁하다 우열을 가릴 수 없어 진식에게 물으니 그가 "원방(元方)을 형이라 하기도 어렵고 계방(季方)을 아우라 하기도 어렵구나." 하였다.

239) ≪청도문헌고≫: "본관은 아산이며, 사효의 둘째 아들로 호는 국헌이며 진사이다. 타고난 자질이 남보다 뛰어났으며 경적을 두루 많이 읽었다. 조경암 장문익에게 높이 평가받았다." (청도문화원, 2009, p.159)

◦ **박중채** 자는 중회, 호는 죽옹이며, 본관은 밀양이다. 〈학행〉편 박태고의 아들이다. 수암 권상하의 문도이다. 영조 연간 효행으로 천거되어 참봉에 제수되었다. 여러 차례 우암 송시열과 동춘당 송준길 두 선생을 문묘에 합사하도록 상소를 올리기도 하였다. (그가 세상을 떠나자) 병계 윤봉구가 곡하며 만사[240]를 지었다.

吾道何時復	우리의 도는 언제 다시 부흥하나,
南望君子風	남쪽에서 바라보며 군자의 풍모를 회상하네.
聖學要書輯[241]	성학 요체의 글을 모으고,
交情飮禮同	정 깊은 벗 사이 예로 술을 나누니 뜻이 서로 같았네.

朴重采[242] 字仲晦, 號竹翁, 密陽人. 學行太古子, 遂庵門人. 英廟朝以孝行薦除叅奉. 累請尤庵同春兩先生陞廡疏. 屛溪尹鳳九爲哭挽: "吾道何時復, 南望君子風. 聖學要書輯, 交情飮禮同.".

◦ **이광정** 자는 여중, 호는 관가정이며, 본관은 고성이다. 용헌 이원의 후손이다. 문학과 효우로 세상에 추앙받았으며, 부모상에는 3년 여막을 짓고 시묘하였다. 만년에는 정자를 지어 뜻을 길렀고, 문집을 남기기도 하였다.[243]

---

[240] 만사(挽詞): 죽은 이를 슬퍼하여 지은 글. 또는 그 글을 비단이나 종이에 적어 기(旗)처럼 만든 것. 주검을 산소로 옮길 때에 상여 뒤에 들고 따라간다.

[241] 박중채는 성리학(性理學)에 밝고 깊어 ≪성학요서집 性學要書輯≫을 지어 항상 연구하고 완역(玩繹)하여 철리를 깨닫고 몸소 수행하고 후학들을 교도하였다고 전한다.

[242] ≪청도문헌고≫: "본관은 밀양이며, 경양재 태고의 아들로 호는 죽옹이다. 일찍이 과거에 뜻을 버리고 윗대의 서당인 자양에서 학문을 강의하였다. 효행이 사헌부에 올라갔고, 천거되어 장릉참봉에 제수되었다. 우암 송시열과 동춘 송준길을 향교의 문묘에 합사를 청하는 소를 올렸다. 병계 윤봉구가 시를 지어 말하기를, '지동은 지금 반곡이 되었으니 그대는 은자(隱者)에 속하네.'라고 하였고, 그가 세상을 떠나자 다시 만사에서, '유도가 언제 다시 회복할 것인가? 남쪽에서는 군자의 풍모를 기다리네.'라고 하였다. 운곡 김은이 지은 행장과 참의 송병찬이 서문을 쓴 문집이 있다. 지산사에 향사되었다." (청도문화원, 2009, p.160)

[243] 저서 『관가정문집(觀稼亭文集)』이 있는데, 후손 이상기(李相基)가 1915년에 이광점의 『남해공유집(南海公遺集)』·이하구의 『양정재문집(養靜齋文集)』·이완(李頑)의 『침석헌문집(枕石軒文集)』과 합본하여 편집하여 간행한 『방원세고(芳園世稿)』에 실려 있다. 한국학중앙연구원 제공, [한국역대인물 종합정보시스템 DB] 인용.

李光鼎244) 字汝重, 號觀稼亭, 固城人. 容軒原后. 文學孝友爲世推重丁憂居廬三年晚築亭以養志, 有文集.

○ **예일신** 자는 덕로, 호는 기재이며, 본관은 의흥이다. 수몽헌 예승석의 후손이다. 병계 윤봉구와 도암 이재245)의 문도이다. 일찍이 과거를 단념하고 오로지 성리학에 전념하였으며, 만년에 봉산 선영에 정자를 지어 스스로 기문을 짓고 평생 은거하였다. 스스로 미리 죽음 대비해 지은 만사에 다음과 같은 구절이 있다.

齋舍無人空寂寞　　재사에 사람 없어 텅 빈 채 적막하고,
松楸失主亦奚爲　　소나무 가래나무 주인 잃었으니 무슨 소용이겠는가?

芮日新246) 字德老, 號畸齋, 義興人. 守夢軒承錫后. 尹屛溪及李陶庵門人. 早廢擧, 業專意性理晚築於鳳山先塋自記文而隱居終身. 有自挽: "齋舍無人空寂寞, 松楸失主亦奚爲."之句.

○ **민정봉** 자는 성익, 호는 겸재이며, 본관은 여흥이다. 경전에 밝고 참됨에 힘쓰며, 이름과 자취를 세상에 감추었다.

閔廷鳳 字聖翼, 號謙齋, 驪興人. 明經務實韜晦名跡.

---

244) ≪청도문헌고≫: "본관은 고성이며, 모헌의 후손으로 호는 관가정이다. 이락재 장방익에게 배웠으며 남곡 권해와 좋은 벗으로 사귀었다. 상중에 여막을 짓고 시묘하였다. 현종 신축년(1661)에 소장을 가지고 서울에 가서 자계서원의 사액을 청하였다. 문학으로 세간의 추중을 받았으며, 문집이 있다." (청도문화원, 2009, p.158)

245) 이도암(李陶庵): 자 희경(熙卿), 호 도암(陶菴)·한천(寒泉), 시호 문정(文正)이다. 1680년(숙종 6)에 출생하여 1746년(영조 22)에 사망하였다. 조선 후기에, 대사헌, 이조참판, 대제학 등을 역임한 문신. 의리론(義理論)을 들어 영조의 탕평책을 부정한 노론 가운데 준론(峻論)의 대표적 인물로, 윤봉구(尹鳳九)·송명흠(宋命欽)·김양행(金亮行) 등과 함께 당시의 정국 전개에 많은 영향을 미쳤다. 당시의 호락논쟁(湖洛論爭)에서는 이간(李柬)의 학설을 계승해 한원진(韓元震) 등의 심성설(心性說)을 반박하는 낙론의 입장에 섰다. 한국학중앙연구원 제공, [한국민속문화대백과사전] 인용.

246) ≪청도문헌고≫: "본관은 여흥이며, 독지당 석훈의 후손으로 호는 기재이다. 도암 이재의 문인으로, 일찍이 과거에 뜻을 버리고 은거하여 자신의 뜻을 찾았다." (청도문화원, 2009, p.160)

◦ **예지열** 자는 승약, 호는 경양재이며, 본관은 의흥이다. 예일신의 손자이다. 성담 송환기의 문도로 선생이 '경양재' 세 글자를 써서 하사하였다. 경호 이의조와 도의로 교유하였으며, 인촌 우재악과 열암 하시촌 모두 기문과 발문을 남기었고 심석 송병순이 행장을 짓고, 진사 김용승이 묘지를 지었다.

芮之烈247) 字承若, 號敬養齋, 義興人. 日新孫. 宋性潭門人, 先生書贈敬養齋三字. 與鏡湖李宜朝爲道義交, 仁村禹載岳悅庵夏時贊俱有記跋. 心石宋秉珣撰狀, 進士金容承撰墓誌.

◦ **박시묵** 자는 휘도, 호는 운강이며, 본관은 밀양이다. 성경당 박정주의 아들이며 정재 유치명의 문도이다. 학문에 독실하여 힘써 행할 뿐 영달을 구하지 않았다. 섬계에 정자를 짓고 '만화'라고 이름을 내걸었다.

這箇心和氣亦和	이 마음이 화하면 기 또한 화롭고,
和吾心氣致中和	내 마음의 기 화하니 중화에 이르네.
世間萬事和爲貴	세상만사 화를 귀하게 여기고,
事事惟和卽萬和248)	일마다 조화로우니 곧 만화의 도이로다.

병인양요 때 (청도군의) 소모관이 되어 활약하였으며, 사후에 (좌)승지에 추증되었으며, 문집이 전해진다.

朴時默 字輝道, 號雲岡, 密城人. 誠敬堂廷周子, 柳定齋致明門人. 篤學力行, 不求聞達. 築室於剡溪揭以萬和有詩: "這箇心和氣亦和, 和吾心氣致中和. 世間萬事和爲貴, 事事惟和卽萬和." 沁都249)亂爲召募官 贈承旨, 有文集.

---

247) ≪청도문헌고≫: "본관은 의흥이며, 수몽헌 승석의 후손으로 호는 경양재이다. 성담 송환기에게 수학하였는데, 성담이 손수『경양재(敬養齋)』3글자를 써서 주었다. 심석 송병순이 행장을 짓고, 진사 김용승이 묘지를 지었다." (청도문화원, 2009, p.179)

248) ≪雲岡集≫卷之一·詩·〈萬和亭〉: "樓下眞源活水深, 烟霞十里見晴陰. 不妨斂跡隨時遯, 祗可忘形盡日吟. 半世浮雲誰富貴, 一川明月我胷襟. 是非不到空山裏, 魚在于淵鳥在林.", "這箇心和氣亦, 和吾心氣致中. 川歸四海渾如, 花發千山共得. 持敬交人皆友, 推仁看物盡冲. 世間萬事和爲, 事事惟和卽萬." 한국고전번역원 제공, [한국고전종합DB] 인용.

○ **박재형** 자는 백옹, 호는 진계이며, 본관은 밀양이다. 박시묵의 아들이다. 성재 허전의 문도이다. 경오년(1870) 사마시에 합격하였으나 은거하고 학문에 전념한 채 오직 도만을 추구하였다. 일찍이 ≪해동속소학≫, ≪해동속고경중마방≫250) 등을 편찬하였는데, 아동 교육을 위해 필요한 요언의 글을 모아 후대 교육에 활용하였다. 수계251)로 (여러 번) 참봉에 제수되었다. 문집이 전해진다.

朴在馨 字伯翁, 號進溪, 密城人, 時默子. 許性齋傳門人. 庚午司馬隱居篤學惟道是求. 嘗纂海東續小學, 古鏡重磨方, 敎子要言等書, 以敎來裔. 繡啓除參奉, 有文集.

○ **반동락** 자는 귀현, 호는 회산이며, 본관은 기성252)이다. 문효공 반유형의 후손이다. 성품이 과묵하고 신중하며, 편모를 섬기기를 지극한 효성으로 행하였으며, 경사를 두루 읽고, 자신을 드러내거나 자랑하지 않았으며, 경술국치(1910) 뒤 자정253)하였다.

潘東雒254) 字龜見, 號晦山, 歧城人. 文孝公佑亨后. 性沈默愼重, 事偏其母至孝, 博涉經史, 晦不自伐, 庚戌後自靖.

○ **김태린**255) 자는 인길, 호는 소강이며, 본관은 청도이다. 명신 김지대의 후손이다. 성

---

249) 심도(沁都): 강도(江都), 곧 강화도(江華島)를 이르는 말.

250) 해동속소학(海東續小學)과 해동속고경중마방(海東續古鏡重磨方): 『해동속고경중마방』은 박재형이 退溪 李滉의 『古鏡重磨方』의 체재를 본떠 선현들의 수양이 될 만한 箴·銘을 모아서 엮되 우리나라의 선현들의 작품만을 모아 편찬한 책이다. 편찬자 박재형(1838~1900)은 퇴계의 학맥을 이은 영남의 유학자였다. 과거에 응시해 진사가 되었지만 벼슬길에는 나가지 않았다. 훌륭한 인품과 뛰어난 학문으로 유명했던 그는 평생을 후진 양성과 저술 활동에 전념하였는데, 박재형은 朱子가 편찬한 ≪소학≫을 본떠 ≪해동속소학≫을 만든 사람이다. 우리나라도 禮樂과 文物이 중국과 비견할 만하고 賢者들이 무수히 배출되었으나, 주자 같은 분이 없어서 훌륭한 언행이 ≪소학≫에 기록되지 못한 것을 안타깝게 여겨 동국 현인들의 언행만을 뽑아 ≪해동속소학≫을 만든 것이다. 이와 같은 편자의 생각은 ≪해동속고경중마방≫ 편찬에도 그대로 이어지게 된다. 김성훈, 〈進溪 朴在馨의 ≪해동속고경중마방≫연구〉, ≪東洋文化硏究≫ 第22輯, 201, p.168, 인용.

251) 수계(繡啓): 또는 서계(書啓)라고 하였으며, 암행어사가 임금에게 올린 장계로 수령의 행적에 대해서 상세히 기록하고 별단(別單)에 자신이 보고들은 민정과 효자·열녀 등의 미담을 적어 국왕에게 바치었다.

252) 기성(歧城): 거제반씨의 이칭.

253) 자정(自靖): 망국의 치욕을 목숨을 끊어 항거함.

254) ≪청도문헌고≫: "본관은 기성이다. 옥계의 후예이며 호는 회산이며 만구 이종기의 문인이다. 모친이 눈병을 앓자 출입하는데 부축하고 음식에 편리하게 해드리기를 10년 동안을 하루같이 하였다. 경전을 탐구하여 스승이 추장하였다. 문집이 있다." (청도문화원, 2009, p.270)

품이 온화하고 고상하며 경서와 사서에 능통하고 주역에 깊은 조예가 있었다. 선기옥형을 제조하여 그것을 시험하기도 하였다. ≪신추요의≫ 2책을 저술하기도 하였으며 문집이 있다.

金泰麟 字仁吉, 號小岡, 淸道人. 名臣之岱后. 性溫雅, 通經史, 深於易學, 造璿璣玉衡以試之. 著≪愼追要儀≫二冊, 有文集.

유행 儒行[256]

◦ **이전** 자는 왕여, 호는 삼은이며, 본관은 고성이다. 용헌 이원의 후손이다. 장여헌의 문도이며, 문장과 덕행으로 세상에 명성이 있었다.

李瑊[257] 字王汝, 號三隱, 固城人. 容軒原后. 張旅軒門人, 文章德行有聞於世.

◦ **이경렴** 자는 호경, 호는 금와이며, 본관은 재령이다. 이갈암의 문인이다. 곧은 행실과 의로움이 있었고, 문장에 능하여 세상 사람들의 존경을 받았으며, 유고가 있다.

李景濂 字浩卿, 號琴窩, 載寧人. 李葛菴門人. 有行義, 能文章爲世推重, 有遺稿.

◦ **이기** 자는 요장, 호는 용산재이며, 본관은 고성이다. 용헌 이원의 후손이다. 일찍이 과거 공부를 그만두었으며, 학문은 순수하고 올발랐다. 정사를 관아내곡[258]에 짓고,

---

255) ≪청도김씨족보≫에 김태린에 대해 다음과 같이 기록하고 있다. "子 泰麟(태린)字 仁吉, 號 는 小. 一八六九年己巳十二月二十五日. 李晩求門人(이만 구문인) 天性(천성)이 嚴直(엄직) 學行(학행)이 純備(순비). 一九二七年丁卯正月十五日卒 著書(저서)에 文集三冊(문집삼책)있고 所編(소편)에 英憲公實記初版(영헌공실기초판), 愼追要儀(신추요의) 小學外篇續, 各一冊. 載 奬忠壇公園內(장충단공원내) 韓國儒林獨立運動紀念碑(한국유림독립운동기념비) 墓小台藥水골(소태약수골) 壬坐(임좌) 墓碣床石(묘갈상석)있음. 配晋陽河氏(진양하씨)文奎(문규)女遯齋爻后(둔재효후) 一八七○年庚午十二月二十三日生. 一九四一年辛巳正月二十八日卒. 墓는 雙墳(쌍분)."

256) 유행(儒行): 학문에 연원이 있고 이름이 사문에 중한 사람. 오병무 역, ≪국역 조선환여승람: 남원≫, 두레출판 기획, 2000, p.293, 인용.

257) ≪청도문헌고≫: "본관은 고성이며, 모헌의 현손으로 호는 삼은이다. 장 여헌의 문인으로 문장과 덕행이 세상에 알려졌다."(청도문화원, 2009, p.172)

258) 관아내곡(館鵝內谷): 용산재는 청도군 매전면 하평리 몬담마을 동리 뒤편에 자리 잡고 있다. 매전면에는

아침저녁으로 강학하였으며, 눌은 이광정과 간옹 조선일과 도의로 교유하였다. 문집이 전한다.

李夒259) 字堯章, 號龍山齋, 固城人. 容軒原后. 早廢擧業, 學問純正. 築精舍館鵝內谷, 朝夕講學, 與李訥隱曺磵翁爲道義交, 有文集.

◦ **박상경** 자는 직부, 호는 무욕재이며, 본관은 밀양이다. 〈훈신〉편 박문부의 후손이다. 경서를 널리 통달하였고, 은거하고 덕을 쌓으며 벼슬길에는 나아가지 않았다. 충효사에 배향되었다.

朴尙敬260) 字直夫, 號無辱齋, 密城人. 勳臣文富后. 博通經史, 隱德不仕. 享忠孝祠.

◦ **박윤** 자는 덕중, 호는 오수당이며, 본관은 밀양이다. 대산 이상정의 문도이며, 경전을 품은 채 세상에서 종적을 감추고는 오수곡에 당우를 지어 살며 이를 호로 삼았다. 이에 관해 다음의 시를 남기었다.

富貴身外物	부귀는 몸 밖의 물건이고,
林泉分內事	숲과 샘은 분수 안의 일이네.
守心守吾地	마음을 지킨 채 나의 땅을 지키고,
經籍先自志	경서를 가까이 한 채 먼저 뜻을 세우네.

인촌 우재악이 칭송하며 말하였다. "정밀히 연구하고 깊이 생각하며, 실제의 삶에 힘

관하리(館下里)가 위치하고 있으며 관곡(館谷)이라는 이칭을 가지고 있다. 지리적으로 하평리와 관하리가 맞닿아 있어 관아내곡은 그 주변 골짜기를 가리킨 것으로 추정된다.

259) 《청도문헌고》: "본관은 고성이며, 용헌 원의 후손으로 호는 용산재, 다른 호는 취선이다. 기개가 시원하고 높았으며 마음이 넓고 깨끗하여, 살아서는 계시던 곳에 배우는 이들이 모여들었으며 죽어서는 산소에 사림에서 제사하였으나 나라에서 금하여 사당이 훼철되었다. 눌은 이광정·간옹 조선일·사와 정주면과 더불어 도의로써 깊이 교류하였다. 광뢰 이야순이 서문을 지었고, 금파 이정병이 비문을 지었다. 문집이 있다."(청도문화원, 2009, p.161)

260) 《청도문헌고》: "본관은 밀양이다. 운곡 문부의 후예이며 호는 무욕재이다. 은거하며 수양하였고 운문에 집을 지어 동고 이관길, 일암 조채신 등과 우정이 깊었다. 문집이 있으며 충효사에 배향되었다."(청도문화원, 2009, p.270)

써 실천하였으니 사림의 귀감이 되었다."

朴潤261) 字德重, 號吾守堂, 密陽人. 李大山門人, 抱經晦跡老於林泉, 築堂吾守谷因以爲號. 有詩: "富貴身外物, 林泉分內事. 守心守吾地, 經籍先自志.". 仁村禹載岳贊曰: "硏精覃思, 力踐實地, 士林立楔.".

○ **이진구** 자는 태수, 호는 삼우당이며, 본관은 고성이다. 용헌 이원의 후손이다. 본성이 지극히 효성스러워 (부모상에) 여막을 짓고 3년 동안 시묘살이를 하였다. 일암 신몽참과 도의로써 사귀었다.

李軫耈262) 字台叟, 號三友堂, 固城人. 容軒原后. 性至孝廬墓三年. 與一庵辛夢參爲道義交.

○ **박동유** 자는 사기, 호는 도계이며 〈학행〉편 병재 박하징의 현손이다. 효성과 우애를 독실하게 실천하였으며, 경학을 깊게 궁구하여 세상 사람들로부터 추앙받았다.

朴東維263) 字士紀, 號陶溪. 學行河澄玄孫. 篤行孝友, 深究經學爲世所推.

○ **박심휴** 자는 자미, 호는 고산이며, 본관은 밀양이다. 진사 박태한의 아들이다. 이갈암의 문인이며, 성리학을 깊게 체득하였고, ≪대학휘류≫를 저술하였다.

朴心休 字子美, 號孤山, 密城人. 進士泰漢子. 李葛庵門人. 得性理之學, 著大學彙.

○ **박동전** 자는 상경, 호는 섬계이며 본관은 밀양이다. 〈유일〉편 박규의 아들이다. 타고

---

261) ≪청도문헌고≫: "본관은 밀양이며, 수헌 희장의 현손으로 호는 오수당이다. 대산 이상정의 문인으로 어려서부터 영리하고 슬기로웠으며, 장성하여서는 분발하여 도를 구하여 성현들의 학문에 깊이 빠졌고, 일상생활에서 윗사람을 공경하고 아랫사람을 사랑하는데 힘썼다. 인촌 우재악이 준 시에, '부귀는 내 몸 밖의 일이니 산수 간에 사는 것이 분수에 있는 일이다'라고 하였다. 문하에 들어와서 배운 사람이 매우 많았다."(청도문화원, 2009, p.177)

262) ≪청도문헌고≫: "본관은 고성이며, 모헌의 후손으로 호는 삼우당이다. 본성이 지극히 효성스러워 3년 간 여묘를 지어 살았다. 일암 신몽참과 도의로써 사귀었다."(청도문화원, 2009, p.176)

263) ≪청도문헌고≫: "본관은 밀양이며, 병재 하징의 현손으로 호는 도계이다. 효우를 독실하게 실천하였으며, 경학을 탐구하여 세상 사람들로부터 추중되었다."(청도문화원, 2009, p.172)

난 자질이 도에 가깝고, 가학을 계승하였다. 유고가 약간 있었으나 화재로 소실되었다.

朴東傳 字商卿, 號剡溪, 密城人. 遺逸珪子. 天姿近道, 承襲家學. 有遺集若干失於鬱攸264).

○ **박동석** 자는 주경, 호는 경헌이며, 본관은 밀양이다. 박동전의 동생이다. 지극한 효성이 타고났으며, 가학을 계승하였다. 일찍이 '주일무적265)'을 수양의 방법으로 삼았다. 저술 활동을 즐겨하지 않았는데, 사람들이 (이런 그를) '실학'266)이라 불렀다.

朴東奭 字周卿, 號敬軒, 密陽人. 東傳弟. 誠孝根天, 承襲庭學. 嘗以主一無適爲究竟法不喜著述人稱實學.

○ **박증적** 자는 중길, 호는 성옹이며, 본관은 밀양이다. 박심휴의 손자이다. 타고난 기질이 총명하고 영민하였으며, 경사를 널리 통달하였다. 여러 번 향시에 합격하였으나, 은거한 채 경전을 궁구하며 자연에서 여생을 마쳤다.

朴增迪 字仲吉, 號省翁, 密城人. 心休孫. 天姿聰敏, 博涉經史. 累捷鄕解, 杜門窮經終老林泉.

○ **이용로** 자는 익지, 호는 채련정이며, 본관은 고성이다. 용헌 이원의 후손이다. 천성이 효성스럽고, 학문은 깊고 심오하여 사림의 존경을 받았다. 통대부에 추증되었으며, 유고가 있다.

李龍老267) 字益之, 號採蓮亭, 固城人. 容軒原后. 天性根孝, 學問深邃, 士林推重. 贈通政, 有遺稿.

---

264) 울유(鬱攸): 불의 별칭으로, 화재를 가리킨다.
265) 주일무적(主一無適): 중국 송나라의 정주(程朱)의 수양설(修養說). 정이가 처음에 주창하고 주희가 이어받아 주장한 것으로 마음에 경(敬)을 두고 정신을 집중하여 외물에 마음을 두지 않는다.
266) 실학(實學): 실천하는 학문.
267) ≪청도문헌고≫: "본관은 고성이며, 모헌의 후손으로 호는 채련정이다. 천성이 효성에 바탕을 두고 학문이 깊어 사림에서 추앙하고 존중하였다. 통정에 추증되었으며, 유고가 있다."(청도문화원, 2009, p.174)

◦ **이형덕** 자는 화경, 호는 모암이며, 본관은 고성이다. 용헌 이원의 후손이다. 성품이 지극히 효성스럽고, 의기가 넘치고 기개가 있었다. 과거 공부를 그만두고 경사를 널리 통달하였으며, 은거한 채 자연 속에서 뜻을 길렀다.

李馨德268) 字華卿, 號慕菴, 固城人. 容軒原后. 性至孝, 慷慨有氣節. 廢擧業, 博通經史, 養志林泉.

◦ **박증영** 자는 덕연, 호는 졸암이며, 본관은 밀양이다. 〈학행〉편 박하징의 후손이다. 성품이 매우 효성스럽고, 조상을 받드는 예절에 빠짐이 없었다. 사숙을 세우는데 온 힘을 기울여 문중을 모아 가르쳤다. 가산을 희사하여, 의지할 곳이 없고 가난한 자의 혼인을 도왔다.

朴增永269) 字德延, 號拙菴, 密城人. 學行河澄后. 性至孝, 奉先之節, 靡不用. 極設私塾, 集宗族教之. 捐家貲助孤窮之嫁娶.

◦ **박연래** 자는 내열, 호는 희재이며, 본관은 밀양이다. 허성재의 문도이다. 도를 향한 뜻이 굳고 확고하였으며, 성리학에 몰두하였다. 이에 관해 그는 다음과 같은 시를 남기고 있다.

止水無風看澄澈	고요한 물, 바람 없어 맑고 투명함을 드러내고,
空山得月覺虛明	빈 산 비친 달에 공허한 밝음을 느끼네.
古今何異留心處	마음 두는 곳엔 고금이 무슨 다름이 있겠나,
聖賢郁由着力行	성현의 그윽한 도리 힘써 실천할 따름이지.

---

268) ≪청도문헌고≫: "본관은 고성이며, 모헌의 후손으로 호는 모암이다. 본성이 지극히 효성스럽고 강개하였으며 기개와 절개가 있었다. 과거 공부를 버리고 경사에 널리 통하였고, 자연 속에서 뜻을 길렀다."(청도문화원, 2009, p.177)

269) ≪청도문헌고≫: "본관은 밀양이다. 병재 하징의 후예이며 호는 사검와이다. 효성과 우애가 매우 독실하여 어진 이를 높이는 일에는 정성을 다하지 않은 적이 없었다. 『도덕록』에 실려 있다."(청도문화원, 2009, p.261)

朴廷來 字乃悅, 號喜齋, 密城人. 許性齋門人. 志道堅確潛心性理. 嘗有詩: "止水無風看瀅澈, 空山得月覺虛明. 古今何異留心處, 聖賢郁由着力行.". 有遺稿.

◦ **박사순** 자는 사경, 호는 만회당이며, 본관은 밀양이다. 〈유일〉편 박지현의 현손이다. 송성담의 문도이다. 학문과 덕행이 뛰어나 선비들의 추앙을 받았다.
    朴思純270) 字士卿, 號晩晦堂, 密陽人. 遺逸之賢玄孫. 宋性潭門人. 有學問德行爲士友所推.

◦ **박한열** 호는 삼괴정이고, 본관은 밀양이다. 〈학행〉편 박태고의 현손이며, 수종재 송달수의 문도이다. 굳은 뜻으로 학문에 힘써 향리에서 존경받았다.
    朴漢烈271) 號三槐亭, 密陽人. 學行太古玄孫, 宋守宗齋門人. 篤志力學爲鄕所推.

◦ **박영곤** 자는 치홍, 호는 죽암이며, 본관은 밀양이다. 〈유일〉편 박중채의 후손이다. 송연제의 문인이며, 학문이 뛰어나고 기개가 있으며, 스승이 '대나무 같은 맑은 절개가 있다'하여 '죽암'이라는 호를 써주셨다. 유고가 있다.
    朴永坤272) 字置洪, 號竹嵒, 密陽人. 遺逸重采后. 宋淵齋門人, 有學問氣節, 先生以竹有淸節書, 贈'竹嵒'之號. 有遺稿.

---

270) ≪청도문헌고≫: "본관은 밀양이다. 죽옹 중채의 손자이며 호는 만오당이다. 효도와 학문으로 여러 차례 향천에 올랐다."(청도문화원, 2009, p.258)
271) ≪청도문헌고≫: "본관은 밀양이며, 호는 운간이다. 죽옹 중채의 증손으로 수종재 송달수와 매우 친하게 지냈다."(청도문화원, 2009, p.182)
272) ≪청도문헌고≫: "본관은 밀양이다. 두촌 양무의 후예이며 호는 묵암이다. 연재 송병선의 문인으로 기개와 절개가 있어, 연재가 '대나무 같은 맑은 절개'란 뜻으로 '죽암(竹嵒)'이란 글씨를 써서 주었다. 유고가 있다."(청도문화원, 2009, p.269)

문행 文行[273]

◦ **박주장** 호는 송포, 본관은 밀양이다. 〈절의〉편 박양무의 후손이다. 옛 학문에 밝고 지금의 것에도 통달하였으며, 사물事物을 널리 알고 이를 잘 기억하였다. 유고가 있다.

朴周章 號松圃, 密城人. 節義揚茂后. 學古通今, 博聞強記. 有遺稿.

◦ **박희장** 자는 사빈, 호는 수헌이며, 본관은 밀양이다. 두암 이기옥의 문인이다. 재주와 지혜가 뛰어나고 총명하였다. 지조와 행실이 뛰어나고 남달랐으며, 인조 시대에 좌통례[274]를 지냈다.

朴希章[275] 字士彬, 號守軒, 密城人. 李竇岩璣玉門人. 才智穎悟, 操行卓異, 仁廟朝官左通禮.

◦ **박세언** 자는 진여, 호는 묵재이며, 본관은 밀양이다. 〈훈신〉편 박문부의 후손이다. 마음을 가라앉히고 학문에 정진하였고, 선인을 계승하고 후인을 유익하게 하여 사람 사회가 우러러 존경하였다.

朴世彦[276] 字璡汝, 號默齋, 密城人. 勳臣文富后. 潛心篤學, 述先裕後, 士林景仰.

◦ **박순덕** 자는 주언, 호는 만학재이며, 본관은 밀양이다. 타고난 자질이 질박하고 꾸밈이 없으며, 주경야독하면서도 경서를 깊이 연구하고 예법을 지키며 은거한 채 자연에서 여생을 마치었다. 마을 사람들이 그를 공경하고 따랐다.

朴洵德 字周彦, 號晩學齋, 密城人. 天姿質實, 早耕晩學, 窮經守義, 終老林泉. 鄕黨敬服焉.

---

273) 문행(文行): 문학적 명성과 탁월한 행실이 있는 사람. 오병무 역, ≪국역 조선환여승람: 남원≫, 두레 출판기획, 2000, p.293, 인용.
274) 좌통례(左通禮): 조선 시대에, 통례원에서 국가 의식에 관한 일을 맡아보던 으뜸 벼슬. 품계는 정삼품이다.
275) ≪청도문헌고≫: "본관은 밀양이며, 두촌 양무의 후손으로 호는 수헌이다. 좌통례를 지냈으며, 두암 이기옥에게 배웠다."(청도문화원, 2009, p.193, 292)
276) ≪청도문헌고≫: "본관은 밀양이다. 운곡 문부의 후예이며 문장으로 이름이 있었다." (청도문화원, 2009, p.275)

◦ **박성묵** 자는 성원, 호는 후산이며, 본관은 밀양이다. 〈효자〉편 박정하의 아들이다. 옛 도를 따르고, 언행이 신중하며, 기쁨과 분노를 겉으로 잘 드러내지 않았다.

與其居野寧居山	들에 사느니 차라리 산이 낫고,
遇遯之初決意還	은거의 처음부터 돌아갈 결심 하였네.
由吾性癖常貪靜	내 성벽이 늘 고요함을 탐하고,
除汝心忙便做閒	네 마음 번다함을 버리면 한가하리라.

문집이 있다.

朴星默 字聖源, 號後山, 密城人. 孝子廷夏子. 行古簡重, 喜怒不形. 嘗有詩: "與其居野寧居山, 遇遯之初決意還. 由吾性癖常貪靜, 除汝心忙便做閒." 有文集.

◦ **박필용** 자는 문서, 호는 동산재이며, 본관은 밀양이다. 〈유행〉편 박증적의 아들이다. 어려서부터 가학을 이어받아 늙도록 쇠함이 없었다. 후학을 계도하는 것을 자신의 임무로 삼았다. 문집을 남겼다.

朴必龍 字文瑞, 號東山齋, 密城人. 儒行增迪子. 早承庭學至老不衰. 以啓後進爲己任. 有遺集.

◦ **예대건** 자는 순약, 호는 우천 또는 동촌277)이며, 본관은 의흥이다. 〈유일〉편 석훈의 후손이다. 성품이 근엄하고 엄숙하며, (행동에) 법도가 있어 향리에서 존경받았다.

芮大健278) 字順若, 號愚泉又東村, 義興人, 遺逸碩薰后. 性謹嚴, 有法度爲鄕所推. 長於時文, 學者甚衆.

---

277) 예대건에 대해 ≪의흥예씨족보≫에 다음과 같이 기록되어 있다. "大健. 字順若, 號愚泉一八三四年甲. 午生 公工於功令詩屢中解額竟屈禮圍人皆惜之晚年志于經學以林泉. 自一八九三年癸巳正月五. 日 墓大田洞孫右峴峰上甲坐伊山大僖述家壯醇齋金在華撰墓. 碣銘.". 의흥예씨 후손 예광해(芮光海) 선생 제공.

278) ≪청도문헌고≫: "본관은 의흥이며, 독지당 석훈의 후손이다. 효성과 우애가 독실하여 향리에서 높이 받들었다."(청도문화원, 2009, p.181)

○ **박수간** 자는 맹실, 호는 일강재이며, 본관은 밀양이다. 인분재 박하덕의 아들이다. 성품이 아름답고 조상의 길을 따르며, 날마다 쉬지 않고 노력하였다. 부모가 병들었을 때, 그 대변을 맛보며 병세를 살피는 효성을 보였으며, 두 아우와 함께 늙을 때까지 한 베개를 사용하며 지냈다. 예에 관한 여러 설을 수집하여 가문의 법도로 삼았고, 장수하여 수직으로 통정대부가 되었다.

朴秀幹 字孟實, 號日強齋, 密城人. 忍忿齋夏德子. 質美蹈轍, 日強不息. 親癠嘗糞, 與二弟至老同枕. 搜集禮說以爲家法, 壽通政.

○ **예대기** 자는 성집, 호는 균곡이며, 본관은 의흥이다. 수몽헌 예승석의 후손이다. 문장이 뛰어났으며 붓글씨에 능하였으며, 아홉 차례 향시에 들었으나 끝내 대과에는 낙방하였다. 무학산 봉우리 부모 묘소 아래 집을 지어 '산음재'라 현판을 내걸고, 거문고와 술을 자신의 즐거움으로 삼았다. 시집이 있으며 지산 김복한이 서문을 지었다.

芮大畿279) 字聖集, 號筠谷, 義興人. 守夢軒承錫后. 有文章善筆, 得九解而終屈禮闈. 築室於鶴峯親山下揭鶴陰齋, 琴酒自娛. 有詩集, 芝山金福漢作序.

○ **박치장** 자는 가옥, 호는 자남이며, 본관은 밀양이다. 〈유일〉편 박양무의 후손이다. 덕행이 있었으며, 효성과 우애로 향촌 사람들의 존경을 받았다.

朴致璋280) 字價玉, 號紫南, 密陽人. 節義揚茂后. 有德行以孝友爲鄕人所推.

○ **박치용** 자는 가운, 호는 미암이며, 본관은 밀양이다. 〈절의〉편 박양무의 후손이다. 학문과 의로운 행실로 세상 사람들의 존경을 받았으며, 유고집이 있다.

朴致龍281) 字可雲, 號嵋庵, 密陽人. 節義揚茂后. 以學問行義爲世推重, 有遺集.

---

279) ≪청도문헌고≫: "본관은 의흥이다. 독지당 석훈의 후예이며 호는 균곡이다. 과거문으로 세상에 이름이 나서 9번 향시에 들었으나 끝내 문과에는 낙방하였다. 학봉 아래 집을 지어 거문고와 글로 스스로 즐겼다."(청도문화원, 2009, p.267)

280) ≪청도문헌고≫: "본관은 밀양이다. 일청재 호의 후예이며 호는 자남이다. 과거문을 잘 지어 당시에 이름이 높았다."(청도문화원, 2009, p.266)

281) ≪청도문헌고≫: "본관은 밀양이다. 일청재 호의 후예이며 호는 미암이다. 힘써 공부하고 수행하여 당시

- **예창근** 자는 무여, 호는 대은이며, 본관은 의흥이다. 진사 예국열의 증손자이다. 가정에서 수학하였으며, 시문에 뛰어났다. 성품이 호탕하고, 술을 즐겼으며, 의리를 따랐고, 재물에 연연해하지 않았다. 참봉을 지냈다.

  芮昌根 字武汝, 號大隱, 義興人. 進士國烈曾孫. 學於家庭, 長於詩文. 性豪, 喜酒, 伏義疏財參奉.

- **박휴묵** 자는 양언, 호는 동호이며, 본관은 밀양이다. 〈훈신〉편 박경신의 후손이다. 재능과 성품이 남달랐으며, 10세에 ≪시경≫과 ≪서경≫을 통달하였으며, 만년에 임호서사를 세웠는데, 찾아와 배우는 자들이 매우 많았다. 유고집이 전한다.

  朴畦默 字陽彦, 號東湖, 密城人. 勳臣慶新后. 才性過人, 十歲能通詩書, 晚築林湖書舍, 來學者甚衆. 有遺集.

- **박치발** 자는 유길이며, 본관은 밀양이다. 〈효자〉편 박양춘의 후손이다. 효성과 우애가 두터웠으며, 가학을 계승하였다. 후손들에게 학문의 길을 열어주었으며, 세상 사람들의 추앙을 받았다.

  朴致發 字維吉, 密陽人. 孝子陽春后. 篤於孝友, 承襲庭學. 開牖後裔爲世所推.

- **박치경** 자는 순가, 호는 괴헌이며, 〈유일〉편 박중채의 후손이다. 연재 송병선과 심석 송병순의 문도이다. 문학적 재능이 뛰어났으며, 시집이 전해진다.

  朴致璟282) 字舜可, 號槐軒, 遺逸重采后. 宋淵齋宋心石門人. 有文學, 有詩集.

- **이회규** 자는 경지, 호는 만우이며, 본관은 전주이다. 늙도록 경서를 궁구하고 후학을 깨우치고 인도하였다. 유고집과 ≪경전강의록≫등의 문장이 있으며, 노포 송병기가 행장을 지었다.

에 이름이 드러났다."(청도문화원, 2009, p.266)

282) ≪청도문헌고≫: "본관은 밀양이다. 참봉 태고의 후예이며 호는 괴헌이다. 연재 송병선의 문인으로 문장과 학문, 독실한 행실이 있었다. 시고가 있다."(청도문화원, 2009, p.269)

李會圭 字敬之, 號萬愚, 全州人. 至老窮經啓迪後學. 有遺集及經傳講義等篇老圃宋秉燮撰狀.

○ **박치서** 자는 순보이며, 본관은 밀양이다. 〈유일〉편 박중채의 후손이다. 성품이 침착하고 과묵하였다. 자제들에게 늘 훈계하며 말하였다. "학문이 없이는 사람 구실을 할 수 없으니, 온 힘을 다하여 스승에게 배우고, 아버지의 기대에 부응하도록 하여라." 온 향당 사람들이 그를 우러러 존경하였다.

朴致瑞 字舜寶, 密陽人. 遺逸重采后. 性沈重寡默. 嘗戒子弟曰: "非學問無以爲人." 竭力從師, 以副乃父之望, 一鄕欽仰.

○ **박치해** 자는 순좌, 호는 추범이며, 본관은 밀양이다. 〈유일〉편 박중채의 후손이다. 성격이 호탕하고 강직하였으며, 문장에 능하고 기개가 있었다. 많은 사람들이 존경하고 우러러보았으며, 시집을 남겼다.

朴致海283) 字舜佐, 號秋帆, 密陽人. 遺逸重采后. 性豪邁剛直, 能文有氣節. 人多敬仰, 有詩集.

○ **박래현** 자는 낙붕, 호는 지엄이며, 본관은 밀양이다. 〈유행〉편 박재형의 아들이다. 일찍이 가학을 계승하였으며, 지극히 효성스럽고 우애가 깊었다. 늘 ≪근사록≫을 암송한 사실이 기록으로 전해진다.

朴來鉉 字樂鵬, 號旨嚴, 密城人. 儒行在馨子. 早承庭學至孝且友. 每誦≪近思錄≫, 有實錄.

○ **박창현** 자는 성수, 호는 호암이며, 박래현의 동생이다. 김서산의 문인이다. 경전을 부지런히 익혔으며, 그 이치를 깊게 연구하였다. 책을 지으며 스스로의 즐거움으로 삼았고, 도사를 지냈으며, 유고집이 있다.

朴昌鉉 字星叟, 號湖巖, 來鉉弟. 金西山門人. 劬經蘊理, 著書自娛, 都事, 有遺集.

---

283) ≪청도문헌고≫: "본관은 밀양이다. 호는 추범으로 죽옹의 후예이다. 성품이 호매하고 문장과 학문에 능하여 사람들이 매우 존경하였다."(청도문화원, 2009, p.271)

훈신 勳臣[284]

◦ **김선장** 본관은 청도이다. 〈명신〉편 김지대의 아들이다. 고려 충혜왕 시기 감찰어사를 지냈으며, 조적의 난을 평정하여 '도형벽상1등공신'이 되었다. 이 공으로 본 현을 지군사가 다스리는 군으로 승격시켰는데, ≪고려사≫에서 관련 사실을 찾아볼 수 있다.

金善莊[285] 淸道人. 名臣之岱子. 麗忠惠王朝以監察御史, 平曹頔之亂, '圖形壁上第一等功臣'. 陞本縣爲知郡事見麗史.

◦ **김한귀**[286] 본관은 청도이다. 김선장의 현손이다. 고려 충정왕 시기에 감찰어사를 지냈고, '추성선의보리공신'의 칭호를 받았다. 오산군에 봉해졌으며 시호는 원정공으로 고려시대 명현을 모신 선원각의 두 번째 자리에 배향되는데, ≪포은집≫에서 관련 사실을 찾아볼 수 있다.

金貴漢[287] 淸道人. 善莊玄孫. 高麗忠定王朝監察御史, '推誠宣義輔埋功臣', 封鰲山君, 諡元貞, 享高麗名賢善元閣第二位, 見≪圃隱集≫.

◦ **이운룡** 자는 경현, 호는 동계이며, 본관은 재령이다. 〈명환〉편 이몽상의 아들이다. 무관으로 삼군수도통제사를 지냈으며, 선조 시기 임진왜란 때 세운 공으로 선무공신 3등에 책훈되고, 식성군에 봉해졌다. 후에 병조판서로 추증되었다. 택당 이식이 묘갈명을 지었으며, 금호서원과 충렬사에 제향되었다.

李雲龍 字景見, 號東溪, 載寧人. 名宦夢祥子, 武統制使. 宣祖壬辰, 錄宣武三等勳息城

---

[284] 훈신(勳臣): 공을 기록하고 군을 봉작 받은 사람. 오병무 역, ≪국역 조선환여승람: 남원≫, 두레 출판 기획, 2000, p.293, 인용.
[285] ≪청도문헌고≫: "본관은 청도로 영헌공 지대의 아들이다. 문과에 급제하였으며, 벼슬은 감찰어사에 이르렀다. 충혜왕 때 조적의 난을 평정하여 일등공신이 되었다. 청도군을 지군사를 두도록 승격시켰는데, 『여지승람』에 보인다."(청도문화원, 2009, p.161)
[286] 김귀한으로 되어 있는데, 김한귀임. 오기로 보인다.
[287] ≪청도문헌고≫: "김한귀(金漢貴) 본관은 청도로 영헌공 지대의 후손이다. 문과에 급제하였으며 감찰어사가 되었다. 충선왕 때 조정으로부터 추성선의보리공선을 받았으며, 오산군이란 군호를 이어 받았다. 시호는 원정공으로 고려시대의 명현을 모신 선원각에 두 번째 자리에 배향되었다."(청도문화원, 2009, p.162)

君, 贈兵判, 澤堂李植撰墓碣, 享琴湖院及忠烈祠.

◦ **김진성** 본관은 청도이다. 〈명신〉편 김지대의 후손이다. 인조 시기에 양주목사로 양효립과 정심의 난을 평정하여 영사3등공신에 책록되었으며, 청릉군에 봉해졌다.

金振聲 清道人, 名臣之岱后. 仁祖朝以楊州牧使平柳孝立鄭沁之亂錄寧社三等勳, 封清陵君.

원종훈 原從勳[288]

◦ **박경전** 자는 효백, 호는 제우당이며, 본관은 밀양이다. 〈학행〉편 박하담의 손자이다. 임진왜란 때 의장으로 참여하여 선무원종2등훈신에 책록되고 창녕현감에 임명되었다. (이후) 동중추부사로 승진하였다. 경자년(1600) 관직에서 물러난 뒤 운문산으로 돌아와 산 중에 이모정을 짓고 그곳에서 머물며 생을 마치었다. 사후에 병조판서에 추증되었으며 용강사에 제향되었다.

朴慶傳 字孝伯, 號悌友堂, 密城人. 學行河淡孫, 壬辰爲義將, 錄宣武原從二等勳, 官昌寧縣監. 陞同中樞. 庚子解紱, 歸雲門山中築二慕亭而休終. 贈兵曹判書, 享龍岡祠.

◦ **박경신** 자는 중선, 호는 삼우정이며, 본관은 밀양이다. 〈학행〉편 박하담의 손자이다. 임진왜란 때 조전장으로 임명되어, 맹렬히 싸워 7개 고을을 노략질하던 적을 무찌르고 평정하여 선무1등훈신에 책록되고, 밀양부사에 제수되었다. (사후에) 병조참판에 추증되었으며, 용강사에 제향되었다.

朴慶新 字仲宣, 號三友亭, 密城人. 學行河淡孫. 壬辰以助戰將力戰殲賊七邑賴而安, 錄宣武一等勳, 除密陽府使. 贈兵參, 享龍岡祠.

---

[288] 원종훈(原從勳): 무신으로서 공신록에 책록되고 훈호를 받은 사람. 오병무 역, ≪국역 조선환여승람: 남원≫, 두레 출판 기획, 2000, p.293 인용.

◦ **김극유** 본관은 청도이다. 〈명신〉편 김지대의 후손이다. 선략장군으로 양산군수를 지냈으며, 임진왜란 당시 의병을 일으켜 공을 세웠으므로 선무원종훈신에 책록되었다.
　金克裕[289] 淸道人, 名臣之岱后. 武宣略將軍行梁山郡守壬辰倡義有功, 錄宣武原從勳.

◦ **박경윤** 자는 효중, 호는 국헌이며, 본관은 밀양이다. (증)참판 박이의 아들이다. 무과에 급제하여 훈련원 첨정을 지냈으며, 독서를 좋아하고 재주와 기예를 겸비하였으며, 활쏘기에 능하였다. 임진왜란 당시 의병을 일으켜 공을 세웠으며, 선무2등훈신에 책록되었으며, 관직은 동중추에 이르렀다. 사후에 병조판서에 추증되었고, 유고집이 있으며, 용강사에 제향되었다.
　朴慶胤 字孝仲, 號菊軒, 密城人. 叅判頤子. 武訓鍊僉正, 好讀書兼才藝善射. 壬辰倡義有功, 錄宣武二等勳, 官至同中樞. 贈兵判, 有遺稿, 享龍岡祠.

◦ **박지남** 자는 경달, 호는 계애이며, 본관은 밀양이다. 박경신의 아들이다. 임진왜란 당시 아버지를 따라 의병을 일으켜, 2등훈신에 책록되었다. 관직은 동중추부사에 이르렀으며, 용강사에 제향되었다.
　朴智男 字景達, 號溪崖. 密城人. 慶新子. 壬辰從父倡義, 錄二等勳. 官同中樞, 享龍岡祠.

◦ **박철남** 자는 자명, 호는 운애이며, 본관은 밀양이다. 박지남의 동생이다. 임진왜란 당시 아버지와 형을 따라 의병을 일으켜 활약하였으며, (이에 대한 공으로) 선무원종 2등공신에 책록되었다. 관직은 사복 내승과 충무위 부장을 지냈으며, 용강사에 제향되었다.
　朴哲男 字子明, 號雲崖, 密城人. 智男弟. 壬辰從父兄倡義, 錄二等勳, 官司僕內乘忠武衛部將, 享龍岡祠.

◦ **박찬** 자는 숙헌, 호는 운옹이며, 공조참의에 증직된 박경연의 아들이다. 임진왜란 당

---

[289] ≪청도문헌고≫: "본관은 청도이며 현감 삼의 아들이다. 무과로 급제하여 군수를 지냈다. 선조 때 임진왜란 후 선무원종 2등 공신으로 녹훈되었다."(청도문화원, 2009, p.162)

시 의병을 일으켜, 제2등훈신에 책록되었다. 관직은 동중추부사에 이르렀으며 유고집이 있다. 용강사에 제향되었다.

朴璨 字叔獻, 號雲翁, 參義慶延子. 壬辰倡義有功, 第二等勳. 官同中樞. 有遺稿, 享龍岡祠.

◦ **박숙** 자는 이헌, 호는 용암이며, 본관은 밀양이다. 박찬의 동생이다. 임진왜란 당시 밀양박씨 일문에서 창의한 13의사와 함께 전공을 세워, 군자감 봉사에 제수되었으며 3등훈신에 책록되었다. 유고집이 있으며 용강사에 제향되었다.

朴俶 字而獻, 號龍岩, 密城人. 璨弟. 壬辰與同堂十三義士有戰功, 除軍資監奉事, 錄三等勳. 有遺集, 享龍岡祠.

◦ **박린** 자는 군헌, 호는 행와이며, 본관은 밀양이다. 박경윤의 아들이다. 임진왜란 당시 아버지와 형들과 함께 종군하여 공을 세웠으며, 2등훈신에 책록되었다. 관직은 참정을 지냈으며, 용강사에 제향되었다.

朴璘 字君獻, 號杏窩, 密城人. 慶胤子. 壬辰從諸父兄累立功, 錄二等勳, 官僉正, 享龍岡祠.

◦ **박구** 본관은 밀양이며, 박린의 동생이다. 임진왜란 당시의 공으로 선무원종공신에 책록되었으며, 관직은 훈련원 판관을 지냈다. 용강사에 제향되었다.

朴球 密城人, 璘弟. 壬辰錄宣武勳, 官判官, 享龍岡祠.

◦ **박근** 자는 명보이며, 본관은 밀양이다. 참봉 박경찬의 아들이다. 진사로 임진왜란 당시 창의하여 공을 세워 2등훈신에 책록되었다. 용강사에 제향되었다.

朴瑾290) 字明甫, 密陽人. 參奉慶纘子. 進士, 壬辰倡義有功, 錄二等勳, 享龍岡祠.

---

290) 오기로 보인다. 다른 기록에는 朴槿(박근)으로 표기되어 있다.

○ **박선** 자는 자복, 호는 괴정이며, 본관은 밀양이다. 〈충신〉편 박경인의 아들이다. 임진왜란 당시 아버지의 유명을 받들어 상복을 입은 채 참전하여 여러 차례 전공을 세워 3등훈신에 책록되었다. 관직은 한성우윤을 지냈으며, 용강사에 제향되었다.

　朴瑄 字子復, 號槐亭, 密城人. 忠臣慶因子. 壬辰承父遺命服衰累立戰功, 錄三等勳. 官右尹, 享龍岡祠.

○ **박문부** 자는 극달, 호는 운곡이며, 본관은 밀양이다. 봉사 박기석의 아들이다. 한강 정구의 문도이다. 임진왜란 당시 임금의 거가를 용만[291]까지 호위하였다. 그 공으로 호성3등훈신에 책록되었으며, 관직은 제포첨사와 행리성현감을 지냈으며, 충효사에 배향되었다. 문집이 전해진다.

　朴文富[292] 字極達, 號雲谷, 密城人. 奉事起碩子. 鄭寒岡門人. 壬亂扈駕龍灣, 錄扈 聖三等勳, 官僉正, 行利城縣監, 享忠孝祠, 有文集.

○ **예인상** 자는 홍달, 호는 독석암이며, 본관은 의흥이다. 어려서부터 기개와 절조가 있었으며, 재주와 기량이 남달랐다. 무관 주부를 지냈다. 임진왜란 당시 용만까지 왕을 호종하며 위험을 피하지 않고 수행하여, 호성훈신에 책록되었으며, 특별히 훈련원 판관에 제수되었으나, 사양하고 고향으로 돌아왔다.

　芮仁祥[293] 字弘達, 號獨石庵, 義興人. 少有氣節, 才器過人. 武主簿. 壬辰扈駕龍灣不避艱險, 策扈聖勳, 特除訓判辭歸田里.

---

[291] 용만(龍灣): 평안북도 의주.
[292] ≪청도문헌고≫: "본관은 밀양이며, 충의공 천경의 후손으로 호는 운곡이다. 한강의 문인으로 임진왜란 때 오리 이원익, 학봉 김성일과 창의하였다. 선무원종 3등 공신으로 녹훈되었으며 벼슬은 현감이다."(청도문화원, 2009, p.164)
[293] ≪청도문헌고≫: "본관은 의흥이며, 수몽헌 승석의 후손으로 호는 독석암이다. 어려서부터 기개와 절개가 있어 궁술과 마술을 익혔다. 임진왜란을 당하여 평완도 의주까지 어가를 호종하여 원종공신으로 녹훈되었으며 벼슬은 판관에 이르렀다."(청도문화원, 2009, p.162)

공신 功臣[294]

- **이철** 자는 사함, 호는 농현당이며, 본관은 고성이다. 용헌 이원의 후손이다. 학행으로 천거되어 참봉에 임명되었다. 임진왜란 당시 망우당 곽재우와 의병을 일으켜, 전공을 세웠다.

  李澈[295] 字士涵, 號弄絃堂, 固城人. 容軒原后. 學薦參奉. 壬辰與郭忘憂堂再佑起義旅有功.

- **반국해** 자는 사진, 호는 죽오이며, 본관은 기성이다. 문효공 반우형의 후손이다. 선조 임진왜란 당시 충무공 이순신을 따라 여러 차례 전공을 세웠으며, 관직은 도정을 지냈다. 사후 병조참의로 추증되었다.

  潘國海[296] 字士鎭, 號竹塢, 歧城人. 文孝公佑亨后. 宣祖壬辰隨李忠武公累立戰功, 官都正, 贈兵議.

고려명신 高麗名臣[297]

- **김지대** 청도 김씨의 시조이다. 시중 김여흥의 아들이다. 군의 남쪽 대성리에서 출생하였다. 지혜과 신과 같았고, ≪시경≫, ≪서경≫과 제자백가의 서적에 통달하였다. 고종 기묘(1217)에 강동 지역의 전장을 아버지를 대신하여 나갔다. 전쟁터에서 다음의 시를 지었다.

---

[294] 공신(功臣): 나라를 위하여 공을 세운 사람. 오병무 역, ≪국역 조선환여승람: 남원≫, 두레 출판 기획, 2000, p.293, 인용.

[295] ≪청도문헌고≫: "본관은 고성이며, 모헌의 증손으로 호는 농현당이다. 천거로 참봉이 되었으며, 임진왜란 때 곽 망우당을 따라 의병을 일으켜 공을 세웠다."(청도문화원, 2009, p.167)

[296] ≪청도문헌고≫: "본관은 기성이며, 옥계 우형의 후손으로 호는 죽오이다. 임진왜란 때 충무공 이순신을 따라 여러 차례 전공을 세웠다. 벼슬은 도정에 이르렀으며, 선무원종3등 공신으로 녹훈되었다 병조참의가 추증되었다."(청도문화원, 2009, p.163)

[297] 고려명신(高麗名臣): 고려시대 지위가 정경에 오르고 임금에게 정성을 다하며 백성에 혜택을 베푼 사람. 오병무 역, ≪국역 조선환여승람: 남원≫, 두레 출판 기획, 2000, p.293 인용.

國患臣之患	나라 근심은 신하의 근심이요,
親憂子所憂	아버지 걱정은 자식의 걱정이라.
代親如報國	아버지 대신 나라에 보답한다면,
忠孝可雙修	충효를 함께 행할 수 있는 것이네.

전장에서 이기고 돌아와 문과에 급제하였으며, 보문각 교감, 전라도 경상도의 양도 관찰사를 역임하였다. 서북으로 출진하여 몽고의 난을 평정하여 오산군에 봉해졌다. 원종 초 태부, 금자광록대부, 중서시랑평장사를 지냈다. 시호는 영헌이다. 사관이 찬하며 말하였다. "힘써 학문을 정진하였으며 문장에 능하였다. 청도를 스스로 맡아 다스렸는데 이르는 곳마다 명성과 공적이 있었다.".

金之岱298) 清道人, 侍中余典子. 生于郡南大城里. 智慧如神, 通詩書百家語. 高宗己卯江東之役代親從征, 作楯頭詩曰: "國患臣之患, 親憂子所憂. 代親如報國, 忠孝可雙修." 凱還, 登文科, 歷寶文閣校勘全慶兩道觀察使. 出鎮西北平蒙古亂, 封鰲山君. 元宗初太傅, 金紫光錄大夫, 中書侍郎平章事. 諡英憲. 史氏贊曰: "力學能文自任斯道所至有聲績."

---

298) ≪청도문헌고≫: "처음 이름은 중룡이다. 군의 남쪽에 있는 거연동에서 태어났다. 풍모와 자질이 크고 위엄이 있었으며, 큰 뜻이 있었다. 강동의 싸움에 들어가 아버지가 군대에 속해 있었는데, 태학생으로서 아버지를 대신하여 군대에 들어가 싸웠다. 병사들이 방패의 머리에 모두 기이한 짐승을 그려 넣었으나 지대는 홀로 다음과 같은 시 한 수를 적었다. "나라의 근심은 신하의 근심이요, 어버이의 걱정은 자식의 걱정이라. 어버이를 대신하여 나라에 봉사하면, 충성과 효도를 함께 하는 것이네.". 원수 조충이 이것을 보고 불러서 기량을 알아보았다. 전쟁을 이기고 돌아와서는 전주사록에 제수되었는데, 간사한 자들을 억누르고 불쌍한 이들을 돌보았는데 그 잘잘못을 적발함이 귀신같이 하였다. 다시 전라도 안찰사로 있을 때 최항이 보낸 승려 통지를 물에 빠트렸다. 최항이 그 아버지를 이어 정권을 잡았으나, 비록 전날의 이 일에 유감을 가지고 있었지만 지대가 청렴하고 근면하였으므로 해치지 못하였다. 몽고병이 북쪽에서 침입해 오자 홍희를 대신하여 출진하여 서북쪽의 40여 성이 그에 힘입어 함락되지 않았다. 책훈할 때 오산군으로 봉해졌다. 뒤에 평장사의 벼슬을 지내고 벼슬을 그만두었다. 사계 김장생의 집안에 소장되어 있는 기록에 '주서에는 나타나지 않았으나 논공한 것은 드러난다.'라고 하였으니, 문리는 위의 내용과 대동소이 하다. 시호는 영헌이며, 남계사에 모셔져 있다."(청도문화원, 2009, p.150)

명신 名臣299)

◦ **김점** 호는 의촌이며, 본관은 청도이다. 〈훈신〉편 김한귀의 손자이다. 태조 이래 네 조정을 섬기었으며, 관직은 호조판서와 참찬에 이르렀다. 시호는 호강이다.

金漸 號義村, 淸道人. 勳臣貴漢300)孫. 歷事太祖以下四朝, 官至戶判參, 諡胡剛.

명환 名宦301)

◦ **박융** 자는 유명, 호는 우당이며, 본관은 밀양이다. 〈절의〉편 박익의 아들이다. 포은 정몽주의 문도이다. 태종 시기 문과에 급제하여 이조정랑을 지냈으며, 김해와 함안 두 군의 수령으로 나아가 다스렸는데 모두 청백하다는 칭송을 받았다. 여러 읍의 문묘에 사용되는 제기를 수리하고 제작하였으며, 김탁영이 지은 《학궁기》에 다음과 같이 기록되어 있다. "선생께서는 이 지방의 도사로 해당 지역의 유학에 큰 공을 세웠다." 유고집이 있으며, 덕남원에 제향되었다.

朴融 字惟明, 號憂堂, 密城人. 節義翊子. 圃隱門人. 太宗朝文吏曹正郞出宰金咸二郡俱以淸白稱修造列邑文廟祭器金濯纓《學宮記》曰: "先生以是路都事大有功於斯文." 有文集, 享德南院.

◦ **김호우** 본관은 청도이며, 〈절의〉편 김점의 손자이다. 세조 때 완백302)을 지냈다.

金好雨 淸道人, 名臣漸孫. 世祖朝官至完伯.

◦ **이우** 본관은 재령이며, 문하시중 재령군 이우칭의 후손이다. 선조 시기 부사를 지냈

---

299) 명신(名臣): 지위가 정경에 오르고 임금에게 정성을 다하며 백성에 혜택을 베푼 사람. 오병무 역, 《국역 조선환여승람: 남원)》, 두레 출판 기획, 2000, p.293 인용.
300) 오기로 보인다. 김한귀가 정확한 인명이다.
301) 명환(名宦): 대대로 맑게 드러난 사람. 오병무 역, 《국역 조선환여승람: 남원》, 두레 출판 기획, 2000, p.293 인용.
302) 완백(完伯): 전라도 관찰사. 조선시대에, 「전라도(全羅道) 관찰사(觀察使)」의 다른 이름.

으며, 사후에 참의로 추증되었으며, 부령군에 봉해졌다.
李友 載寧人, 門下侍中載寧君禹偁后. 宣祖朝府使, 贈參議, 封富寧君.

◦ **이몽상** 자는 백응, 본관은 재령이며, 이우의 아들이다. 현령을 지냈으며, 선조 시기 아들 이운룡의 덕으로 순충보조공신과 병조참의에 추증되었으며, 재령군에 봉해졌다.
李夢祥 字伯應, 載寧人, 友子. 縣令. 宣祖朝以子雲龍之貴, 贈純忠補祚功臣, 兵參, 封載寧君.

◦ **이사균** 본관은 월성(경주)이다. 문효공 국당 이천의 후손이다. 3도의 관찰사를 지냈으며, 이조판서로 추증되었으며 시호는 문강이다.
李思均303) 月城人. 文孝公菊堂蒨后. 三道觀察使 贈吏判, 謚文剛.

◦ **이영** 본관은 경주이며, 이사균의 아들이다. 문관으로 개성유수를 지냈다.
李怜 月城人, 思均子. 文開城留守.

◦ **이정탁** 자는 위경, 호는 귀암이며, 본관은 경주이다. 이영의 현손이며, 문관으로 공조좌랑을 지냈다.
李廷卓304) 字衛卿, 號龜岩, 月城人. 怜玄孫, 文工曹佐郞.

---

303) 《청도문헌고》: "본관은 경주이며, 국당 천의 후손으로 연산군 때 급제하였다. 중종 때 홍문관 부교리를 역임하였으며, 벼슬이 삼도관찰사에 이르렀다. 형조판서가 증직되었으며, 시호는 문강이다."(청도문화원, 2009, p.184)
304) 《청도문헌고》: "본관은 경주이며, 문강공 사균의 후손으로 호는 구암이다. 좌랑을 지냈다."(청도문화원, 2009, p.192)

청백 淸白305)

◦ **금의**306) 고려시대 정사를 맡아 강직하게 곧게 처신하여 백성들이 '청도철상공'이라 하였다.

琴儀 高麗朝爲政剛正, 號'淸道鐵相公'.

◦ **민종유**307) 청도군 내에 세력 있는 가문이 많아 다스리기 어렵다고 일컬어졌으나, 민종유가 부임하여 청탁을 받지 않고, 법으로 엄정히 다스려 정사로 명성이 높았다.

閔宗儒 郡多大姓號難治. 莅郡不受請謁, 繩之以法, 以政最聞.

◦ **문여량**308) 조선시대 우리 군에 부임하여 청렴하게 정사를 돌보았다.

文汝良 朝鮮朝莅郡淸政.

◦ **이굉**309) 우리 군에 부임하여 청렴하게 정사를 돌보았다.

李浤 莅郡淸政.

---

305) 청백(淸白): 청렴하게 정치를 한 사람. 오병무 역, ≪국역 조선환여승람: 남원≫, 두레 출판 기획, 2000, p.293, 인용.
306) 금의(琴儀): 1153년에서 1230년 대 사람으로 고려 고종 때 문신이며, 본관은 봉화이고, 초휘는 극의이며, 자는 절의이고 시호는 영렬이다. 선생은 천생이 강직하여 굽힐 줄 몰랐으며, 일찌기 청도감무(군수)로 있을 때 백성들이 철태수라 불렀다고 한다. 청도군, ≪청도군지≫, 구일출판사, 1991, p.1049, 인용.
307) 민종유(閔宗儒): 본관은 여흥으로 1263년(원종4년)에 대과에 급제하여 나이 19세로 청도감무에 임명되었는데, 그 당시 청도군은 대성이 많이 살 뿐 아니라 문화, 문물이 발달되어 난치한 고을이라 하였으나, 그는 청알을 받지 않고, 백성을 인선으로 다스리며 법으로 공정무사하게 다스리므로 그 이름이 높았다고 한다. 청도군, ≪청도군지≫, 구일출판사, 1991, p.1049 인용.
308) 행적이 병화로 실전되었다. 청도군, ≪청도군지≫, 구일출판사, 1991, p.1050 인용.
309) 이굉(李浤): 본관은 철성이고 자는 심원이며, 호는 낙포이고, 25세 때에 진사시에 급제하여 나이 40세에 문과에 급제하여 군위, 청도, 상주 등의 수령을 역임하고 수군절도사를 거쳐 개성유수에 이르렀다. 청도군, ≪청도군지≫, 구일출판사, 1991, p.1050 인용.

- **이윤**[310] 우리 군에 부임하여 평안하게 다스렸다.
  李胤 莅郡治平.

- **안구**[311] 우리 군에 부임하여 선정을 많이 베풀었다.
  安覯 莅郡多善政.

충신 忠臣[312]

- **박경인** 자는 희중, 호는 용연이며, 본관은 밀양이다. 〈효자〉편 박영의 아들이다. 문장과 행실이 뛰어나 세상에 드러났으며 다음과 같은 영회시를 짓기도 하였다.

松栢在深山	깊은 산속 소나무와 측벽나무도,
榱棟各成材	서까래와 마룻대가 되어 쓰이네.

  임진왜란이 일어나자, 가문의 형제인 12의사와 의병을 일으켜 전력을 다해 싸우다 순절하였다. 사헌부 지평에 추증되었으며, 용강사에 제향되었다.
  朴慶因 字禧仲, 號龍淵, 密城人. 孝子穎子. 文行著世, 嘗有詠懷詩:"松栢在深山, 榱棟各成材." 壬亂與同堂十二義士倡義力戰而殉. 贈持平, 享龍岡祠.

---

310) 이윤(李胤): 본관은 철성이며 자는 자백이고 호는 쌍매당으로 1486년 문과에 급제하였다. 연대는 미상이나 성종 때 군수로 재임하였고, 여러 직을 거쳐 부제학에 이르렀다. 연산조에 무오사화가 일어나자 중제 망헌 이주 선생과 더불어 유배되었다. 선생은 또한 철성이씨의 입철도조인 모헌 이육 선생의 백형이기도 하다. 청도군, 《청도군지》, 구일출판사, 1991, p.1050 인용.

311) 안구(安覯): 본관은 광주이고 자는 사중이며 호는 태만으로 문과에 급제하여 연대는 미상이나 군수로 부임하여 재임중 선정을 베풀어 치적이 크게 있어 백성들이 안녕하게 지냈다고 한다. 뒤에 벼슬이 여러 직을 역임하여 사간에 이르렀다. 청도군, 《청도군지》, 구일출판사, 1991, p.1051 인용.

312) 충신(忠臣): 나라를 위해 순절한 사람. 오병무 역, 《국역 조선환여승람: 남원》, 두레 출판 기획, 2000, p.293 인용.

◦ **박우** 자는 중헌, 호는 기포이며, 본관은 밀양이다. 〈훈신〉편 박찬의 동생이다. 임진왜란이 일어나자 창의한 공로로, 원종훈신에 책록되었으며, 감포현감에 제수되었다. 또한 이괄의 난 때 공을 세워, 선무일등원훈신에 책록되었다. 병자호란 때에는 항전하다 쌍령에서 순절하였다. 사후 병조의랑에 추증되었으며, 용강사에 제향되었다.
  朴瑀 字仲獻, 號杞圃, 密城人. 勳臣璨弟. 壬亂倡義, 錄原從勳, 除藍浦縣監. 适亂錄宣武一等原勳. 丙子胡亂, 殉節于雙嶺, 贈兵議, 享龍岡祠.

◦ **이해** 자는 거원, 호는 유호당이며, 본관은 고성이다. 생원 이초의 아들이다. 어려서부터 문장이 뛰어나고 기개가 있었으며, 효성과 우애 두터워 부모가 상을 당하자, 여막을 짓고 시묘살이를 하였다. 임진왜란 때 도원수 권율의 출사청유서를 받고, 의병장이 되어 남원성으로 달려갔다. 결국 절의를 지키며 죽음을 맞이하였다. 당시 아들에게 〈절명사〉 10구를 지어 자신이 타던 말에 붙여 집으로 돌려보내었다. 이후 초혼장을 지내고 무덤 아래 말을 묻어 '의마총'이라 하였다.
  李海313) 字巨源, 號柳湖堂, 固城人. 生員礎子. 少有文章氣節, 孝友篤行, 親喪廬墓. 壬辰見權都元帥慄請諭書, 以義兵將赴南原, 竟以立節死, 日作寄兒書及〈絶命詞〉十句付所乘馬還家. 後招魂葬, 墓下有'義馬塚'.

◦ **이잠** 자는 사소, 호는 자암이며, 본관은 고성이다. 용헌 이원의 후손이다. 성품이 지극히 효성그럽고, 문학으로 명성이 있었다. 임진왜란이 일어나자, 의병을 일으켜 훈로를 세웠다. 병사로 승진하여 진양314)에서 싸우다 전사하였다. 병조참의에 추증되었으며, 창렬사에 제향되었다.
  李潛315) 字士昭, 號紫岩, 固城人. 容軒原后. 性至孝有文學. 壬辰起義旅有勳勞, 陞兵使

---

313) ≪청도문헌고≫: "본관은 고성이며, 모헌 육의 증손으로 호는 유호당이다. 명종 을묘년(1555)에 진사시에 합격하여 관직이 교위에 이르렀다. 어려서부터 문장이 뛰어났고 기개와 절개가 있었다. 임진왜란 때 도원수 권율이 청유하는 글을 보고 의병장으로 남원에 갔으나 중과부적으로 죽음을 면치 못할 것을 알고, 절명사를 지어 타고 다니던 말에게 붙여 집으로 돌아가게 하여 자식들을 경계하였다. 마침내 힘을 다해 싸우다가 죽었으니 정유년(1597) 8월이었다. 말도 그의 집에 도착하자 곧 죽었다. 가족들이 초혼장을 지냈는데, 묘 아래에 의로운 말의 무덤이 있다."(청도문화원, 2009, p.165)
314) 진양(晉陽): 경상남도 진주(晉州)의 옛 이름.

殉于晉陽. 贈兵議, 享彰烈祠.

○ **박경선** 자는 효가이며, 본관은 밀양이다. 〈훈신〉편 박경전의 동생이다. 무과에 급제하여 천성만호로 재직하던 중, 임진왜란이 일어나자, 형과 함께 의병을 일으켜 싸우다 순절하였다. 좌승지에 추증되었다.
　朴慶宣 字孝可, 密城人. 勳臣慶傳弟. 武萬戶, 壬辰與兄倡義殉節. 贈承旨.

고려절의 高麗節義[316]

○ **박익** 자는 태시, 호는 송은이며, 본관은 밀양이다. 문헌공 박영균의 아들이다. 공민왕 시기 등과하여 고려의 운명이 다 하는 것을 보고는 사직하고, 밀양 송계 마을로 낙향하였다. 성조가 조선을 개국한 뒤 다섯 차례 부름을 받아, 좌상에까지 제수되었으나 나아가지 않았다. 포은, 목은, 야은 등의 여러 선비와 시문을 주고받으며 뜻을 드러내었으니 세상 사람들이 그들을 이르러 '팔은'이라 불렀다. 포은이 절의를 지키며 순절하고자 할 무렵, 그를 불러 충의로 함께 죽을 것을 맹세하자 공이 말하였다. "그렇습니다. 마땅히 이제 이 세상을 떠나야겠습니다." 그리고 (포은이) 세상을 등지자 슬퍼하며 탄식하였다. 이에 관해 다음과 같은 시를 남기었다.

丹忱幾望雲千里	붉은 충정을 품고 저 멀리 구름 바라보고,
血淚虛流五月更	피눈물 헛되이 흐르고 오월은 다시 돌아오네.
傍人莫問興亡事	세상 사람들아, 흥망의 일을 묻지 말라,
遊水遊山足一生	강산을 유람하는 것만으로 일생 충분하도다.

---

[315] 《청도문헌고》: "본관은 고성이며, 모헌의 증손으로 호는 자암이다. 성정이 지극히 효성스럽고 문장과 학행이 있었다. 선조 때 임진왜란을 맞아 의병을 일으켜 공훈을 세워 병사에 올랐고, 진양(진주)에서 순절하였다. 병조참의가 증직되고, 창열사에 향사되었다."(청도문화원, 2009, p.166)

[316] 고려절의(高麗節義): 고려시대 의리를 지켜 한 번 품은 뜻을 바꾸지 않은 사람. 오병무 역, 《국역 조선환여승람: 남원》, 두레 출판 기획, 2000, p.293 인용.

시호는 충숙이며, 문집이 있다. 밀양 덕남서원과 단성 단계서원에 제향되었으며, 영정은 용강사에 봉안되었다. ≪고려사≫에서 그의 행적을 찾아볼 수 있다.

朴翊 字太始, 號松隱, 密城人. 文憲公永均子. 恭愍朝登第見麗運將訖棄官歸密州松溪. 逮聖祖龍興五徵至左相不就. 與圃, 牧冶諸賢唱酬見志世稱'八隱'. 圃隱殉節之際呼公以忠義誓死, 公曰: "唯唯317)當從此逝矣". 因謝世傷歎, 有詩: "丹忱幾望雲千里, 血淚虛流五月更. 傍人莫問興亡事, 遊水遊山足一生.". 諡忠肅, 有文集. 密陽德南院, 丹城丹溪院奉安影幀于龍岡祠. 見麗史.

◦ **박양무** 자는 약생, 호는 두촌이며, 본관은 밀양이다. 공민왕 시기 등과하였으며, 포은 정몽주 등과 교유하며 고려의 국운이 장차 쇠하는 것을 보고 슬퍼하며, 관직을 벗고 고향으로 돌아가고자 하는 뜻을 품었다. 조선 태조가 즉위하자 오성문 밖에 만수산 중에 물러나 은거하고는 뜻을 같이하는 여러 선비들에게 말하였다. "내가 죽으면 선조의 제사를 봉양할 수 없다."라며 운을 떼고는 작별하며 말하였다. "나라를 위하였지만 사직을 지켜내진 못하였으나, 가문을 잇지 않고 어찌 차마 선대 차조 끊어버리겠습니까", "밀주는 우리 조상의 고향이니, 반드시 돌아가고자 합니다.". 그러고는 도롱이와 삿갓을 쓰고 남쪽으로 내려와 화양 대성산에 은거하며 생을 마쳤다. 그 뒤 숭절사에 제향되었다.

朴楊茂318) 字若生, 號杜村, 密陽人. 恭愍朝登第, 從遊圃隱見麗運將訖悽, 然有解官歸鄉之心. 及聖祖龍興退居于午正門外萬壽山中謂同志諸賢曰: "我死無以奉先祀.", 訣曰: "爲國不能存社稷, 傳家何忍絶先世.", "密州吾祖之鄉, 必以爲歸.". 簑笠南下隱於華陽大城山. 以終享崇節祠.

---

317) 유유(唯唯): 주로 문어(文語)에서, 시키는 대로 하겠다고 공손(恭遜)히 대답(對答)하는 소리.
318) ≪청도문헌고≫: "본관은 밀양이며, 호는 두촌이다. 포은 정몽주와 종유하였다. 공민왕 때 등과하여 김천 찰방에 제수되었다. 고려의 국운이 장차 쇠퇴해 가는 것을 보고 우현보와 더불어 탄식하여 말하기를, "우리들이 대대로 국은을 받았는데 무엇으로 신하의 도리를 다 할 수 있겠는가?" 하였다. 조선이 건국되자 만수산으로 물러나 살면서, 다시 여러 동지들과 함께 말하기를, "나라를 위해 사직을 보존하지 못하였으나 가문을 전하는 일에 어찌 차마 선조의 세대를 끊을 수 있겠는가?"라고 하고 삿갓을 쓰고 남쪽으로 내려와서 대성산에 은거하여 생을 마쳤다. 우와 이응수가 지은 행장이 있으며, 참판 민병승이 지은 묘갈명이 있다. 숭절사에 향사되었다."(청도문화원, 2009, p.164)

절의 節義319)

◦ **김진** 호는 도연, 본관은 청도이다. 〈명신〉편 김지대의 후손이다. 문학적 소양과 의로운 행실을 갖추었다. 임진왜란 당시 망우당 곽재우를 따라 종군하였으며, 의병을 일으켜 화왕산성을 지켰으며, 그를 도와 (전장을) 모획하였다. 관련 내용은 ≪망우당집≫에서 확인 할 수 있다.

金軫 號道淵, 淸道人. 名臣之岱后. 有文學行義. 壬辰從郭忘憂堂, 倡義守火旺山城贊其謀畫. 見≪忘憂堂集≫.

◦ **예몽진** 자가 추언이며, 본관은 의흥이다. 수몽헌 예승석의 후손이다. 임진왜란 당시 박씨 문중이 의병을 일으켰다는 소식을 듣고 함께 종군하여 참모로 활약하여 공을 세웠다. 이로 통훈대부에 제수되었다. 광해군의 정사가 어지러워지자, 대전 봉산에 은거하였다. 인조반정으로 개옥된 뒤 특별히 가선대부 한성우윤에 임명되었다.

芮夢辰320) 字樞彦, 義興人. 守夢軒承錫后. 壬辰聞朴氏宗黨倡義從往參謀有功, 官通訓. 光海政亂遯居大田鳳山. 仁祖改玉後, 特陞嘉善漢城右尹.

효자 孝子321)

◦ **김극일** 자는 용협, 호는 모암이며, 본관은 김해이다. 성품이 지극히 효성스러워 모친의 종기를 입으로 빨아내고, 부친이 이질을 앓을 때, 대변을 맛보기도 하였다. 전후로 6년간 시묘살이를 하였으며, 묘소 옆에서 호랑이를 젖 먹여 키웠는데, 제사의 남은 음식을 주면서 가축처럼 기르기도 하였다. 부친의 천첩322)이 둘 있었는데, 대하기를 어

---

319) 절의(節義): 의리를 지켜 한 번 품은 뜻을 바꾸지 않은 사람. 오병무 역, ≪국역 조선환여승람: 남원≫, 두레 출판 기획, 2000, p.293 인용.

320) ≪청도문헌고≫: "본관은 의흥이며, 수몽헌 승석의 후손이다. 임진왜란 때 박경전, 박경신을 따라 의병을 일으켜 운문산을 중심으로 싸웠다. 광해군 때 한밭(대전 이서면)으로 은거하였고, 인조 때 한성우윤으로 추증되었다."(청도문화원, 2009, p.167)

321) 효자(孝子): 효성이 지극한 아들. 오병무 역, ≪국역 조선환여승람: 남원≫, 두레 출판 기획, 2000, p.293 인용.

머니처럼 하였다. 그들이 죽었을 때, 모두 기년복을 입었다. 그 행적은 ≪삼강록≫323)에 실렸고, 사림에서 뛰어나다 하여 '절효선생'의 시호를 내려받았다. 천순 갑신(1464)에 정려가 세워졌으며, 자계원에 제향되었다.

金克一324) 字用恊, 號慕庵, 金海人. 性至孝爲母吮疽, 爲父嘗痢. 前後廬 六年, 虎乳墓傍飼之. 祭餘如同家畜. 父有賤妾二人, 事之如一, 及沒幷服朞年. 載三綱錄, 士林秀謚曰: '節孝先生'. 天順甲申旌, 享紫溪院.

---

322) 천첩(賤妾): 종이나 기생(妓生)으로서 남의 첩(妾)이 된 여자.

323) 삼강록(三綱錄): 매 식년마다 각 도에서 올린 충·효·열 삼강의 사적을 모아 엮은 교훈서로 예조에서 다시 왕에게 아뢰어 증직(贈職)·급복(給復) 및 상전(賞典)을 내렸는데, 이 책은 이를 뒷받침하는 사적(事蹟)을 편록(編錄)한 것이다. 뒤에 『삼강록속』·『속수삼강록』 등의 이름으로 속간되기도 하였다.

324) ≪청도문헌고≫: "본관은 김해이며, 분릉군 서의 아들이다. 성품이 지극히 효성스러워 어머니를 위해 종기를 빨았고, 아버지를 위해 변을 맛보기도 하였다. 뒤에 가서 시묘 살이를 6년 동안 하였고, 묘소 옆에 호랑이가 새끼를 길렀는데, 제사 지내고 남은 음식을 주면서 마치 가축처럼 길렀다.
아버지에게 두 명의 천첩이 있었는데, 그들을 섬기기를 아버지가 살아 계실 때와 다름이 없게 했고, 그들이 죽었을 적에는 기년복을 입었다. 세조 갑신년(1464)에 정려가 세워졌으며, 고을 사람들이 절효라고 호하였다. 점필재 김종직이 지은 효문비명이 있다.(청도문화원, 2009, p.204)

◦ **이관명** 비 오는 밤, 호랑이가 그의 모친을 물어가자, 누이 연가와 질녀 백비가 뒤쫓아가 어미의 시신을 빼앗아 돌아왔다. 그의 효를 기리는 비가 있다.

　　李官明325) 雨夜虎囕326)其母與妹延加姪女白飛逐奪母屍, 有碑.

◦ **박윤손** 수군 박동의 아들이다. 17살 때, 어머니를 따라 다듬이질을 하고 있다가, 호랑이가 그의 어머니를 물고 가버렸다. 이에 10리를 뒤쫓아 갔는데, 이 소식을 들은 이웃 사람들이 구하러 오자, 호랑이가 어머니를 놓고 달아났다. 그러나 어머니는 당일 밤에 이르러 사망하였다. 정려문이 있다.

　　朴閏孫327) 水軍朴同子. 年十七隨母擣砧, 虎囕其母. 追至十里隣人來救虎遂拾去至夜而

---

325) ≪청도문헌고≫: "그의 어머니가 밤에 호랑이에게 물려갔는데, 당시 큰 비가 내리고 있어 천지가 모두 캄캄하니 이웃 사람들이 모두 두려워하며 나오지 않았다. 관명의 누이동생으로 13살인 연과 질녀인 9살짜리 백비가 있었는데, 이 두 아이와 함께 호랑이를 쫓았다. 오른손에는 도끼를 잡고 왼손으로는 횃불을 잡았고 5리쯤 가니 불이 꺼졌다. 이에 소나무 가지를 가져다 횃불을 만들어 다시 1~2리 정도 쫓아가 호랑이를 질책하고 어머니의 시체를 빼앗아 돌아왔다. 이웃들이 슬퍼하고 관을 만들어 장례를 지내주었다. 지금도 비가 있다."(청도문화원, 2009, p.204)

326) 람(囕): '입에 넣다'는 것을 뜻한다.

327) ≪청도문헌고≫: "수군 박동의 아들이다. 17살 때 어머니를 따라 다듬이질을 하고 있었는데, 호랑이가 어머니를 물어갔다. 윤손이 왼손으로 어머니를 붙잡고 오른손으로 돌을 던지면서 5리 정도 추격하였다. 이

死. 旌.

◦ **박영** 자는 우숙이며, 호는 성효재이다. 〈학행〉편 박하담의 아들이다. 효행으로 천거되어 순릉참봉에 제수되었으며, 사후 형조참의에 추증되었다.

朴穎 字愚叔, 號誠孝齋, 學行河淡子. 以孝薦除順陵參奉, 贈刑參.

◦ **최여준** 자는 극옹이며, 호는 경산이며, 본관은 경주이다. 고운 최치원의 후손이다. 임진왜란이 발생하자, 어머니를 업고 산 정상에 올라 화를 피하였으며, 여모당 손처눌과 함께 의병을 일으켜 공을 세웠다. 인조 병인년(1626) 충효로, 동몽교관에서 판의금에까지 추증되었다. 충효사에 제향되었다.

崔汝峻[328] 字極翁, 號耕山, 慶州人. 孤雲崔致遠后. 壬亂負老母入最頂山, 與孫慕堂處訥倡義有功. 仁廟丙寅以忠孝, 贈童敎, 至判義禁. 享忠孝祠.

웃 사람들이 소문을 듣고 구하러 가니 호랑이는 어머니를 놓고 가버렸다. 그 어머니는 한밤중에 죽어버렸다. 이 사실이 조정에 알려져 정려가 내렸다."(청도문화원, 2009, p.204)

[328] ≪청도문헌고≫: "본관은 경주이며 관가정 청의 후손이다. 임진왜란 때 최정산에 들어가서 여모당 손처눌과 의병을 일으켜 공을 세웠다. 인조 병인년(1626)에 충효로써 동몽교관에 추증되었다. 충효각에 향사되었다."(청도문화원, 2009, p.166)

◦ **박양춘** 자는 경화, 호는 모헌이며, 본관은 밀양이다. 진사 박언계의 증손자이다. 부친상을 당하자 멀리 떨어진 곳에서 장사를 지냈는데, 밤에는 시묘살이하였고, 낮에는 돌아와 어머니를 봉양하였다. 어느날 여막으로 향하던 길에 넓은 여울에 이르렀는데, 갑작스러운 폭우로 물이 불어, 건널 수 없게 되자 슬피 통곡하고는 이내 강물 속을 결단하고 헤치며 건넜는데, 옷을 갈아입지도 않았다. 이를 본 사람들이 모두 신기하며 효성에 감탄하였다. 임진왜란 당시 모친상을 당하자, 상주로 빈소 곁에서 슬피 울었는데, 이를 본 왜구가 "참으로 효자이다."라고 말하고는 약을 주며 이곳에 들어가지 말라는 표치를 세워놓고 갔다. 사후 이조참의로 추증되었으며, 정려비를 세웠다.
朴陽春 字景華, 號慕軒, 密陽人. 進士彦桂曾孫. 丁外艱葬于遠地夜則廬墓, 晝則覲闈. 一日自家往廬至廣灘驟雨水漲不能渡而哀號江水中斷涉不添衣. 見者神之以孝感. 壬辰內艱承重號哭于殯側倭寇見之曰: "眞孝子", 遺以藥物立標. 勿犯贈吏議, 旌.

◦ **이유의** 효행으로 조정에서 명하여 정려비를 세우도록 하였다.

　李惟毅329) 以孝行命旌.

◦ **박상** 호는 모와이며, 본관은 밀양이다. 문장과 행실이 뛰어났으며, 두암 이기옥과 도의로 사귀었다. 선조 시기 호조좌랑을 지냈으며, 임진왜란이 일어나자, 어버이를 위하여 쌀을 구하러 호남으로 떠났는데, 끝내 돌아오지 못하였다. 아내 유씨도 효를 다하고 세상을 떠났는데, 이에 세상 사람들이 '쌍효'라 하였다.

　朴詳 號慕窩, 密陽人. 有文行, 與竇岩李璣玉爲道義交. 宣祖朝戶曹佐郞, 壬亂爲親負米於湖南未歸, 而妻柳氏死於孝, 世稱'雙孝'.

◦ **김헌장** 자는 경술, 호는 완송이며, 본관은 김해이다. 〈유현〉편 김일손의 후손이다. 일찍이 부모를 여의어 정성과 예를 다할 길이 없어, 부모가 묻힌 산 아래 집을 짓고, 아침저녁으로 참배하였다. 군수 이현행이 이를 듣고는 칭찬하며 그 재사를 '유연'이라 이름 지었다. 병계 윤봉구가 그 여막으로 가 경례330)에 대해서 논하곤 하였다. 문집을 남겼다.

　金憲章331) 字敬述, 號翫松, 金海人. 儒賢駉孫后. 早失怙恃, 情禮莫伸遂, 築室於親山下晨昏展拜, 郡守李顯行聞而嘉之名其齋曰: '油然'. 屛溪尹鳳九臨其廬與論經禮. 有文集.

◦ **박시한** 자는 천서이며, 본관은 밀양이다. 낙봉 박동효의 아들이다. 효종 연간 무관으로 네 개의 진영장을 지냈으며, 용천과 명천의 부사에 이르기까지 모두 백성들로부터

---

329) ≪청도문헌고≫: "하늘이 낸 효성으로 상례와 제례를 의례에 맞게 하였다. 숙종 신유년(1741)에 이 사실이 조정에 알려져 정려가 내렸다."(청도문화원, 2009, p.205) ≪청도문헌고≫에서 '숙종 신유년(1741)'로 기록하였는데, 1741년은 숙종이 아닌 영조의 재위 기간이므로 오기로 보인다.

330) 경례(經禮): 예법의 대강(大綱).

331) ≪청도문헌고≫: "본관은 김해이며, 탁영의 후손으로 호는 완송이다. 일찍이 과거에 뜻을 버리고 경학에 전념하였다. 어릴 때 부모를 여의였기 때문에 항상 정리와 예의를 펴보지 못한 것을 종신토록 통한으로 여겨 마침내 부모의 산소 아래 집을 짓고 아침저녁으로 참배를 하였다. 현감 이현행이 이 소식을 듣고 아름다운 일이라 하여 재사를 '유연'이라 이름 지었다. 병계 윤봉구가 그 여막에 가서 경서의 뜻을 담론하고는 지극히 칭찬하였다. 문집이 남아 있으며 동천사에 향사되었다.(청도문화원, 2009, p.161)

칭송을 받았다. 관직을 부임할 때 시를 지어 말하길,

萬里辭親意不窮	만 리 떠나는 길 부모에게 이별 고하는 마음 끝없고,
恐將微孝未移忠	미약한 효 충정으로 바꾸지 못할까 두렵네.
涓埃遲報晨昏曠	작은 은혜 아직 다 갚지 못했고, 아침저녁으로 뵙지 못해 허전하니,
惟恨平生早事弓	오직 한스러운 것은 평생 일찍부터 활 쏘는 일에 매달린 것이네.

그 뒤 부모의 상을 당한 뒤, 무덤 곁에서 여막을 짓고 6년간 시묘살이를 하였다.
朴始漢 字天瑞, 密城人. 藥峰東孝子. 孝宗朝武歷四鎭營將至龍川明川府使皆有頌德. 赴任時有詩:"萬里辭親意不窮, 恐將微孝未移忠. 涓埃遲報晨昏曠, 惟恨平生早事弓." 親喪廬墓六年.

◦ **박상협** 자는 화보이며, 본관은 밀양이다. 행산 박세균의 후손이다. 성품이 효성스러우며 우애가 깊었으며, 학문을 좋아하였다. 일찍이 아버지를 여의어 한평생의 통한으로 여기었으며, 어머니의 상을 당하자, 아버지 묘와 함께 부장하고, 여막을 짓고 3년 동안 시묘살이를 하였는데, 삼 형제가 한 방에서 함께 거처하며 침상을 잇고 베개를 함께 쓰고 지내며 지극히 감내하며 화목하였으니, 보는 이마다 모두 감탄하였다.
朴尚協 字和甫, 密陽人. 杏山世均后. 性孝友好學, 早失怙爲一生痛恨, 母喪祔葬于考墓廬墓三年, 三兄弟同居一室, 聯床共枕, 極致堪樂, 人皆稱歎.

◦ **반환** 자는 헌옥, 호는 종모재이며, 본관은 기성이다. 문효공 반우형의 후손이다. 부모를 섬김에 있어 지극한 효로 대하였는데, 부모의 상을 당하자 10여 간의 시묘살이를 하다 삶을 마쳤는데, 향인들이 그가 머물던 재를 이르러 종모재라 하였다. 지산 김복한이 묘갈명을 지었으며, 유필영이 유허비문을 지었다.

潘瓛332) 字獻玉, 號終慕齋, 岐城人. 文孝公佑亨后. 事親至孝廬墓十年而終鄕人號其齋曰: '終慕齋'. 芝山金福漢撰墓碣, 柳必永撰遺墟碑文.

◦ **배세중** 본관은 성산이며, 무열공 배현경의 후손이다. 부모를 섬김에 있어 지극한 효성을 다하였는데, 영조 시기 정랑에 추증되었으며, 정려를 세울 것을 명받았다.

---

332) ≪청도문헌고≫: "본관은 기성이며, 옥계 우형의 후손으로 호는 종모재이다. 어려서부터 특이한 자질이 있더니 자라서는 학문을 하는데 나태하지 않았으며, 부모를 섬김에 있어 마음과 예절을 갖추어 봉양하였다. 어머니 상을 당하여 슬퍼함이 예를 넘었다. 어머니 묘소가 40리 떨어져 있었지만 날마다 애절한 마음으로 성묘하기를 비바람이 치는 날일지라도 그만두지 않았는데, 3년을 하루같이 하였다. 아버지 상을 당해서는 시묘살이하며 3년을 피눈물 흘리며 울었다. 범이 호위하였는데 가축처럼 여겼다. 이에 따라 몇 칸 집을 지어 직접 밥을 해 먹으며 거처하였다. 사림에서 여러번 이런 사실을 보고하였고, 향리에서는 그가 살던 곳을 종모재라고 하였다. 김복한이 지은 묘갈명과 유필영이 쓴 유허비명이 있다."(청도문화원, 2009, p.208)

裵世重333) 星山人, 武烈公玄慶后. 事親至孝, 英廟朝贈正郎命旌.

◦ **이택준** 자는 현중이며, 본관은 고성이다. 용헌 이원의 후손이다. 부모를 섬김에 지극한 효성으로 섬겼으며, 부모상을 당하자, 큰 천을 건너 안장하였는데, 3리 정도의 거리였다. 매일 한 번 문안을 드렸다. 어느 날 큰 비가 내려 물이 불어 건널 수 없게 되었다. 강가에 이르러 통곡하자 물이 감응하여 흐름이 끊긴 듯하니 이내 강을 건널 수 있었다. 사람들이 이를 이르러 '효성이 하늘을 감동시킨 일'이라 하였다. 헌종 연간에 교관으로 추중되었으며, 정려문을 세웠다.

李宅俊334) 字顯中, 固城人. 容軒原后. 事親至孝丁憂葬于越大川數三里許. 每日一省一日大雨水漲不得渡, 臨流號哭, 水爲之中斷, 乃涉. 人稱: '孝感所爲'. 憲宗朝贈敎官旌.

◦ **박동직** 자는 순보이며, 본관은 밀양이다. 〈유일〉편 박규의 아들이다. 천성이 지극히 효성스럽고, 부모를 봉양함에 몸과 마음을 다하였다. 부모상을 당하자, 예법에 지나칠 정도로 애통해하였으며, 질대를 벗지 않고, 술과 고기를 삼갔다. 묘소에 여막을 짓고 곁에서 모시며 상을 마쳤다. 사람들이 그를 칭송하였다.

朴東稷 字舜輔, 密城人. 遺逸珪子. 天性至孝養親志體. 丁內外艱哀毀逾制不脫絰帶不御酒肉, 廬墓終喪鄕人稱之.

◦ **박정하** 자는 학우, 호는 막여헌이며, 본관은 밀양이다. 재능과 행실이 뛰어났으며, 효성과 우애는 하늘에 뿌리를 두었다. 은거하며 학문에 전념하였고, 부모를 섬김에 예

---

333) ≪청도문헌고≫: "본관은 김해이며, 무열공 현경의 후손이다. 부모를 봉양함에, 겨울에 잉어가 튀어나오고 눈 속에서 죽순을 구해드린 이적이 있었다. 어머니가 돌아가시자 형제는 애통하여 세묘를 다녔는데 골짜기에 큰 길이 생겼다. 영조 때 두 사람 모두에게 정려가 내렸는데 세두는 생존해 있었으므로 좌랑의 벼슬이 내려졌다. 정재 유치명이 지은 정려각 중수 기문이 있다."(청도문화원, 2009, p.205)

334) ≪청도문헌고≫: 본관은 고성이며, 모헌의 후손으로 부모를 지극한 효성으로 섬겼다. 상을 당하여 수 삼리쯤 떨어진 곳에 있는 강 건너 편에 안장하고 매일 한 번씩 성묘를 하였다. 하루는 큰 비가 내려 물이 넘쳐 강을 건너갈 수가 없자 흐르는 물가에서 큰 소리로 곡을 하니 물길이 끊어져 걸어서 건너갔다. 사람들이 효성이 하늘을 감동시켜 나타난 일이라 하였다. 헌종 때 교관이 증직되고, 정려가 내렸다.(청도문화원, 2009, p.205)

의를 극진히 하였다. 부모상을 당하자 여막을 짓고 3년 동안 시묘살이를 하였다.

朴廷夏 字學禹, 號莫如軒, 密城人. 才行絶倫, 孝友根天, 隱居篤學, 事親盡禮. 及喪廬墓三年.

○ **박정우** 자는 정보, 호는 모암이며, 본관은 밀양이다. 〈원종훈〉335)편 박경신의 후손이다. 천성이 지극히 효성스럽고 몸과 마음을 다해 부모를 봉양하였으며, 온갖 정성을 극진히 하지 않음이 없었다. 부모가 상을 당하자 여막을 짓고 6년간 시묘살이를 하였으며, 효행으로 조정에 천장이 올려진 바가 있다.

朴廷佑 字正甫, 號慕菴, 密城人. 勳臣慶新后. 天性至孝志體之養靡不用極. 親喪廬墓六年有孝行薦狀.336)

○ **박창한** 자는 광보이며, 호는 태암이며, 본관은 밀양이다. 부모를 섬김에 있어 지극한 효성을 다하였는데, 마음과 물질로 봉양하여 사람들이 그의 효성을 칭찬하였다.

朴昌漢337) 字光甫, 號苔庵, 密陽人. 事親至孝, 志物兼備, 人皆稱其孝.

○ **박성덕** 자는 서익, 호는 모암이며, 본관은 밀양이다. 정성스러운 효성이 하늘에 뿌리를 두었다. 부모가 병들어 수척해지자, 손가락을 끊어 (흐르는 피를 먹여) 소생시켰다고 한다. 이에 효행으로 저명하였다.

朴性德 字瑞翼, 號慕庵, 密陽人. 誠孝根天, 親 斷指得穌, 以孝行著名.

---

335) 원문에는 〈훈신〉으로 되어있으나, 박경신은 실제 〈원종훈〉편에 수록되어 있다.
336) 지(志)는 양지(養志)로 어버이의 뜻을 받들어 어버이를 즐겁게 하는 것을 말하고, 물(物)은 의복·음식 등으로 어버이를 봉양하는 것을 말한다.
337) ≪청도문헌고≫: "본관은 밀양이며, 성품이 지극히 효성스러워 향리에서 경탄하였다. 『효행록』이 있다." (청도문화원, 2009, p.211)

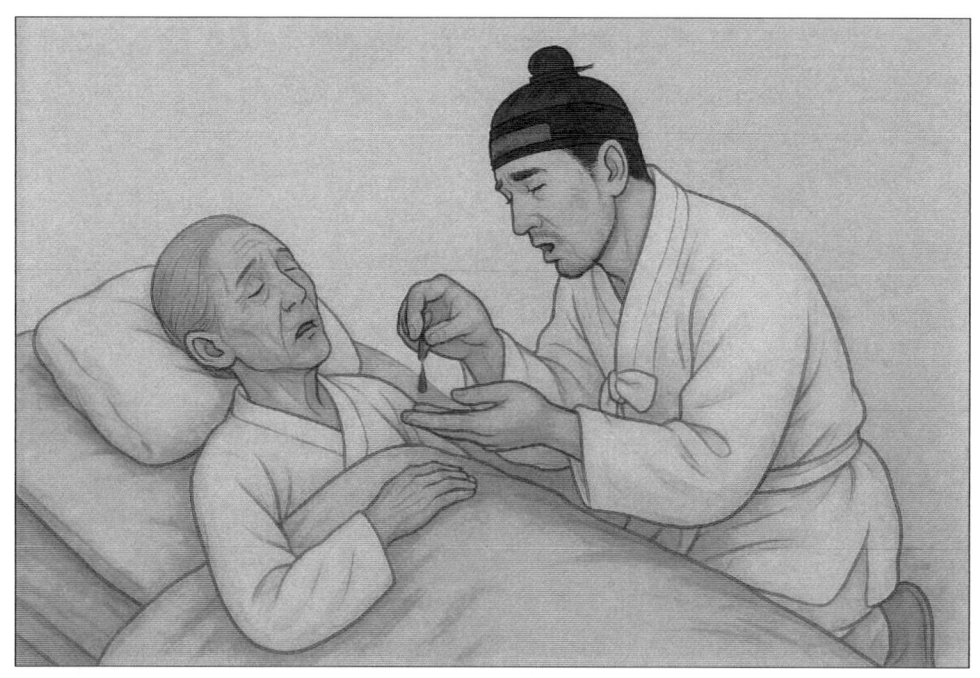

∘ **예조학** 자는 성서, 호는 경암이며, 본관은 의흥이다. 수몽헌 예승석의 후손이다. 일찍이 아버지를 잃고 어머니를 모심에 지극한 효로 다하였다. 모친상을 당하자, 공경스럽게 궤연338)을 받들었다. 대상339)을 마치고, 혼백을 묘소에 묻었으나, 집으로 돌아가지 않고, 여막을 지어 3년간 더 시묘살이를 하였다. 호랑이가 여막 밖에 오면 가축 기르듯이 하였다. 효자 예조학이 죽자 호랑이가 집 뒤의 산에 와 울었으며, 삼상340)을 치를 때도 그렇게 하였다. 도백이 그의 효를 천거한 수계가 있으며, 노포 송병기가 유허비문을 지었다.

芮祖學341) 字聖瑞, 號敬菴,342) 義興人. 守夢軒承錫后. 早狐而事母至孝, 丁憂, 祗奉几

---

338) 궤연(几筵): 죽은 사람의 영궤(靈几)와 그에 딸린 모든 것을 차려 놓는 곳.

339) 대상(大祥): 사람이 죽은 지 두 돌만에 지내는 제사.

340) 삼상(三喪): 삼년상(三年喪) 즉 초상(初喪), 소상(小祥), 대상(大祥)을 가리킨다.

341) ≪청도문헌고≫: "본관은 의흥이며, 독지당 석훈의 후손이다. 7살 때 아버지 상을 당하여 슬프게 부르짖으면서 빈소를 떠나지 않았다. 뒤에 어머니 상을 당하여서도 매우 슬퍼하여 거의 죽을 뻔하였다. 3년 상을 마치고 상복을 벗을 날이 가까워지자 묘소에다 집을 짓고 다시 3년간 살았다. 그동안 호랑이가 와서 보호해 주었으며, 그가 죽자 호랑이도 역시 슬퍼서 부르짖었다. 고을에서 올린 유장이 있다. 노포 송병기가 지은 유허비가 있다." (청도문화원, 2009, p.209)

筵, 大祥後埋魂魄于墓所, 仍不歸家築室廬墓三年. 虎來宿廬外如家畜. 及孝子卒, 虎亦來哭于家後山, 三喪如之. 有道薦繡狀, 老圃宋秉夔撰遺墟碑文.

○ **박용우** 자는 희운, 호는 금계이며, 본관은 밀양이다. 부모를 모심에 지극한 효성으로 다하였고, 경사서를 널리 통달하였으며, 부모가 병이 들자 입으로 종기를 빨아냈으며, 약어343)를 구하는데 온 정성을 다하였다. 부모상을 당한 후 여막을 짓고 시묘살이를 하였으며 호랑이가 찾아와 그 곁을 지켰다. 문집을 남겼다.

朴龍友 字義雲, 號琴溪, 密城人. 事親至孝, 博通經史, 親瘠吮癰, 至誠求藥魚. 丁憂廬墓, 有虎來衛. 有遺稿.

○ **이의선** 자는 경원, 호는 설강이며, 본관은 고성이다. 용헌 이원의 후손이다. 성품이 과묵하였으며, 덕이 있었으며, 정성스러운 효심은 하늘에 뿌리를 두었다. 상중에는 지극한 슬픔으로 다하였으며, 제사에는 지극한 공경으로 다하였다. 늙도록 그 마음이 쇠하지 않았다. 마치 어린 사내 아이가 부모를 그리워하는 것과 같았다.

李意善344) 字敬元, 號雪岡, 固城人. 容軒原后. 性沈默, 有德行, 誠孝根天. 喪致其哀, 祭致其敬, 至老不, 若孺子之慕焉.

○ **이진화** 자는 백훈이며, 본관은 재령이다. 〈유일〉편 이결의 후손이다. 경사서를 널리 통달하였고, 본디 문장으로 명망이 있었다. 성품이 매우 효성스럽고, 나이가 육십에 가까워진 부모님이 여전히 강녕하였지만, 밤이면 필히 잠자리를 봐 드렸으며 자신이 들은 바와 본 바를 반드시 부모님께 고하였다. 마치 어린 아이가 어머니에게 하는 것

---

342) 다른 기록에는 '경암(慶庵)'이라 표기되어 있는데, 두 글자가 동자로 통하여 무방하다. 한국학중앙연구원 제공, [향토문화전자대전] 인용.
343) 약어(藥魚): 좋은 물에 살아, 먹으면 약이 된다는 물고기. 가물치 등이 약어로 여기어져왔다.
344) ≪청도문헌고≫: "본관은 고성이며, 모헌의 후손으로 호는 운강이다. 천성적으로 말이 적었으며 어질고 너그러웠다. 정성스런 효성은 하늘에서 타고난 것으로, 부모상을 당해서는 애도를 다하였으며, 제사를 지낼 때는 공경을 다하기를 늙을 때까지 조금도 줄이지 않았기 때문에 선비들이 경모하였다."(청도문화원, 2009, p.208)

과 같이 하였으니, 사람들이 이를 어려운 일이라 여기었다.

李振華 字伯勳, 載寧人, 遺逸璪后. 博涉經史, 素有文望, 性至孝, 年近六十親尙康寧, 夜必侍寢所聞所見必告而聞之. 若嬰兒之於慈母, 人皆以爲難.

◦ **임기노** 자는 형여, 호는 만오당이며, 본관은 평택이다. 부모를 섬김에 있어 지극히 정성스러웠고, 지물 모두 필히 갖추어 봉양하였다. 부모상을 당하였을 때 상장을 예를 다하여 지냈으며, 정성껏 제사를 받들어 모셨다. 여든이 넘은 나이에도 몸소 이를 행하였다. 아들과 조카를 가르쳤는데, 모두 문학으로 세상에 이름났다.

林基魯345) 字亨汝, 號晩悟堂, 平澤人. 事親至誠, 志物必備. 丁憂, 喪葬盡禮, 誠奉祭祀. 年八十餘必躬行之. 教子姪皆以文學稱於世.

---

345) ≪청도문헌고≫: "본관은 평택이며, 공혜공 정의 후손으로 호는 만회이다. 부모를 섬김에 마음과 몸을 살펴서 봉양하였다. 거상할 때에는 예를 다하였고, 나이 80세에도 몸소 아들로써 직분을 다하였다."(청도문화원, 2009, p.212)

◦ **김희찬** 자는 평언, 호는 지산이며, 본관은 경주이다. 부모를 모심에 지극한 효로 대하였으며, 마음과 물질 모두 갖추어 봉양하였다. 아버지가 어린 시절에 병이 걸리자 약 시중을 들고, 직접 대변을 맛보며 살피기를 십 년 동안 하루같이 하였다. 부모가 상을 당하자, 여막을 짓고 3년 동안 시묘살이를 하였으며, 호랑이가 그를 지켜주기도 하였다. 타지역에서 천거하기도 하였다. 고종 연간 동몽교관에 추증되었으며, 복호[346]와 정려를 하사받았다.

金熙瓚[347] 字平彦, 號智山, 慶州人. 事親至孝, 志物兩全. 父有嬰疾侍湯, 嘗糞十年如一日. 丁憂, 廬墓三年, 有虎衛之. 異鄕道薦. 高宗朝贈敎官, 復戶旌.

◦ **예상근** 자는 용여이며, 본관은 의흥이다. 수몽헌 예승석의 후손이다. 부모를 섬김에 있어 할 수 있는 정성을 다했고, 농사지어 좋은 음식으로 부모를 봉양하였으며, 부친의 성정이 매우 엄하였지만, 그의 명을 한 번도 어기지 않고, 기쁜 얼굴로 받들어 따랐다. 마을 사람들이 모두 탄복하였다.

芮尙根 字容汝, 義興人, 守夢軒承錫后. 事父母能竭其誠勤稼穡以供甘旨父性至嚴有令無違愉色承順, 鄕里稱歎.

◦ **문일태** 본관은 남평이며, 일찍이 고아가 되어 어머니를 업고 걸식하여 봉양하였다. 어머니 상을 당하자 깊은 산중에 여막을 짓고 시묘살이를 하였는데, 범이 제 발로 와 지켜주었고, 상기[348]에는 꿩이 스스로 날아들어와 이를 잡아 제사에 바쳤다. 사후에 교관으로 추증되었으며, 정려가 있다.

文日泰[349] 南平人, 早孤而負母乞養. 及喪廬墓於深山, 虎自來護. 祥期之日, 雉自飛入供

---

346) 복호(復戶): 조선(朝鮮) 시대(時代)에, 충신(忠臣)·효자(孝子)·군인(軍人) 등 특정(特定)한 대상자(對象者)에게 부역(賦役)이나 조세(租稅)를 면제(免除)하여 주던 일.
347) ≪청도문헌고≫: "본관은 경주이며, 호는 지산으로 춘고 순의 후손이다. 아버지가 일찍이 병에 걸리자 10년 동안 하루 같이 옆에서 약시중을 들면서 하늘에 아버지를 대신하기를 기원하였다. 아버지 상을 당하여 시모 살이 할 때 호랑이가 옆에서 보호해 주었다. 참봉을 지냈으며, 동몽교관이 추증되었다."(청도문화원, 2009, p.211)
348) 상기(祥期): 상중(喪中)의 제사를 지내는 동안. 상(祥)에는 대소(大小)가 있는데, 소상은 기년제(朞年祭)를, 대상은 삼년상(三年喪)을 가리킴.

祭. 贈敎官旌.

- **예헌기** 자는 성문이며, 본관은 의흥이다. 수몽헌 예승석의 후손이다. 성품이 침중하며 과묵하였으며, 부모를 섬김에 지극한 효성으로 행하였다. 어머니 반씨가 연로하고 성품이 엄하였으나 조금의 얼굴빛도 바꾸지 않고 순순히 따르며 어긴 적이 없었다. 상을 당하자 슬픔이 예에 지나칠 정도였으니 마을 사람들 모두가 칭송하였다.
芮憲基 字聖文, 義興人. 守夢軒承錫后. 性沈重寡言事母至孝. 母潘氏年高性嚴一無遽色 承順無違. 及喪哀毁過禮鄕黨稱之.

- **김유헌** 자는 성호이며, 본관은 김해이다. 김극일의 후손이다. 성품이 지극 효성스러웠고, 어머니가 병으로 설사를 하자 산에 기도를 올리기도 하였다. 병세가 위독해지자, 형제들이 서로 다투어 자신의 손가락을 자르려 다투다가 (그의 손가락을 잘라 피를 흘려 먹여) 수일 뒤 어머니의 병세가 회복되었다. 지역에서 조정에 천거하였으나, 정전을 받지 못하여 사람들이 매우 아쉬워하였다.
金裕軒[350] 字聲浩, 金海人, 克一后. 性至孝, 母病嘗痢, 禱山, 病革兄弟爭斷其指, 得數日之穌, 鄕道薦, 未蒙旌典, 人多惜之.

효부 孝婦[351]

- **종비** 군의 향리 김군사의 처이다. 부모를 섬김에 지극히 효성스러웠으며, 부모가 돌아가신 뒤에도 평생 영당을 짓고 아침저녁으로 제사를 지내며 음식 올리기를 살아 계

---

349) 《청도문헌고》: "본관은 남평이며, 일찍이 아버지를 여의고 가난하여 어머니를 구걸하여 봉양하였다. 어머니 상을 당하자 깊은 산중에 시묘 살이 할 때 범이 와서 보호해 주었으며, 제사 날이 되면 꿩이 스스로 날아들어 이것을 삶아서 올렸다. 교관으로 증직되었으며, 정려가 있다."(청도문화원, 2009, p.205)

350) 《청도문헌고》: "본관은 김해이며, 절효공의 후손이다. 어머니가 병이 들자 대변을 맛보았으며, 손가락을 잘라 며칠 간 소생케 하여 사람들이 지극한 효자라고 칭송하였다."(청도문화원, 2009, p.216)

351) 효부(孝婦): 효성이 지극한 며느리. 오병무 역, 《국역 조선환여승람: 남원》, 두레 출판 기획, 2000, p. 293, 인용.

실 때처럼 하였다. 이에 조정에서 명하여 정려를 내리었으며 관련 내용은 ≪동국여지승람≫에도 기재되어 있다.

從非352) 郡吏金君山妻. 事親至孝, 及歿, 終身設影堂, 朝夕供奠如同生時. 命旌, 載≪輿地勝覽≫.

◦ **류씨** 좌랑 박상의 처이다. 임진왜란 때, 남편이 부모를 봉양하고자 쌀을 구하기 위해 호남으로 떠나자, 낮에는 시어머니를 업고 숲속에 피신하고, 밤에는 집으로 돌아와 죽과 밥을 지어 봉양하였다. 시어머니가 말하길, "나는 늙었으니 죽어도 애석해할 것이 없으나 어린 며느리가 나로 인해 같이 죽게 생겼구나. 아무런 이익이 없으니 벗어나서 스스로를 보존하거라."라고 하였다. 그러자 류씨가 울며 말하였다. "시어머니가 계시는데, 며느리가 어찌 떠난단 말입니까." (이후) 시어머니가 죽고, 남편은 아직 돌아오지 않자, 친히 흙을 짊어지고 빈소를 차리고 돌아가신 날짜를 벽에 크게 써놓고는 빈소 곁에서 굶어 죽었다.

柳氏353) 佐郎朴詳妻. 壬亂夫爲親負米湖南, 柳氏晝則負姑避亂林中, 夜則歸家供養粥飯, 姑曰: "吾老死猶不惜, 少婦以我故俱死, 無益脫身自全." 柳氏泣曰: "姑在婦焉往." 姑歿, 夫未歸, 親自負土成殯, 大書亡日於壁上, 餓死殯傍.

---

352) ≪청도문헌고≫: "향리 김군산의 아내로, 시부모를 지극한 효성으로 섬겼으며, 상을 당해서는 상이 끝날 때까지 제단에 영당을 만들어 놓고 아침저녁으로 살았을 때처럼 섬겼다. 정표가 있다."(청도문화원, 2009, p.218)

353) ≪청도문헌고≫: "좌랑 박상의 아내로, 임란 때 노복이 모두 흩어지고 남편도 쌀을 지고 호남으로 가자 홀로 시어머니를 봉양하는데, 낮에는 시어머니를 등에 업고 깊은 산중으로 도망가서 숨었다가 밤이 되면 집으로 돌아와서 힘을 다해 맛있는 음식을 드렸다. 시어머니가 탄식하여 말하기를, "나는 지금 늙었으니 비록 지금 죽는다 해도 애석할 것 없으나 젊은 며느리가 나 때문에 같이 죽게 되었구나. 무익하게 힘만 빼고 구차하게 사는 것이 어찌 내라 바라는 것이겠는가!"하고 눈물을 흘리면서 따라가지 않았다. 시어머니가 죽었는데 남편도 아직 돌아오지 않았으므로 친히 흙을 져다가 초빈하고 벽에다가 큰 글자로 돌아가신 날짜를 적어놓고 마침내 그 곁에서 굶어 죽었다."(청도문화원, 2009, p.218)

· **김씨** 본관은 경주이다. 사인 장룡재의 처이다. 시부모님을 섬김에 극진히 효성스러워 화장대를 팔고, 머리카락을 잘라 맛있는 음식을 봉양하기도 하였다. 시어머니 박씨가 학질에 걸리자, (자신의) 넓적다리 살을 도려내어 약으로 쓰니 곧 나았다. 더구나 남편이 부당하게 옥살이하게 되자, 낮에는 친히 밥을 나르고 밤에는 바깥에서 노숙하였다. 바람 부는 엄동설한에 거의 죽을 뻔하였다. 사림에서 그녀의 행실을 포천하여 영부354)에서 수의355)를 내려보내고, 포·쌀·장·고기를 하사하였다.

金氏 籍月城. 士人蔣龍在妻. 事舅姑至, 孝賣奩絶髮以供旨餌. 姑朴氏嬰瘧割股以良已, 且其夫橫在縲絏, 晝則親飯, 夜則露處, 風浮雪凍, 幾危而全. 士林褒薦, 營府反繡衣, 賜布米醬肉.

· **이씨** 본관은 경주이다. 사인 박근수의 처이다. 시아버지 박대동이 수년 동안 병석에 누워 있었는데, 지극한 정성과 성의로 봉양하였다. 대소변을 실수하면 손수 씻었으

---

354) 영부(營府): 지방의 감영(監營)과 부(府)에 대한 통칭(通稱).
355) 수의(繡衣): 임금이 특별한 공적이 있는 신하에게 하사한 자수로 장식된 예복.

며, 조금의 난처한 기색도 보이지 않았고 이불과 요는 항상 마르고 깨끗하게 하여 사람들이 모두 칭찬하였다.

李氏 籍月城, 士人朴根秀妻. 舅台東多年病臥, 極盡誠奉, 遺失躬自洗滌, 小無難色, 使衾褥常乾淨. 人皆稱之.

◦ **박씨** 양인 강익중의 처이다. 그의 남편이 일찍 죽었음에도 시아버지를 섬김에 매우 효성스러웠다. 시아버지가 병에 들어 회를 먹고 싶어 하였는데, 때는 마침 한겨울이었다. 그래도 물을 길으러 나갔다가 (물고기를 잡으러) 얼음 위에 걷고 있는 게 한 마리를 발견하고는 가져와 시아버지께 드렸더니 병세가 호전되었다고 한다.

朴氏356) 良人姜益仲妻. 其夫早死, 事舅甚孝, 舅病欲食生魚, 時值隆冬, 汲水而出, 一蟹行于氷上, 歸供得效.

---

356) ≪청도문헌고≫: "진구 강익수의 아내로, 효행과 열행이 있었다."(청도문화원, 2009, p.223)

◦ **이씨** 본관은 경주이다. 사인 이동섭의 처이다. 성품이 지극히 효성스러워 시아버지가 병이 나, 의원과 약 모두 아무런 효과가 없자, 울고 부르짖으며 하늘에 빌면서 자신이 대신 아프게 해달라고 하였다. 그러자 병이 나았다. 이후 시어머니의 목덜미가 크게 부어올라 덩어리와 같고 온몸이 부어올랐다. 그러자 지극한 정성으로 빨아내었는데, 고름과 피가 저절로 터져 나오더니 침을 놓지 않고도 병이 저절로 나았다.

李氏357) 籍慶州, 士人李東燮妻. 性至孝舅病, 巫藥無效, 號泣祝天, 願以身代, 竟以得瘳. 姑痛項瘇大如塊, 全身皆浮. 至誠吮之, 濃血自破, 不鍼自效.

---

357) ≪청도문헌고≫: "전주 이동섭의 아내로, 시어머니의 머리에 종기가 나서 덩어리가 지자 종기를 째고 피를 빨아내고 종기가 내려가지 않도록 부스럼에다 침을 놓아 소생케 하였다."(청도문화원, 2009, p.221)

정열 貞烈358)

◦ **허씨** 본관은 김해이다. 사인 이영의 부인으로, 지아비가 죽자 물에 뛰어들어 죽었다. 영조 시대에 정려를 내려받았다.

　　許氏359) 籍金海士人李潁妻夫歿投水死, 英廟朝旌.

◦ **이씨** 윤면의 처로, 정려가 있다.

　　李氏360) 尹勉妻, 旌.

◦ **김씨** 이만영의 처로, 지아비가 죽자 목을 매어 죽었다. 정려가 있다.

　　金氏361) 李萬英妻, 夫死自縊死. 旌.

◦ **정씨** 본관은 동래이다. 사인 이정상의 처로, 지아비가 죽자, 조금의 얼굴빛 하나 바꾸지 않고, 아침저녁으로 음식을 올렸다. 종상 다음날 조용히 스스로 목숨을 끊었다. 시부모에게 남긴 유서에는 비통한 뜻이 담겨 있었다. 이 같은 행실로 지역에서 천거하였다.

　　鄭氏362) 籍東萊士人李庭想妻. 夫死無幾微色, 以供朝夕上食. 終祥翌日, 從容就義, 遺書舅姑其意甚慘. 鄕道薦.

---

358) 정열(貞烈): 여자의 지조가 굳고 순결을 지키며 행실이 바른 사람. 오병무 역, ≪국역 조선환여승람: 남원≫, 두레 출판 기획, 2000, p.293, 인용.

359) ≪청도문헌고≫: "선비인 이영의 아내로, 남편이 죽자 수일 뒤에 물에 빠져 죽었다. 정려가 있다."(청도문화원, 2009, p.218)

360) ≪청도문헌고≫: "윤면의 아내로, 사적을 지금 알 수 없고 정려만 있다."(청도문화원, 2009, p.217)

361) ≪청도문헌고≫: "선비인 이만영의 아내로, 군수 효증의 손녀이다. 남편이 죽자 목을 매어 죽었다. 정려가 있다."(청도문화원, 2009, p.218)

362) ≪청도문헌고≫: "고성 이정상의 아내로, 동래 정엽의 따님이다. 부부는 나이가 모두 20살로 남편이 병들자 하늘에 자신이 대신해 줄 것을 기도하고, 손가락을 잘라 피를 입에 넣어주었다. 남편이 죽자 손수 염할 때 쓰는 물건을 만들었고, 슬퍼함과 상례를 모두 갖추었다. 종상일에 손가락을 잘라 혈서를 써서 맏동서에게 주며 남편의 후사를 부탁하고 마침내 상탁 앞에서 남편을 따라 죽었다. 향도의 유장이 있다."(청도문화원, 2009, p.219)

◦ **곽씨** 본관은 현풍이다. 〈효자〉편 이택준의 처이다. 지아비가 세상을 떠나자 크게 비통해하는 기색을 드러내지 않고, 삼년 동안 (조석으로) 상식하며 모두 정성을 다하였다. 대상을 마치고는 제사상을 안고 세상을 떠났다. 남편과 함께 정려를 받았다.

　　郭氏363) 籍玄風. 孝子李宅俊妻. 夫歿無甚悲痛三年上食必盡其誠. 大祥畢抱祭床掩逝. 與夫並旌.

◦ **김씨** 본관은 김해이다. 사인 박수광의 처이다. 지아비가 죽은 지 사흘 만에 빈소 곁에서 따라 죽었다. (이러한 행실이 알려져) 정려를 받았다.

　　金氏 籍金海. 士人朴秀光妻. 夫死三日, 下從殯側. 旌.

문과 文科364)

◦ **김린**365) 본관은 청도이다. 〈명신〉편 김지대의 후손이다. 고려 공민왕 시기 국자시의 진사시에 합격하였으며 포은 정몽주와 동방급제366) 하였다.

　　金潾367) 清道人. 名臣之岱后. 恭愍朝以國子進士登第, 與圃隱同榜.

◦ **박영** 호는 덕암이다. 조선 태종 시기 문과에 급제하여 거창 현감을 지냈다. 청백리에 선정비가 있다.

　　朴榮368) 號德巖. 太宗朝文居昌縣監. 有清白善政碑.

---

363) ≪청도문헌고≫: "효자 이택준의 아내로, 남편이 사망하자 비통함을 감당하지 못하였고, 3년 동안 상식할 때 정성을 다하였다. 남편의 상을 마치자 상(牀)을 안고 그 아래에서 남편의 뒤를 따랐다. 정려가 있다." (청도문화원, 2009, p.218)

364) 문과(文科): 문과 시험 즉 대과에 합격한 사람. 오병무 역, ≪국역 조선환여승람: 남원≫, 두레 출판 기획, 2000, p.293, 인용.

365) 한국학중앙연구원 제공, [한국역대인물 종합정보시스템]에 따르면, 김린은 공민왕 9년 (1360) 경자 경자방 동진사 4위로 기록되어 있다.

366) 동방급제(同榜及第): 같은 때의 과거에 함께 급제함. 또는 그 사람.

367) ≪청도문헌고≫: "본관은 청도로 원정공 한귀의 아들이다. 진사시에 합격하였으며 문관인 중서사인이 되었다."(청도문화원, 2009, p.182)

◦ **김건** 본관은 김해이다. 〈효자〉편 김극일의 장자다. 세종 시기 문과에 급제하여 군수를 지냈다. 성품과 도량이 너그럽고 후하였으며 '시민여상(백성을 다친 사람 보듯 하여라.)' 네 글자가 벽에 걸려 있다. 다스림의 근본을 애정으로 보듬어 형벌을 사용하지 않았다. 백동사에 제향되었다.

　　金健369) 金海人. 孝子克一長子. 世宗朝文郡守. 性度寬厚以'視民如傷'四字揭壁. 撫愛爲本刑措不用. 享栢洞祠.

◦ **김맹**370) 자는 자진, 호는 남계이며, 본관은 김해이다. 김건의 아우이다. 세종 무오년(1418) 생원진사가 되었고, 신유년(1421) 문과에 급제하였다. 관직은 사헌부 집의를 지냈다. 점필재 김종직, 매계 조위와 도의로써 교제하였다.

　　金孟371) 字子進, 號南溪, 金海人. 健弟. 世宗戊午生員進士, 辛酉文科. 官至執義. 與金佔畢曹梅溪爲道義交.

◦ **김준손**372) 자는 백운, 호는 동창이며, 본관은 김해이다. 김맹의 아들이다. 성종 임인년(1482) 문장 직제학을 지냈다. 점필재 김종직이 ≪영친도주서≫373)을 써주었다.

---

368) ≪청도문헌고≫: "일명 영립으로 본관은 밀양이며, 두촌 양무의 아들이다. 문과에 급제하였고 벼슬은 현감을 지냈다. 거창에 선정비가 있다."(청도문화원, 2009, p.189)
369) ≪청도문헌고≫: "본관은 김해이며, 절효공 극일의 아들이다. 일찍부터 엄한 훈도를 받아 육 형제의 우애가 매우 도타웠다. 약관에 사직에 천거되었고, 문과에 급제한 뒤에 군수가 되어서는 '백성을 보살피기를 내 몸의 상처처럼하라' 는 4글자를 벽에 걸어두었는데 교화가 크게 행해졌다. 고향에 돌아와서는 산골 사람의 소박한 복색을 하고 스스로 소요부의 안락에 비유하였다. 백동사에 향사되었다.「문행(文行)」에 실려 있다."(청도문화원, 2009, p.168, 183)
370) 한국학자료통합플랫폼 제공, [한국의 과거급제자]에 따르면, 김맹은 세종 20년 (1438) 무오 식년시 생원, 진사에 합격했으며, 세종 23년 (1441) 신유 식년시 문과 병과 5위로 기록되어 있다.
371) ≪청도문헌고≫: "본관은 김해이다. 절효 김극일의 아들로, 호는 남계이다. 방촌 황희의 문인으로 점필재 김종직, 매계 조위와 더불어 도의로써 교제하였는데, 점필재는 일찍이 노선생이라 칭하였다. 29살에 생원과 진사가 되었고, 32살에 문과에 급제하여 다섯 임금을 섬겼다. 성품이 고결하고 높아 다른 사람을 찾아 청탁하는 일을 하지 않았다. 성종 때 좌리 원종공신으로 사헌부 집의·재조관이 되었으나 모두 나가지 않았다. 연산군 때 무오사화로 무덤까지 화가 미쳤으나 중종반정 후에 설원되어 이조참판으로 증직되고 백동사에 향사되었다.「유행(儒行)」에 실려 있다."(청도문화원, 2009, p.152, 183)
372) 한국학자료통합플랫폼 제공, [한국의 과거급제자]에 따르면, 김준손은 성종 3년 (1472) 임진 식년시 생원 3등 19위, 성종 13년 (1482) 임인 알성시 문과 갑과 2위, 성종 17년 (1486) 병오 중시 문과 병과 4위로 기록되어 있다.

金駿孫374) 字伯雲, 號東窓, 金海人. 孟子. 成宗壬寅文壯直提學. 佔畢齋金宗直作≪榮親道州序≫.

○ **김기손**375) 자는 중운, 호는 매헌이며, 본관은 김해이다. 김준손의 아우이다. 점필재 김종직의 문인으로 학문이 순수하였으며 형과 동방급제 하였다. 관직은 병조좌랑을 지냈다.

金驥孫376) 字仲雲, 號梅軒, 金海人. 駿孫弟. 佔畢門人學問純粹, 與兄同榜. 官至兵曹佐郎.

○ **김일손**377) 자는 계운, 호는 탁영이다. 김기손의 아우이다. 성종 병오년(1486) 생원시에 1등으로 합격하였으며, 진사시에는 2등으로 합격하였다. 같은 해 겨울에는 문과에 급제하였고, 한림원에 들어갔다. 자세한 내용은 〈유현〉편에서 볼 수 있다.

金駧孫378) 字季雲, 號濯纓. 驥孫弟. 成宗丙午生員第一, 進士第二. 是年冬登文科, 入翰

---

373) 영친도주서(榮親道州序): 원제는 〈송김직장준손기손형제영친청도서(送金直長駿孫驥孫兄弟榮親淸道序)〉이다. 점필재 김종직이 과거에 장원 급제하여 고향인 청도로 부모를 뵈러 가는 형제를 축하하며 써 준 글이다.

374) ≪청도문헌고≫: "본관은 김해이다. 남계 맹의 아들로 호는 동창이다. 19세에 사마시, 29세 때 아우 기손과 함께 알성과에서 급제하였는데, 중씨는 장원을, 맏이는 제 2등을 차지하였다. 임금이 사우이 갑과와 을과를 만들었는데, 형제가 모두 뛰어난 성적으로 등과하여 사방에서 모두 이를 칭찬하였다고 점필재 김종직이 지은 「영친도주서」에 나와 있다. 벼슬은 직제학에 이르렀다. 사림에서 중망을 받았으나 연산군 때 무오사화에 걸려 호남으로 유배를 가서 조정의 중신들에게 격문을 전하여 연산군을 교동으로 쫓아내라고 하였다. 반정 후에 연천군으로 봉해졌다. 백동사에 향사되었다. 「유행(儒行)」에 실려 있다."(청도문화원, 2009, p.152, 183)

375) 한국학자료통합플랫폼 제공, [한국의 과거급제자]에 따르면, 김기손은 성종 13년 (1482) 임인 알성시 문과 갑과 1위[壯元]로 기록되어 있다.

376) ≪청도문헌고≫: "본관은 김해이며, 동창 준손의 아우로 호는 매헌이다. 아우인 탁영과 함께 점필재를 사사하여 학문을 하는 방법을 가르침 받았다. 그의 형과 함께 알성과의 갑과에 장원으로 합격하였으며, 벼슬은 병조좌랑에 이르렀는데 치적이 크게 드러났다. 부모를 봉양하기 위해 고을 수령을 원하여 나갔으나 소광(疎曠: 일에 거리낌이 없고 성격이 호방함)하다고 하여 파직되었고, 산림에 자유롭게 묻혀서 살다가 38살에 세상을 마쳤다. 백동사에 향사되었다. 「유행(儒行)」에 실려 있다."(청도문화원, 2009, p.153, 183)

377) 한국학자료통합플랫폼 제공, [한국의 과거급제자]에 따르면, 김일손은 성종 17년 (1486) 병오 식년시 생원 1등 1위, 진사 1등 2위, 문과 갑과 2위로 기록되어 있다.

378) ≪청도문헌고≫: "본관은 김해이며, 남계 김맹의 아들로 호는 탁영이다. 점필재 김종직을 사사하였으며, 한훤당 김굉필, 일두 정여창과 도의로써 교제하였다. 성종 때 생원과에 1위로, 진사과에는 2위로 합격하였으며, 그해 겨울 문과에 급제하였다. 한림원에 뽑혀 호당에서 사가독서를 하였다. 벼슬은 이조정랑에 올랐

院. 詳見儒賢篇.

- **조지경** 본관은 함안이다. 덕곡 조승숙의 현손이다. 중종 경인년(1530) 문관으로 찰방을 지냈다. 학문에 충실하여 실천에 힘썼고, 효행이 있었다.

  趙之瓊 咸安人. 德谷承肅玄孫. 中宗庚寅文察訪. 篤學力行, 有孝行.

- **박호**[379] 자는 경인이며, 호는 일청재이다. 명종 병오년 문관 이조좌랑에 임명되었다. 평해[380]에 임명되었을 때, 여러 치적을 세웠다. 철비가 있는데 "촉군의 문왕 문치를 펼치니, 무성에서 거문고 소리 울려 퍼지네. 바닷가 외진 고을마저도 이미 평안하니 한 자의 유비는 천년을 가리라."라고 쓰여있다. 지산원에 제향되었다.

  朴虎[381] 字景仁, 號逸淸齋. 明宗丙午文吏曹佐郎. 莅平海時有治績, 有鐵碑銘曰: "蜀郡

다. 왕이 48종의 화훼를 읊은 시를 내려주고 여기에 화답하는 시를 지어 올리게 하였는데, 마무리하는 발문을 지어 올렸다. 질정사로 연경에 가서 정유의 『소학집설』을 구해 가지고 귀국하여 이를 간행하여 나라에 배포하였고, 『강목』을 교수하였다. 실록을 편찬할 때 이극돈의 악행을 써 넣고, 점필재의 「조의제문」을 실었는데, 이극돈이 유자광과 함께 연산군에게 의제에 대한 글은 세조를 가리키는 것이라 하며 대역죄인이라고 논란을 일으켜 마침내 기시하였는데, 이 때 그의 나이 35세였다. 중종바녕으로 원한이 씻겨지고 관작이 회복되었다. 뒤에 이조판서에 추증되었다. 시호는 문민이라 하였다. 남명 조식은, '살아서는 서릿발보다 더한 절개를 지니시고, 죽음에는 하늘에 사무치는 원통함이 있었다.'고 하였으니, 참으로 세상에 드문 인재이며 묘당의 그릇이다. 소장과 탑자는 바다와 같이 넓었으나 나랏일을 논의하거나 인물의 옳고 그름을 밝히는 데는 맑은 하늘에 빛나는 태양과 같았다. 자계서원과 목천의 도동서원, 함양의 청계서원, 남원의 사동서원에 향사되었다. 사림에서 문묘에 배향하기를 소를 올려 청을 하였으나 윤허 받지 못하였다."(청도문화원, 2009, p.151)

379) 한국학자료통합플랫폼 제공, [한국의 과거급제자]에 따르면, 박호는 명종 1년 (1546) 병오 식년시 문과 병과 14위로 기록되어 있다.

380) 평해(平海): 경상북도 울진 지역의 옛 지명.

381) ≪청도문헌고≫: "본관은 밀양이며, 두촌 양무의 훈손으로 호는 일청재이다. 명종 때 등과하여 관직이 군수에 이르렀다. 평해에 선정비가 있으며, 그 비명에, "촉군의 문옹이며 무성의 언유로다. 구석진 바닷가가 편안하게 되었으니 올바른 법도 천 년을 이어가리"라고 하였다. 당시 을사사화의 뒤인지라 벼슬을 버리고 고향으로 돌아와서 오직 후진들을 가르치고 이끄는 일에 전념하였다. 노포 송병기가 지은 묘갈명이 있다. 지산사에 향사되었다." (문옹(文翁): 문옹은 한나라 때 여강 사람으로 본디 학문을 좋아하고 인애로써 백성 교화하기를 좋아하였다. 한 경제 때 그는 촉군태수가 되어 촉군에 비루한 오랑캐의 풍속이 있음을 보고는 그 고을 사람 중에 재주 있는 자들을 뽑아 서울에 보내어 가르쳐서 모두 성취하게 하였고, 또 촉군 성도에 학교를 설립하여 그 곳 자제들을 가르쳐서 그곳을 매우 문명한 지역으로 만들었다. 『漢書』「循史傳」) (언유(言游): 공자의 제자인 자유가 노나라 무성현의 지방관을 지내고 있던 어느 날, 공자는 무성에 와서 현악에 맞춰서 부르는 노래 소리를 듣고 칭찬하였다는 이야기가 『논어』「양화」편에 있다.) (청도문화원, 2009, p.156)

文化, 武城言絃, 海陬旣晏尺綸千年." 享芝山院.

◦ **최학승**382) 자는 성언, 호는 화강이며, 본관이 경주이다. 〈사마〉편 최윤곤의 아들이다. 철종 신해년(1851) 문관으로 대흥383)군수를 지내며 치적을 세워 우승지384)로 승진하였다.

　崔鶴昇385) 字聲彦, 號華岡, 慶州人. 司馬潤坤子. 哲宗辛亥文大興郡守有治績, 陞右承旨.

◦ **이순선**386) 자는 요경이며, 본관은 고성이다. 용헌 이원의 후손이다. 헌종 병오년(1846) 문관으로 이랑과 정언직을 지냈다. 사람됨이 맑고 고결하였으며, 간항387)하여 권세나 부귀를 따르지 않았다. 지위는 그의 덕에 미치지 못하여 식자들이 안타까워하였다.

　李舜善388) 字堯卿, 固城人. 容軒原后. 憲宗丙午文吏郎正言. 淸高簡亢, 不追權貴. 位不稱德, 識者恨之.

◦ **천일성**389) 철종 신유년(1861) 문과에 급제하였다.

　千馹成390) 哲宗辛酉文科.

---

382) 한국학자료통합플랫폼 제공, [한국의 과거급제자]에 따르면, 최학승은 철종 2년 (1851) 신해 정시 문과 을과 2위로 기록되어 있다.

383) 대흥(大興): 지금의 충청남도 예산군(禮山郡) 대흥면(大興面) 지역에 있었다.

384) 우승지(右承旨): 조선(朝鮮) 시대(時代)에 중추원(中樞院)이나 승정원(承政院)에 속하여 왕명(王命)의 출납(出納)을 맡아보던 정삼품(正三品) 벼슬.

385) ≪청도문헌고≫: "본관은 경주이며, 진사 윤곤의 아들로 호는 화강이다. 철종 때 군수로 있으면서 치적이 많았고 벼슬이 대사간에 이르렀다."(청도문화원, 2009, p.185)

386) 한국학자료통합플랫폼 제공, [한국의 과거급제자]에 따르면, 이순선은 헌종 12년 (1846) 병오 식년시 문과 병과 12위로 기록되어 있다.

387) 간항(簡亢): 뜻이 크고 오만하다.

388) ≪청도문헌고≫: "본관은 고성으로 용헌 원의 후손이다. 헌종 때 벼슬이 이조정랑에 올랐다. 사람됨이 맑고 고결하며, 기개가 있어 권세나 부귀에 기대지 않았다."(청도문화원, 2009, p.184)

389) 한국학자료통합플랫폼 제공, [한국의 과거급제자]에 따르면, 천일성은 철종 12년 (1861) 신유 정시 문과 병과 3위로 기록되어 있다.

○ **김석원**391) 자는 순팔이며, 본관은 서흥392)이다. 한훤당 김굉필의 후손이다. 고종 임진년(1832) 문과에 급제하였다. 경술년(1850) 이후 요동으로 건너가 돌아오지 않았다.

　　金錫源393) 字舜八, 瑞興人. 寒暄堂宏弼后. 高宗壬辰文科. 庚戌後渡遼不歸.

사마 司馬394)

○ **박란**395) 자는 운경, 호는 농암이며, 본관은 밀양이다. 중종 갑오년(1534) 진사과에 합격하였으며, 삼족당 김대유와 운문산에 올라 의예를 강론하였으며, 경재 곽순과 공암산에서 노닐었다. 퇴계 선생을 배알하여 ≪주역≫을 배우며 질의하여 그 요지를 얻었다. 가정 신해년(1551)에는 향헌 10조와 향규 8조를 지어 향로당에 게시하였다. 숭절사에 제향되었다.

　　朴鸞396) 字雲卿, 號聾巖, 密陽人. 中宗甲午進士, 與三足堂金大有上雲門, 講論儀禮, 與警齋郭珣遊孔岩山. 拜退溪先生, 講易質疑, 得其要領. 嘉靖辛亥鄕憲十條鄕規八條, 揭板于鄕老堂. 享崇節祠.

---

390) ≪청도문헌고≫: "본관은 영양으로, 충장공 만리의 후손이다. 순조 신사년(1821)에 문관에 급제 하였다." (청도문화원, 2009, p.185)

391) 한국학자료통합플랫폼 제공, [한국의 과거급제자]에 따르면, 김석원은 고종 28년 (1891) 신묘 식년시 문과 병과 18위로 기록되어 있다. 성씨뉴스닷컴 제공, [조상찾기]에 따르면 서흥 김씨 김석원의 자는 순입(順入)으로 기록되어 있고, 문과에 급제한 시기는 동일한 정보가 적혀 있다.

392) 서흥(瑞興): 황해북도 서흥군을 본관으로 하는 성씨이다.

393) ≪청도문헌고≫: "본관은 서흥이며, 한훤당 굉필의 후손으로 벼슬은 주서를 지냈다."(청도문화원, 2009, p.185)

394) 사마(司馬): 생원과 진사를 뽑는 사마시(소과)에 합격한 사람. 오병무 역, ≪국역 조선환여승람: 남원≫, 두레 출판 기획, 2000, p.293 인용.

395) 한국학자료통합플랫폼 제공, [한국의 과거급제자]에 따르면, 중종 29년 (1534) 갑오 식년시 진사 2등 12위로 기록되어 있다.

396) ≪청도문헌고≫: "본관은 밀양이며, 호재 맹문의 아들로 호는 농암이다. 중종 때 진사시에 합격하였다. 어려서부터 총명하고 영특함이 뛰어났고 커서도 각고의 노력을 하였다. 퇴계의 도산서원 문하에 가서 역경의 의문 나는 곳을 물었고, 수학에 뛰어났다. 향헌을 지어 향로당에 걸어두고 풍속을 바로잡았다. 우와 이응수가 지은 행장이 있다. 숭절사에 향사되었다."(청도문화원, 2009, p.155)

- **박형달** 자는 통중, 호는 사미당이며, 본관은 밀양이다. 사마시에 급제하였으며, 한훤당 김굉필과 일두 정여창과 함께 점필재 김종직의 문하에서 함께 배웠다. 학문과 행의로 천거되어 인의397)에 제수되었다. 또 명경과로 벼슬에 임명되었으나 나아가지 않았다.

    朴亨達 字通仲, 號四美堂, 密陽人. 司馬, 與金寒暄鄭一蠹同學於佔畢之門, 以學問行義薦授引儀. 又以明經除官, 不就.

- **김익수** 본관은 청도이다. 〈명신〉편 김지대의 후손이다. 중종 시기에 성균관 생원을 지냈다.

    金益粹398) 清道人. 名臣之岱后. 中宗朝成均生員.

- **박중문**399) 자는 숙빈이며, 본관은 밀양이다. 중종 병자년(1516) 생원시에 급제하였다.

    朴仲文400) 字叔彬, 密陽人. 中宗丙子生員.

- **이부** 본관은 고성이다. 용헌 이원의 현손이다. 인조 시기 진사에 합격하여 별좌401)를 지냈다.

    李郛402) 固城人, 容軒原玄孫. 仁朝進士別坐.

---

397) 인의(引儀): 조선시대 통례원의 종6품 관직.
398) ≪청도문헌고≫: "본관은 청도이며, 참봉 백일의 손자로 생원이다."(청도문화원, 2009, p.186)
399) 한국학자료통합플랫폼 제공, [한국의 과거급제자]에 따르면, 중종 11년 (1516) 병자 식년시 생원 3등 1위로 기록되어 있다.
400) ≪청도문헌고≫: "본관은 밀양이며, 화은 계은의 아들로 호는 인재이다. 생원이며 학행으로 천거에 올랐다."(청도문화원, 2009, p.185, 186)
401) 별좌(別坐): 조선시대 정·종오품(5품)에 해당하는 관직으로, 주로 교서관·상의원·군기시·예빈시 등 궁중이나 중앙 관청에 소속되어 장부(서류)를 검사·관리하는 역할을 맡았다.
402) ≪청도문헌고≫: "본관은 고성이며, 모헌 육의 아들로 호는 우헌이다. 4며의 아우와 같이 일찍부터 가정교육을 받았으며, 외조부인 직세학 최연의 문하에서 가르침을 더 받았다. 음서로 별좌를 받았으나 사직하고 돌아와서 계관시를 지었다. 정자를 짓고 이름을 관산이라 하였으니, 관산이란 이름을 얻은 것이 여기에서 비롯되었다. 무오사화에 백부와 숙부가 참화를 입는 것을 목격하고는 벼슬길에 나가려는 뜻을 두지 않고 스스로 유학의 본분을 위해 모든 힘을 기울여 유학의 도를 깊이 얻었고, 자취를 감추고 생을 마쳤다. 문집 5권이 있었으나 병화로 없어지고 약간의 시만 전한다."(청도문화원, 2009, p.155)

○ **이초** 자는 중임이며, 본관은 고성이다. 이부의 아들이다. 명종 시기에 생원시에 합격하여 사헌부 집의를 지냈다.

 李礎403) 字仲任, 固城人. 郭子. 明宗朝生員執義.

○ **이기** 자는 이릉이며, 본관은 고성이다. 용헌 이원의 후손이다. 명종 시기 생원시에 장원을 차지하였다.

 李磯404) 字爾陵, 固城人. 容軒原后. 明宗朝生員壯元.

○ **박양복**405) 자는 희원, 호는 지곡이며, 본관은 밀양이다. 선조 병자년(1576) 진사시에 급제하였으며, 율곡 이이의 문도이다. 그는 선생께 드리는 제문에 다음과 같이 말하였다. "주자의 유풍이요, 수사406)의 연원이시로다. 우리 동방의 올바른 학문, 종지를 홀로 터득하시었네. 유학이 사라질 위기에 처해있으니, 소자는 어디에 의지해야 하겠는가.".

 朴陽復407) 字希元, 號芝谷, 密陽人. 宣祖丙子進士. 栗谷門人. 祭先生文曰: "紫陽餘緖, 洙泗淵源. 吾東正學, 獨得其宗. 斯文幾喪, 小子何依.".

○ **박광형**408) 호는 인재이며, 본관은 밀양이다. 박란의 아들이다. 선조 계유년(1573) 진

---

403) ≪청도문헌고≫: "본관은 고성이며, 모헌 육의 손자로 호는 취석이다. 명종 을묘년(1555)에 생원시에 합격하여 사헌부 집의를 지냈다. 재기가 뛰어나 많은 이들을 사숙하였다. 법도에 맞지 아니한 말은 하지 않았고, 의롭지 않은 물건은 취하지 않았다. 항상 꾸준하고 부지런하게 낙민운도의 책을 연구하였으며, 그 마음을 궁구하여 자신의 몸으로 징험하였다. 저술하기를 좋아하지 않았고 손수 '충효' 두 글자를 써서 침실의 문에 걸어두고 자손들에게 보여주었다. 오직 조상들의 발자취를 따르는 것을 자신의 분수로 삼았으니, 안으로 쌓이는 아름다움이 자신도 모르게 날로 드러났다."(청도문화원, 2009, p.190)

404) ≪청도문헌고≫: "본관은 고성이며, 모헌의 손자로 생원시에 장원을 하였다."(청도문화원, 2009, p.186)

405) 한국학자료통합플랫폼 제공, [한국의 과거급제자]에 따르면, 선조 9년 (1576) 병자 식년시 진사 3등 51위로 기록되어 있다.

406) 수사(洙泗): '유학(儒學)'을 달리 이르는 말. 공자(孔子)가 산동성(山東省)에 있는 수수(洙水)와 사수(泗水) 사이에서 제자(弟子)들을 모아 가르친 데서 유래(由來)한다.

407) ≪청도문헌고≫: "본관은 밀양이며, 일청재 호의 아들로 생원이다."(청도문화원, 2009, p.186)

408) 한국학자료통합플랫폼 제공, [한국의 과거급제자]에 따르면, 선조 6년 (1573) 계유 식년시 진사 3등 68위로 기록되어 있다.

사에 급제하였고, 한강 정구의 문도이다. 선생이 일찍이 시를 써 주기를,

靜中持敬整衿端	고요 속 삼가며 옷깃을 단정히 하여도,
若道觀心是所難	마음을 살피는 것이 도이니 어려운 일이로다.
要識講明工用處	공부하고 밝혀 쓰이는 곳을 알고자 하니,
中天日到孰無看	중천 해 떠오르면 누군들 보지 않겠는가.

라 하였다. 제자 두암 이기옥의 제문에 다음과 같이 썼다. "스승의 지팡이와 신까지도 공경히 받들었고, 아들이 아버지 섬기듯 하였네.".

朴光亨409) 號忍齋, 密陽人. 鸞子. 宣祖癸酉進士鄭寒岡門人先生贈詩曰: "靜中持敬整衿端, 若道觀心是所難. 要識講明工用處, 中天日到孰無看.". 門生竇岩李璣玉祭文曰: "祇奉杖屨, 子視父事.".

◦ **이덕인** 본관은 재령이다. 군수 이계손의 아들이다. 진사시에 합격하였다.

李德仁 載寧人. 郡守繼孫子. 進士.

◦ **이환**410) 자는 백진이며, 본관은 고성이다. 〈충신〉편 이해의 아들이다. 인조 시기 생원시에 합격하였다.

李瓛411) 字伯珍, 固城人. 忠臣海子. 仁祖朝生員.

---

409) ≪청도문헌고≫: "본관은 밀양이며, 농암 란의 아들로 호는 인재이다. 진사로 김동강, 정한강과 같이 교유하며 지냈다. 한강이 시를 주었으며 시는 다음과 같다. '고요한 가운데 경을 지켜 몸가짐을 단정히 하여도, 마음을 보았다고 하는 것이 어렵게 여기는 것. 밝게 공부해야 할 곳을 알고자 하니, 주언에 해가 이르면 누군들 보지 못하리.' 두암 이기옥이 일찍이 스승으로 삼고 가르침을 받았다."(청도문화원, 2009, p.186)

410) 한국학자료통합플랫폼 제공, [한국의 과거급제자에 따르면, 광해군 4년 (1612) 임자 식년시 생원 3등 8위에 기록되어 있다. 한국학중앙연구원 제공, [한국역대인물 종합정보시스템]에도 동일한 정보가 적혀있으며, 원문의 생원시 급제 시기와 다르다.

411) ≪청도문헌고≫: "본관은 고성이며, 모헌의 현손으로 호는 두재이다. 타고난 자태가 시원스럽게 잘 생겼으며, 기개와 절개가 높고 컸다. 항상 한 시대를 경제하려는 뜻이 있었다. 선조 신묘년(1591)에 생원시에 합격하였고 벼슬은 교위에 올랐다. 임진왜란 때 부친이 남원에서 순절하자 겹겹이 쌓인 시체 속에서 아버지의 시체를 찾지 못한 것이 통한이 되어 어머니를 지극한 효성으로 봉양하였다. 바깥출입을 하지 않고 책을 읽었으며, 과장에 다시 발을 들여 놓지 않았다. 역학을 깊이 파고들어 흥망성쇠와 나아감과 물러서는 상

○ **반세영** 자는 사현, 호는 겸와이며, 본관은 기성이다. 문효공 반우형의 후손이다. 동계 정온의 문도이다. 인조 계유년(1633) 진사시에 합격하였고, 학행으로 천거되어 선릉참봉을 지냈다.

潘世榮412) 字士顯, 號謙窩, 岐城人. 文孝公佑亨后. 鄭桐溪門人. 仁祖癸酉進士學薦, 宣陵參奉.

○ **박태한**413) 자는 대래, 호는 수오당이며, 본관은 밀양이다. 효종 시기 진사에 급제하였으며, 경학에 조예가 깊었다. 자연 속에서 생을 마감하였다.

朴泰漢 字大來, 號守吾堂, 密城人. 孝宗朝進士, 有經學. 終老林泉.

○ **박소원**414) 자는 계초, 호는 송암이며, 〈효자〉편의 박양춘의 증손자이다. 우암 송시열의 문도이다. 효종 시기 을묘년(1655) 생원시에 급제하였으며, 문장과 학문이 뛰어났다. 우계 성혼과 율곡 이이의 부당한 평론을 바로잡는 소변을 올렸다.

朴紹遠 字繼初, 號松庵, 孝子陽春曾孫. 尤庵門人. 孝宗乙卯生員, 有文學. 疏卞牛溪栗谷兩先生誣.

○ **이하구**415) 자는 사익, 호는 양정재이며, 본관은 고성이다. 용헌 이원의 후손이다. 남

(像)을 완색하였고 '속세를 피하여 은둔하여도 근심이 없다.'는 뜻을 취하여 호로 삼았다. '하늘의 뜻을 즐기며 명을 안다[樂天知命]'는 등의 여러 설(說)로써 스스로 반성하였다. 유고가 있다."(청도문화원, 2009, p.172)

412) ≪청도문헌고≫: "본관은 기성이며, 옥계의 후손으로 호는 겸와이다. 진사로 동계 정온의 문인이다."(청도문화원, 2009, p.187)

413) 한국학자료통합플랫폼 제공, [한국의 과거급제자]에 따르면, 현종 1년(1660) 경자 식년시 진사 3등 46위로 기록되어 있다. 또, 자는 대성(大成), 본관은 밀양, 거주지는 청도로 기록되어 있어 본문에 적힌 내용의 '자는 대래', '효종 시기'와 차이점이 있다.

414) 한국학자료통합플랫폼 제공, [한국의 과거급제자]에 따르면, 숙종 1년(1675) 을묘 증광시 생원 3등 59위로 기록되어 있다. 본문의 '효종 시기 을묘년(1655)'와 시기에 차이점이 있다. 또 효종 시기에는 을묘년이 없어 본문의 내용은 오기로 보인다.

415) 한국학중앙연구원 제공, [한국역대인물 종합정보시스템]에 따르면, 숙종 10년(1684) 갑자 식년시 진사 2등 19위로 기록되어 있다. 또, 자는 자익(子益)으로 기록되어 있어 본문의 '자는 사익(士益)'과 차이점이 있다. 효종 재위 시기 갑자년은 없어 본문의 내용은 오기로 보인다.

강 권해의 문도이다. 효종 시기 갑자년(1624) 진사시에 급제하였다.

李夏耇416) 字士益, 號養靜齋, 固城人. 容軒原后. 權南岡瑎門人. 孝宗甲子進士.

◦ 박상고417) 자는 사원, 호는 지암이며, 본관은 밀양이다. 숙종 기묘년(1699) 진사시에 급제하였다.

朴尙古418) 字思遠, 號芝岩, 密陽人. 肅宗己卯進士.

◦ 박태고419) 〈학행〉편에서도 찾아볼 수 있다. 숙종 기묘년(1699) 진사시에 급제하였으며, 문집이 있다.

朴太古420) 見學行篇. 肅宗己卯進士, 有文集.

◦ 박경림421) 자는 명원, 호는 사경재이며, 본관은 밀양이다. 영조 시기(1763) 잔사시에 급제하였으며, 이후 자취를 감추고 산림에 은거하였다. 뜻을 굳게 세우고 힘써 실천하고자 하였다. 유고를 남기었다.

朴瓊林 字明遠, 號思敬齋, 密城人. 英宗朝進士, 晦跡山林, 篤志力行, 有遺稿.

---

416) ≪청도문헌고≫: "본관은 고성이며, 모헌의 후손으로 호는 양정재이며 진사이다. 세심정 장희적에게 수학하였고 남곡 권해가 기문을 지었다. 문집이 있다."(청도문화원, 2009, p.187)
417) 한국학중앙연구원 제공, [한국역대인물 종합정보시스템]에 따르면, 숙종 25년 (1699) 기묘 식년시 진사 3등 21위로 기록되어 있다. 또, 자는 사통(思通)으로 기록되어 있어, 본문의 '자는 사원(思遠)'과 차이점이 있다.
418) ≪청도문헌고≫: "본관은 밀양이며, 감정 분의 증손으로 호는 지헌이다. 진사로 문사가 크고 넓었다.(청도문화원, 2009, p.187)
419) 한국학중앙연구원 제공, [한국역대인물 종합정보시스템]에 따르면, 숙종 25년 (1699) 기묘 식년시 진사 2등 2위로 기록되어 있다.
420) ≪청도문헌고≫: "본관은 밀양이며, 모효재 박지현의 아들로 호는 경양재이다. 우암 송시열의 문인이다. 숙종 때 진사로 천거되어 예원전·장녕전 참봉에 제수되었다. 한포재 이건명·소재 이이명과 더불어 시를 지어 주고받았으며 사계 김장생을 소를 올려 변호하였다. 직무를 보던 곳에서 돌아가시자 한포재가 만사를 지어 말하기를 "임금님의 은혜를 무겁게 입었는데 남쪽 고을에 유교의 도가 없어졌다."고 하였다. 문집이 있으며 입제 송근수가 행장을 지었다. 지산사에 향사되었다."(청도문화원, 2009, p.159)
421) 한국학중앙연구원 제공, [한국역대인물 종합정보시스템]에 따르면, 영조 39년 (1763) 계미 증광시 진사 3등 61위로 기록되어 있다.

◦ **예재문**[422] 자는 도응, 호는 수졸헌이며, 본관은 의흥이다. 〈유일〉편 예일신의 아들이다. 어려서부터 문장으로 이름 높았다. 영조 무자년(1768) 생원시에 급제하였으며, 시조 부계군 입석 기문을 지었다. 또한 동천서원을 세워 병계 윤봉구를 향사하였다.

芮在文[423] 字道膺, 號守拙軒, 義興人. 遺逸曰新子少有文名. 英宗戊子生員, 始祖缶溪君 墓立石爲記. 建東川院, 享屛溪尹鳳九.

◦ **최윤곤**[424] 자는 덕오, 호는 눌우이며, 본관은 경주이다. 고운 최치원의 후손이다. 순조 신묘년(1831) 진사시에 급제하였으며, 경신년(1860) 통정대부에 올랐다.

崔潤坤[425] 字德五, 號訥愚, 慶州人. 孤雲致遠后. 純祖辛卯進士, 庚申陞通政.

◦ **이주보**[426] 자는 목여이며, 본관은 고성이다. 용헌 이원의 후손이다. 순조 갑술년(1814) 생원시에 급제하였으며, 효우하며 몸가짐을 삼가고, 시와 예의 가학을 전하였으니 종중의 본보기가 되었다.

李周甫[427] 字穆如, 固城人. 容軒原后. 純祖甲戌生員, 孝友行己, 詩禮傳家, 宗黨模楷.

◦ **김창윤** 자는 덕보, 호는 모천이며, 본관은 김해이다. 〈유헌〉편 김일손의 사손이다. 순조 임오년(1822) 진사시에 급제하였다.

金昌潤[428] 字德甫, 號慕川, 金海人. 儒賢馹孫嗣孫. 純祖壬午進士.

---

[422] 한국학중앙연구원 제공, [한국역대인물 종합정보시스템]에 따르면, 영조 44년 (1768) 무자 식년시 생원 3등 52위로 기록되어 있다.
[423] ≪청도문헌고≫: "본관은 의흥이며, 기재 일신의 아들로 생원이다." (청도문화원, 2009, p.187)
[424] 한국학중앙연구원 제공, [한국역대인물 종합정보시스템]에 따르면, 순조 31년 (1831) 신묘 식년시 진사 3등 23위로 기록되어 있다.
[425] ≪청도문헌고≫: "본관은 경주이며, 승사랑 창문의 아들로 호는 눌우이며 진사이다."(청도문화원, 2009, p.187)
[426] 한국학중앙연구원 제공, [한국역대인물 종합정보시스템]에 따르면, 순조 14년 (1814) 갑술 식년시 생원 1등 3위로 기록되어 있다.
[427] ≪청도문헌고≫: "본관은 고성이며, 모헌의 후손으로 생원이다. 효성과 우애를 실천하였고 시례를 가문에 전하여 집안과 고을에 모범이 되었다."(청도문화원, 2009, p.187)
[428] ≪청도문헌고≫: "본관은 김해로, 문민공의 후손이다. 호는 모천이며 진사이다. 다른 것에 일체 마음을 끊

◦ **예대열**429) 초명은 국열, 자는 경약, 호는 만취와이며, 본관은 의흥이다. 예재문의 아들이다. 성담 송환기의 문도이다. 문필로 당대에 이름을 떨치었으나 초시를 십여 차례 끝에 급제하였다. 헌종 을미년(1835) 진사시 장원에 올랐다.

芮大烈430) 初名國烈, 字敬若, 號晩翠窩. 義興人, 在文子宋性潭門人. 以文筆名於當世, 得十解. 憲宗乙未進士壯元.

◦ **예주명**431) 초명은 시로, 호는 만성재이며, 본관은 의흥이다. 수몽헌 예승석의 후손이다. 시문에 뛰어났으며, 헌종 기유년(1849) 진사시에 급제하였다.

芮周鳴432) 初名時櫓, 號晩惺齋, 義興人. 守夢軒承錫后. 長於詩文, 憲宗己酉進士.

◦ **최석붕**433) 자는 남도이며, 본관은 경주이다. 〈효자〉편 최여준의 후손이다. 철종 시기에 진사시에 급제하였다.434)

崔錫鵬 字南圖, 慶州人, 孝子汝峻后. 哲宗朝進士.

◦ **박기우**435) 자는 도성, 호는 지재이며, 본관은 밀양이다. 〈학행〉편 병재 박하징의 후손이다. 철종 시기 신유년(1861)에 진사시에 급제하였다.

고 마음을 수양하는 일을 독실하게 행하였다. 유교 경전을 힘써 독서함으로써 스스로 진정한 즐거움을 찾았다. 유고가 있다."(청도문화원, 2009, p.187)

429) 한국학자료통합플랫폼 제공, [한국의 과거급제자]에 따르면, 예대열은 헌종 1년 (1835) 을미 증광시 진사 1등 1위로 기록되어 있다.

430) ≪청도문헌고≫: "본관은 의흥이며, 수몽헌의 후손으로 호는 만취와이다. 진사로 종형인 지열과 함께 성담 송환기의 문하에서 같이 공부하였다."(청도문화원, 2009, p.187)

431) 한국학자료통합플랫폼 제공, [한국의 과거급제자]에 따르면, 예주명은 헌종 15년 (1849) 기유 식년시 진사 3등 27위로 기록되어 있다.

432) ≪청도문헌고≫: "본관은 의흥이며, 기재 일신의 현손으로 진사이다."(청도문화원, 2009, p.188)

433) 한국학자료통합플랫폼 제공, [한국의 과거급제자]에 따르면, 최석붕은 고종 4년 (1867) 정묘 식년시 진사 3등 139위로 기록되어 있다. 본문의 '철종 시기'와 차이점이 있다.

434) 〈한국역대인물 종합정보시스템〉제공, ≪숭정기원후4정묘식년사마방목(崇禎紀元後四丁卯式年司馬榜目)≫에 따르면, 최석붕의 진사시 합격은 "고종(高宗) 4년(1867) 정묘(丁卯) 식년시(式年試) [진사] 3등(三等) 140위(169/196)"으로 기록되어 있어 내용상 차이(철종)가 있다.

435) 한국학자료통합플랫폼 제공, [한국의 과거급제자]에 따르면, 박기우는 철종 12년 (1861) 신유 식년시 진사 2등 17위로 기록되어 있다.

朴箕瑀436) 字道星, 號芝齋, 密陽人. 學行河澄后. 哲宗辛酉進士.

◦ **장용규**437) 자는 이견, 호는 오석이며, 본관은 아산이다. 〈유일〉편 장방익의 후손이다. 문장으로 명성이 있었으며, 철종 신유년(1861)에 진사시에 급제하였다.

蔣龍圭438) 字利見, 號鰲石, 牙山人. 遺逸邦翼后, 有文名. 哲宗辛酉進士.

◦ **이정화** 자는 원백, 호는 신헌이며, 본관은 고성이다. 용헌 이원의 후손이다. 행실이 맑고 진중하며 효성과 우애가 있었다. 경중과 교유하였으며, 철종 갑진년(1844)439)에 진사시에 급제하였다.

李庭和440) 字元伯, 號愼軒, 固城人. 容軒原后. 淸愼孝友, 士友景仲. 哲宗甲辰進士.

◦ **이필선**441) 자는 경백, 호는 은재이며, 본관은 고성이다. 용헌 이원의 후손이다. 철종 기유년(1849)에 진사시에 급제하였으며, 고종 계묘년(1903) 통정대부에 추증되었다. 유고를 남기었다.

李泌善442) 字慶伯, 號隱齋, 固城人. 容軒原后. 哲宗己酉進士, 高宗癸卯贈通政. 有遺稿.

---

436) ≪청도문헌고≫: "본관은 밀양이며, 병재 하징의 후손으로 호는 지재며 진사이다."(청도문화원, 2009, p.188)

437) 한국학중앙연구원 제공, [한국역대인물 종합정보시스템]에 따르면, 장용규는 철종 12년 (1861) 신유 식년시 생원 3등 43위로 기록되어 있다. 또, 자는 희현(羲見)으로 기록되어 있어, 본문의 '자는 이견(利見)'과 차이점이 있다.

438) ≪청도문헌고≫: "본관은 아산이며, 이락재 방익의 후손으로 호는 오석이다. 생원에 응시하여 『육주략선』이란 책을 받았다.(청도문화원, 2009, p.188)

439) 〈한국역대인물 종합정보시스템〉제공, ≪숭정기원후4정묘식년사마방목(崇禎紀元後四丁卯式年司馬榜目)≫에 따르면, 이정화의 진사시 합격은 "헌종(憲宗) 10년(1844) 갑진(甲辰) 증광시(增廣試) [진사] 3등(三等) 1위(31/100)"으로 기록되어 있어 차이가 있다.

440) ≪청도문헌고≫: "본관은 고성이며, 모헌의 후손으로 호는 진헌으로 진사이다. 청렴하고 신중했으며, 부모에게 효도하고 형제간에 우애가 있어 동배들이 흠모하고 추앙하였다."(청도문화원, 2009, p.188)

441) 한국학자료통합플랫폼 제공, [한국의 과거급제자]에 따르면, 헌종 15년 (1849) 기유 식년시 생원 3등 13위로 기록되어 있다. 본문의 '철종 기유년(1849)'과 차이점이 있다. 헌종의 승하 시기와 철종이 즉위한 해가 기유년(1849)으로 같다.

442) ≪청도문헌고≫: "본관은 고성이며, 모헌의 후손으로 호는 은재로 진사이다. 수직으로 통정이 되었으며, 유고가 있다."(청도문화원, 2009, p.188)

進士, 高宗癸卯贈通政. 有遺稿.

○ **이인선**[443] 자는 덕희이며, 본관은 고성이다. 용헌 이원의 후손이다. 고종 경진년 (1880)에 진사시에 급제하였다.

李寅善[444] 字德義[445], 固城人. 容軒原后. 高宗庚辰進士.

○ **최익주**[446] 자는 주여, 호는 소강이며, 본관은 경주이다. 〈문과〉편 최학승의 아들이다. 고종 임오년(1882)에 생원시에 합격하였다.

崔翼周[447] 字周汝, 號小岡. 慶州人. 文科鶴昇子. 高宗壬午生員.

○ **김상효**[448] 자는 문극, 호는 경재이며, 본관은 김해이다. 직제학 김희택의 후손이다. 천성이 도에 가까웠으며, 학문이 순수하고 성숙하였고, 효성과 우애로 집안을 다스렸으며, 어려운 일을 두루 살피었다. 덕행과 문장으로 세상 사람들의 존중을 받았다. 고종 임오년(1882) 진사시에 급제하였으며, 문집이 전해진다.

金相孝[449] 字文極, 號敬齋, 金海人. 直提學希澤后. 天資近道, 學問純熟, 孝友齊家, 周

---

[443] 한국학자료통합플랫폼 제공, [한국의 과거급제자]에 따르면, 고종 17년 (1880) 경진 증광시 생원 3등 36위로 기록되어 있다.

[444] ≪청도문헌고≫: "본관은 고성이며, 모헌의 후손으로 호는 괴암이며 생원이다. 가훈을 이어받아 경사에 대체로 통달했으며, 풍류를 즐기며 세속에 구애받지 않은 삶을 살아 당시의 사람들이 말하기를 교남걸사라 하였다."(청도문화원, 2009, p.188)

[445] 한국학자료통합플랫폼 제공, [한국의 과거급제자] DB에 따르면, 이인선의 자를 '덕희(德熙)'로 기록하고 있다.

[446] 한국학자료통합플랫폼 제공, [한국의 과거급제자]에 따르면, 고종 19년 (1882) 임오 식년시 생원 3등 12위로 기록되어 있다. 또, 최익주의 자가 보여(輔汝)로 기록되어 있어, 본문의 '자는 주여(周汝)'와 차이점이 있다.

[447] ≪청도문헌고≫: "본관은 경주이며, 대사간 학승의 아들로 호는 소강이며 진사이다."(청도문화원, 2009, p.189)

[448] 한국학자료통합플랫폼 제공, [한국의 과거급제자]에 따르면, 고종 19년 (1882) 임오 증광시 생원 3등 58위로 기록되어 있다.

[449] ≪청도문헌고≫: "본관은 김해이다. 부사 덕명의 후손이며 호는 경재로 생원이다. 타고난 자질이 탁월하고 부모에게 효도하고 형제간에 우애가 있었으며 문학으로 선비들의 추앙을 받았다."(청도문화원, 2009, p.190)

恤及人. 德行文章爲世推重. 壬午進士, 有文集.

◦ **최상의** 자는 순부, 호는 동주이며, 본관은 경주이다. 〈문과〉편 최학승의 손자이다. 고종 신미년(1871)에 진사시에 급제하였다. 장릉참봉을 지냈다.

    崔相宜450) 字舜敷, 號東洲, 慶州人. 文科鶴昇孫. 高宗辛未進士, 行章陵叅奉.

◦ **박정호** 자는 성극, 호는 후송이며, 본관은 밀양이다. 〈학행〉편 박하담의 후손이다. 고종 신미년(1871)에 진사시에 급제하였다. 은거하며 의롭게 살았으며, 자연에서 여생을 마쳤다. 유고가 있다.

    朴廷鎬 字星極, 號後松, 密城人. 學行河淡后. 高宗辛未進士. 隱居行義, 終老林泉. 有遺稿.

◦ **김건곤** 자는 경원, 호는 지송이며, 〈음사〉편 김용복의 아들이다. 고종 신묘년(1891)에 진사시에 급제하였다.

    金健坤451) 字慶原, 號知松, 蔭仕容復子. 高宗辛卯進士.

◦ **박수인** 자는 중진, 호는 청강이며, 〈사마〉편 박소원의 후손이다. 고종 신묘년(1891)에 진사시에 급제하였다.

    朴秀寅 字重震, 號青岡, 紹遠后. 高宗辛卯進士.

---

450) ≪청도문헌고≫: "본관은 경주이며, 익주의 아들로 호는 동주이며 진사이다."(청도문화원, 2009, p.189)
451) ≪청도문헌고≫: "군수 용복의 아들로 호는 지송이며 진사이다. 집에 있으면서 부모에게 효도를 다했으며, 형제간에 우애가 있었다. 다른 사람을 만났을 때는 겸손하고 공경하였다."(청도문화원, 2009, p.189)

음사 蔭仕[452]

◦ **김대장** 자는 정중이며, 본관은 김해이다. 〈유현〉편 일손의 계자이다. 성종 시기 사마로 있다가 무오사화 때 친형인 김대유와 함께 호남으로 귀양을 갔다. 중종 때 개옥 이후 누명을 벗고 벼슬을 회복하여, (왕이) 김일손에게 후손이 있는지를 하문하자, 정암 조광조가 김대장을 계자로 삼아 답하였다. 이에 선릉참봉에 제수되고 창녕현감을 지냈다.

金大壯[453] 字正中, 金海人. 儒賢馹孫系子. 成宗朝司馬戊午士禍, 與本生兄大有俱謫湖南. 中宗改玉後雪寃復爵, 問金馹孫有后乎, 靜菴趙光祖以繼子大壯對, 卽除宣陵參奉, 行昌寧縣監.

◦ **이육** 자는 원숙, 호는 모헌이며, 본관은 고성이다. 용헌 이원의 증손자이다. 찰방에 올랐으며 무오년(1498)에 사화를 겪었다. 둘째 형 망헌과 함께 청도 유곡으로 물러났다. 연못을 파고 연꽃을 심으며 '군자정'을 지어 그곳에서 유학을 강론하다 생을 마쳤다.

李育[454] 字元淑, 號慕軒, 固城人. 容軒原曾孫. 進察訪, 戊午士禍. 與仲兄忘軒退居清道柳谷. 鑿池種蓮作'君子亭'講道以終.

◦ **예은결** 자는 평약이며, 본관은 의흥이다. 중종 시기에 철산군수를 지냈다.

---

452) 음사(蔭仕): 부조의 공으로 시험을 치르지 않고 벼슬에 오른 사람. 오병무 역, ≪국역 조선환여승람: 남원≫, 두레 출판 기획, 2000, p.293, 인용.

453) ≪청도문헌고≫: "본관은 김해이며, 문민공 일손의 아들로 현감을 지냈다. 백동사에서 향사한다."(청도문화원, 2009, p.190)

454) ≪청도문헌고≫: "본관은 고성이며, 용헌 원의 증손으로 호는 모헌이다. 점필재 김종직의 문인이다. 어려서부터 영리하여, 가르침을 받을 때 가르치는 사람을 번거롭게 하지 않았다. 부친상을 당하여 피눈물을 흘리며 여막에서 살았고, 복이 끝나고 나서도 종신토록 사모한다는 뜻을 취하여 모를 스스로 호로 삼았다. 형인 쌍매당 윤, 망헌 주와 같이 스승을 찾아 가서 날로 학업에 정진하여 아주 명망이 있었다. 홍치 기유년(1489)에 진사시에 합격하였고, 계축년(1493)에는 음서로 찰방에 제수되었다. 무오사화에 두 형과 아우가 유배를 가거나 사형되자 이때부터 벼슬길에 나서겠다는 뜻을 꺾었으며, 영가(永嘉: 안동)에서 와서 유효연지가에 정자를 지어 놓고 군자정이라고 편액하고 노릉(魯陵: 단종의 릉)의 두우시를 읊으면서 눈물로 번번이 옷깃을 적셨다. 망헌의 방한부를 걸어두고 뜻을 붙였다. 서산 김흥락이 지은 묘갈명이 있다."(청도문화원, 2009, p.153)

芮恩結455) 字平若, 義興人. 中宗朝鐵山郡456)守.

○ **이도** 자는 희순이며, 본관은 고성이다. 용헌 이원의 현손이다. 인종 시기 도사457)로 승진하였다.

李都458) 字希舜, 固城人. 容軒原玄孫. 仁宗朝進都事.

○ **조윤적** 본관은 함안이다. 찰방을 지낸 조지경의 손자이다. 인종 시기 현릉참봉을 지냈다.

趙允廸459) 咸安人. 察訪之瓊孫, 仁宗朝顯陵參奉.

○ **장희윤** 자는 상형이며, 본관은 아산이다. 문익공 장성발의 후손이다. 명종 시기 영릉참봉을 지냈다.

蔣希尹460) 字商衡, 牙山人. 文翼公成發后. 明宗朝英陵參奉.

○ **김참** 본관은 청도이다. 〈명신〉편 김지대의 후손이다. 명종 시기 홍원461)현감을 지냈다.

金參462) 淸道人, 名臣之岱后. 明宗朝洪原縣監.

---

455) ≪청도문헌고≫: "본관은 의흥이며, 부계군의 후손으로 군수를 지냈다."(청도문화원, 2009, p.192)
456) 철산군(鐵山郡): 평안북도 서부에 위치한 군. 동쪽은 선천군, 서쪽은 용천군, 북쪽은 의주군, 남쪽은 황해에 면하고 있다.
457) 도사(都事): 조선시대 중앙과 지방 관청에서 사무를 담당한 관직이다. 해당 관서는 다음과 같다. 충훈부(忠勳府)·의빈부(儀賓府)·중추부(中樞府)·충익부(忠翊府)·개성부(開城府)·오위도총부(五衛都摠府)에 두었던 종오품(從五品) 관직이다.
458) ≪청도문헌고≫: "본관은 고성이며, 모헌의 아들이다. 인종 때 진사시에 합격하여 벼슬은 도사에 이르렀다. 조정에서는 바른 도리로 스스로 지켰으며, 동강에 돌아와서는 청렴하고 검소한 생활을 스스로 지켜 나가면서 다만 자기의 분수에 당연한 것을 다할 뿐이었다."(청도문화원, 2009, p.169)
459) ≪청도문헌고≫: "본관은 함안이다. 훈의 아들이며 일찍이 가훈을 잘 받드는 것으로 당시에 이름이 있었다. 참봉이다."(청도문화원, 2009, p.285, 286)
460) ≪청도문헌고≫: "본관은 아산이며, 전서 성발의 후손이다. 영릉참봉을 지냈다."(청도문화원, 2009, p.192)
461) 홍원(洪原): 함경남도 중남부에 위치한 군.
462) ≪청도문헌고≫: "본관은 청도이며, 영헌공의 후손으로 현감을 지냈다."(청도문화원, 2009, p.199)

◦ **김호원** 본관은 청도이다. 〈명신〉편 지대의 후손이다. 선조 시기 별제463)로 임명되었다. 사후에 군자정으로 추증되었으며, 성헌 이병희가 비문을 지었다.

   金浩源 清道人. 名臣之岱后. 宣祖朝別提. 贈軍資正, 省軒李炳憙撰碣.

◦ **예득보** 자는 통보이며, 본관은 의흥이다. 은결의 아들이다. 정평부사를 지냈다.

   芮得寶464) 字通甫, 義興人. 恩結子. 定平府使.

◦ **이계손** 본관은 재령이다. 고부465)군수를 지냈으며, 밀양에서 살다가 청도에 터를 잡고 거주하였다.

   李繼孫 載寧人. 古阜郡守, 自密陽始居清道.

◦ **이종명** 자는 철보이며, 본관은 재령이다. 〈유일〉편 이결의 아들이다. 선조 시기 막성 좌윤을 지냈다.

   李宗明 字哲甫, 載寧人. 遺逸㯤子. 宣祖朝漢城左尹.

◦ **김발** 본관은 청도이다. 김호원의 아들이다. 인조 시기 행의로 자여도 찰방에 제수받았으며, 후에 수승되어 동중추에 이르렀다. 회봉 하겸진이 비문을 지었는데, 대략 다음과 같다. "공이 자신의 재산을 내놓아, 마을의 폐해와 백성의 병고를 막았는데, 고을의 백성들이 그 은혜에 감동하여, 오늘날에 이르기까지 사사로이 공의 집안의 부역을 면해주고 있다."

   金𩣭 清道人. 浩源子. 仁祖朝以行義授自如道察訪, 壽陞同中樞. 晦峯河謙鎭撰碣文略曰:

---

463) 별제(別提): 정·종6품(正·從六品). 조선시대 정·종육품(正從六品) 잡직(雜職) 무록관(無祿官)이나, 360일을 근무하면 다른 관직으로 옮길 수 있었다. 무록관에서 무록관은 조선시대 녹봉을 지급받지 못하던 관리이다. 경관직에서 무록관은 정삼품(正三品) 당하관(堂下官)부터 종팔품(從八品)까지, 외관직에서 무록관은 종오품(從五品)부터 종구품(從九品)까지 존재하였다. 양반의 신분유지와 녹봉지급을 줄이기 위하여 나타난 제도이다.

464) ≪청도문헌고≫: "본관은 의흥이며, 군수 은결의 아들로 부사를 지냈다."(청도문화원, 2009, p.192)

465) 고부(古阜): 전북특별자치도 정읍 지역의 옛 지명.

"公捐己貲, 以防里弊民瘼, 里民感其恩, 至今私鐲公家之戶役云."

◦ **이엄** 본관은 재령이다. 〈훈신〉편 이운룡의 아들이다. 평택현감을 지냈다.
　李儼 載寧人. 勳臣雲龍子. 平澤縣監.

◦ **이광점** 자는 홍우이며, 본관은 고성이다. 용헌 이원의 후손이다. 숙종 시기 해남군수를 지냈다.
　李光漸[466] 字鴻宇, 固城人. 容軒原后. 肅宗朝歷海南郡守.

◦ **이주언** 자는 윤탁이며, 본관은 고성이다. 용헌 이원의 후손이다. 순조 시기 언양현감을 지냈으며 비가 있다.
　李周彦[467] 字君卓, 固城人. 容軒原后. 純祖朝彦陽縣監有碑.

◦ **민의**[468] 초명은 여찬이다. 자는 여정이며, 본관은 여흥이다. 호조정랑을 지냈으며 청도군수를 지냈다. 칠치지변[469] 때 절의를 굳게 지키며 생애를 마쳤다.
　閔義[470] 初名汝纘. 字汝貞, 驪典人. 戶曹正郞, 行淸道郡守. 當漆齒之變守節以終.

◦ **박동위** 자는 사경, 호는 모헌이며, 본관은 밀양이다. 〈학행〉편 박하징의 현손이다. 가문의 가르침을 이어받아 고을에서 신망이 두터웠으며, 선교랑[471]에 제수되었다.

---

[466] 《청도문헌고》: "본관은 고성이며, 용헌의 후손이다. 현령으로 통정대부에 올랐다. 남원에 송덕비가 있으며, 문집이 세상에 유행하고 있다."(청도문화원, 2009, p.200)

[467] 《청도문헌고》: "본관은 고성이며, 모헌의 후손으로 현감으로 통정에 올랐다. 경산, 울주, 언양 세 고을에 송덕비가 있다."(청도문화원, 2009, p.195)

[468] 민여찬(閔汝纘): 자는 선계이고, 본관은 여흥이며 남인으로 1630년(인조 8년) 8월에 도임하였다. 1634년(인조 12년) 3월에 체부종사관에 의해 계파되었다. 청도군, 《청도군지》, 구일출판사, 1991. p.1056 인용.

[469] 칠치지변(漆齒之變): 칠치는 이에 검은 칠을 한다는 야만인을 일컫는다. 여기서는 왜인을 말한다.

[470] 《청도문헌고》: "일명 여찬으로 본관은 여흥이다. 「수관」조에 실려 있다."(청도문화원, 2009, p.191)

[471] 선교랑(宣敎郞): 조선(朝鮮) 시대(時代)에 문관(文官)의 종육품(從六品)의 품계(品階). 종친(宗親) 또는 의빈(儀賓)에게 주며 선무랑과 같은 등급(等級)에 속(屬)함.

朴東緯472) 字士經, 號慕軒, 密城人. 學行河澄玄孫. 承襲庭訓望重一鄕, 宣敎郞.

◦ **최봉승** 자는 유언, 호는 수좌당이며, 본관은 경주이다. 〈문과〉편 최학승의 아우이다. 고종 시기 행실이 검소하여 가감역473)에 천거되었다.

　崔鳳昇474) 字有彦, 號水左堂, 慶州人. 文科鶴昇弟. 高宗朝行儉, 薦假監役.

◦ **최한주** 자는 정여, 호는 소봉이며, 본관은 경주이다. 〈문과〉편 최학승의 아들이다. 철종 시기 기미년(1859)에 진사시에 급제하였다. 고종 병자년(1876) 금부도사를 지냈으며, 정축년(1877) 사재감 직장을 역임하였다. 갑신년(1884) 예천현감에 부임하였으며 을유년(1885) 청도군수475)를 지냈다.

　崔翰周476) 字禎汝, 號小峯, 慶州人. 文科鶴昇子. 哲宗朝己未進士. 高宗丙子禁府都事, 丁丑司宰監直長. 甲申知禮縣監. 乙酉淸道郡守. 未進士. 高宗丙子禁府都事. 丁丑司宰監直長. 甲申知禮縣監. 乙酉淸道郡守.

◦ **김병두** 자는 휘로, 호는 백헌이며, 본관은 김해이다. 〈유일〉편 김치삼의 후손이다. 여러 차례 향시에 합격하였으나 대과에서 고배를 마셨다. 고종 시기 선공감 감역을 지냈다.

　金柄斗477) 字輝老, 號栢軒, 金海人. 遺逸致三后. 累中鄕, 解屈於禮闈. 高宗朝繕工監役.

---

472) ≪청도문헌고≫: "본관은 밀양이며, 병재의 현손으로 호는 모헌이다. 선교랑이다. 가정의 가르침을 이어받아 한 고을에 명망이 높았다."(청도문화원, 2009, p.173)

473) 가감역(假監役): 조선(朝鮮) 시대(時代)에, 선공감(繕工監)에서 토목(土木) 영선(營繕)을 맡아보던 종구품(從九品)의 임시직(臨時職).

474) ≪청도문헌고≫: "본관은 경주이며, 진사 윤곤의 아들로 선공감 가감역을 맡았고, 호는 수재당이다. 성재 허전이 지은 수재당 기문이 있다."(청도문화원, 2009, p.195)

475) 최한주는 1885년(고종 22년) 3월에 지례현감에서 도임하여 동년 12월 15일에 포폄거하(褒貶居下)하였다. 청도군, ≪청도군지≫, 구일출판사, 1991. p.1068 인용.

476) ≪청도문헌고≫: "〈수관(守官)〉조에 실려 있다."(청도문화원, 2009, p.189)

477) ≪청도문헌고≫: "본관은 김해이며, 문민공의 후손으로 호는 백헌이다. 계당 유주목의 문인으로 여러 차례 향시에 합격하였으나 과거에는 끝내 들지 못하였다. 선공감 가감역에 제수되었다. 유고가 있다."(청도문화원, 2009, p.195)

◦ **김용복** 자는 사규, 호는 탁운이며, 본관은 김해이다. 김병두의 아들이다. 고종 시기 참봉과 의관을 거쳐 하양군수를 지냈다.

　　金容復478) 字士奎, 號濯雲, 金海人. 柄斗子. 高宗朝歷參奉議官, 至河陽郡守.

◦ **박기묵** 자는 응도, 호가 운서이며, 본관은 밀양이다. 〈유일〉편 박시묵의 아우이다. 고종 갑신년(1884) 감역에 임명되었고 합천군수에 이르렀다. 여러 치적을 많이 세워 선정비가 있으며 의관에 올랐다.

　　朴起默 字應道, 號雲西, 密城人. 遺逸時默弟. 高宗甲申監役至陜川郡守. 多治績有善政碑. 陞議官.

◦ **박재화** 자는 국원, 호는 행오이며, 본관은 밀양이다. 〈훈신〉편 박경전의 후손이다. 고종 병신년(1896)에 참봉을 지냈다. 장연·웅천·창녕 등지에서 관직을 지냈으며, 많은 치적을 남겨 거사비479)가 세워졌다. 통정대부에 올랐다.

　　朴在華 字國元, 號杏塢, 密城人. 勳臣慶傳后. 高宗丙申參奉. 歷典長連·熊川·昌寧多治績, 有去思碑. 陞通政.

◦ **김용희** 자는 사길, 호는 모계이며, 본관은 김해이다. 김용복의 아우이다. 숭선전참봉을 지냈다. ≪성리대전≫과 ≪소학보찬주≫를 널리 간행 배포하여, 후학을 이끌었다.

　　金容禧480) 字士吉, 號慕溪, 金海人. 容復弟. 崇善殿參奉. 刊布≪性理大全≫及≪小學補纂註≫, 以牖後.

◦ **박한묵** 자는 익문, 호는 화강이며, 본관은 밀양이다. 〈학행〉편 박하담의 후손이다. 고종 병오년(1906)에 숭덕전 참봉을 지냈으며 통정대부에 올랐다.

---

478) ≪청도문헌고≫: "본관은 김해이며, 감역 병두의 아들이다. 군수로 통정대부에 올랐다. 풍의가 빼어났으며, 성정과 도량이 호협하였다. 시문을 잘 지었으며, 유고가 있다."(청도문화원, 2009, p.196)
479) 거사비(去思碑): 감사나 수령이 갈려 간 뒤에 그 선정(善政)을 기리어 고을의 백성들이 세운 비.
480) ≪청도문헌고≫: "본관은 김해이며, 감역 병두의 아들로 참봉을 지냈다."(청도문화원, 2009, p.197)

朴漢默 字翊文, 號華岡, 密城人. 學行河淡后. 高宗丙午崇德殿叅奉, 陞通政.

◦ **김창우** 자는 우언, 호는 계양이며, 본관은 김해이다. 〈유현〉편 김일손의 후손이다. 문학과 덕행이 세상에 널리 추중되었다. 고종 을사년(1905)에 숭선전참봉에 임명되었다.

　　金昌宇[481] 字宙彦, 號溪陽, 金海人. 儒賢駉孫后. 文學德行爲世推重. 高宗乙巳行崇善殿叅奉.

◦ **박응덕** 자는 익중, 호는 송계이며, 본관은 밀양이다. 〈학행〉편 박하담의 후손이다. 고종 무자년(1888)에 감찰에 제수되었다.

　　朴應德 字益重, 號松溪, 密城人. 學行河淡后. 高宗戊子除監察.

◦ **박재도** 자는 덕윤이며, 본관은 밀양이다. 〈학행〉편 박하징의 후손이다. 타고난 성품이 효성스러워 3년간 시묘살이를 하였으며 사람들이 모두 그의 효성을 칭송하였다. 고종 경자년(1900)에 화릉참봉에 임명되었다.

　　朴在燾[482] 字德潤, 密城人. 學行河澄后. 天性至孝省墓三年, 人稱其孝. 高宗庚子和陵叅奉.

◦ **박학영** 자는 도범, 호는 송고이며, 본관은 밀양이다. 〈효자〉편 박양춘의 후손이다. 가학을 계승하여, 문행으로 명망있었다. 고종 임인년(1902)에 숭덕전 참봉을 지냈다.

　　朴鶴永 字道範, 號松皐, 密陽人. 孝子陽春后. 承襲庭學, 有文行. 高宗壬寅崇德殿叅奉.

◦ **예용기** 자는 무약, 호는 행다이며, 본관은 의흥이다. 수몽헌 예승석의 후손이다. 고

---

[481] ≪청도문헌고≫: "본관은 김해이며, 운곡 은의 현손으로 참봉을 지냈다."(청도문화원, 2009, p.197)
[482] ≪청도문헌고≫: "본관은 밀양으로 병재 하징의 후손으로 호는 탄옹이다. 천성이 지극히 효성스러워 거상함에 슬퍼함이 예를 넘었다. 상복을 벗은 날부터 돌아가실 때까지 반드시 성묘하기를 하루같이 하였다. 벼슬은 참봉을 지냈다."(청도문화원, 2009, p.209)

종 을사년(1905)에 장릉참봉에 제수되었으며 문집이 있다.

芮龍基[483] 字武躍, 號杏坡[484], 義興人. 守夢軒承錫后. 高宗乙巳除章陵叅奉, 有文集.

◦ **박정묵** 자는 도준이며, 본관은 밀양이다. 〈학행〉편 박하징의 후손이다. 고종 시기 청도군의 주사 겸 군수서리를 지냈다.

朴貞默[485] 字道俊, 密陽人. 學行河澄后. 高宗朝淸道郡主事兼署理.

◦ **박원묵** 자는 무범이며, 본관은 밀양이다. 〈학행〉편 박하징의 후손이다. 고종 시기에 내부주사로 임명되었다.

朴元默[486] 字茂範, 密陽人. 學行河澄后. 高宗朝行內部主事.

◦ **이운선** 자는 순백이며, 본관은 고성이다. 용헌 이원의 후손이다. 성품이 진중하고 덕망이 있었다. 지극한 효성으로 모친을 섬겼다. 고종이 중추원 의관에 임용하였다.

李運善[487] 字舜伯, 固城人. 容軒原后. 性沉重有德行事母至孝. 高宗壬東[488]中樞院議官.

◦ **김익효** 자는 성극, 호는 성재이며, 본관은 김해이다. 사마에 입격하였다. 효우하고 행실이 독실하였으며 문장을 잘 지었다. 향시에는 여러 차례 합격하였으나 대과에서

---

483) ≪청도문헌고≫: "본관은 의흥이다. 수몽헌의 후예이며, 호는 행파이다. 늦게 깨닫는 것을 자신의 공부로 삼았고 참봉이다. 유고가 있다."(청도문화원, 2009, p.268)

484) 예대건에 대해 ≪의흥예씨족보≫에 다음과 같이 기록되어 있다. "初諱乙基 人大躍早杏坡 一八五〇年庚戌生 高宗戊申章陵參奉翌年通政大夫好學篤行望重鄉閭(중략)". 의흥예씨 후손 예광해(芮光海) 선생 제공.

485) ≪청도문헌고≫: "본관은 밀양이다. 병재의 후예이며 군의 주사와 군수서리를 겸하면서 훌륭한 치적이 있었다."(청도문화원, 2009, p.270)

486) ≪청도문헌고≫: "본관은 밀양으로 병재 하징의 후손으로 서내부 주사를 지냈다."(청도문화원, 2009, p.198)

487) ≪청도문헌고≫: "본관은 고성이며, 용헌의 후손으로 거상함에 슬픔을 다하였고, 매일 묘 앞에 살면서 절하고 호곡하기를 마지막까지 한결같이 하였다. 벼슬은 의관을 지냈다."(청도문화원, 2009, p.208)

488) 한국고전번역원 제공, [한국고전종합]DB에 따르면, 이운선은 고종 41년 갑진(1904) 5월 1일(기묘, 양력 6월 14일)에 9품 중추원 의관에 임용되었다는 기록이 존재한다(승정원일기 3171책 (탈초본 141책) 고종 41년 5월 1일 기묘 3/3 기사).

고배를 마셨다. 고종 시기 숭선전참봉으로 임명되었으며 문집이 있다.

金益孝[489] 字聖極, 號誠齋. 金海人. 司馬. 孝弟有篤行, 善屬文. 累得鄕, 解屈於禮闈. 高宗朝崇善殿參奉, 有文集.

무직 武職[490]

◦ **이붕** 본관은 재령이며, 〈사마〉편 이덕인의 아들이다. 방산첨사를 지냈다.

李鵬 載寧人, 司馬德仁子. 行方山僉使.

◦ **이백신** 자는 택경이며, 본관은 재령이다. 이붕의 아들이다. 선조 시기에 훈련첨정을 지냈다.

李白新 字澤卿, 載寧人. 鵬子. 宣祖朝訓鍊僉正.

◦ **박현욱** 자는 화중, 호는 고산이며, 본관은 밀양이다. 〈원종훈〉[491]편 박문부의 아들이다. 무과에 급제하였으며, 훈련첨정을 지냈고, 고사리진 첨사에 올랐다.

朴玄郁[492] 字和重, 號孤山, 密城人. 勳臣文富子. 武訓鍊僉正, 陞古沙里鎭僉使.

◦ **예용주**[493] 자는 신백이며, 본관은 의흥이다. 〈절의〉편 몽신의 아들이다. 인조 을유년(1645) 무과에 장원급제하였으며, 주부를 지냈다. 효종 시기에는 훈련원 판관에 올

---

[489] ≪청도문헌고≫: "본관은 김해이며, 기효의 동생으로 호는 성재다. 참봉을 지냈으며, 의로운 행동과 문학으로 형제가 사미를 갖췄다."(청도문화원, 2009, p.198)

[490] 무직(武職): 무관직을 지낸 사람. 오병무 역, ≪국역 조선환여승람: 남원≫, 두레 출판 기획, 2000, p.293, 인용.

[491] 원문에는 〈훈신〉으로 되어있으나, 박문부는 실제 〈원종훈〉편에 수록되어 있다.

[492] ≪청도문헌고≫: "본관은 밀양이며, 운곡 문부의 아들로 호는 고산으로 문학에 뛰어났다. 부모에게 효도하고 형제간에 우애가 있었으며, 첨사를 지냈다. 청백비가 있다."(청도문화원, 2009, p.203)

[493] 한국학자료통합플랫폼 제공, [한국의 과거급제자]에 따르면, 예용주는 인조 24년(1646) 병술 식년시 무과 갑과 1위(壯元)으로 기록되어 있다. 또, 자는 신백(新伯)으로 기록되어 있어, 본문의 '자는 신백(臣伯)'과 차이점이 있다.

랐다.

芮用周[494] 字臣伯, 義興人. 節義夢辰子. 仁祖乙酉武壯元歷主簿. 孝宗朝官至訓判.

○ **박동설** 자는 순좌이며, 본관은 밀양이다. 〈효자〉편 박동직의 동생이다. 태어나길 풍채가 크고 호방하여 기상이 높았으며, 기개와 절조가 있었다. 인조 시대에 용양위 부사과를 지냈다.

朴東卨 字舜佐, 密城人. 孝子東稷弟. 天姿魁偉倜儻, 有氣節. 仁祖朝龍驤衛副司果.

○ **박명한** 자는 성서이며, 본관은 밀양이다. 〈원종훈〉편 박경신의 증손자이다. 효종 시기에 무관으로 함안군수를 지냈으며, 청백리한 인물로 칭송을 받았다.[495]

朴鳴漢 字聖瑞, 密城人. 勳臣慶新曾孫. 孝宗朝武咸安郡守, 以淸白稱.

○ **장희만** 자는 현경이며, 본관은 아산이다. 문익공 효효재 장성발의 후손이다. 숙종 시기에 무관으로 사과를 지냈다.

蔣熙萬[496] 字玄卿, 牙山人. 文翼公囂囂齋成發后. 肅宗朝武司果.

○ **이광재** 자는 중후이며, 본관은 고성이다. 용헌 이원의 후손이다. 숙종 시기 무과에 급제하여 훈련원 봉사직을 지냈다.

李光載[497] 字仲厚, 固城人. 容軒原后. 肅宗朝武科, 行訓鍊院奉事.

○ **이광시** 자는 덕재이며, 본관은 고성이다. 용헌 이원의 후손이다. 무관 상주포 권관으

---

494) ≪청도문헌고≫: "본관은 의흥이며, 수몽헌의 후손으로 판관을 지냈다."(청도문화원, 2009, p.200)
495) 한국학중앙연구원 제공 [한국역대인물 종합정보시스템] DB에 따르면, 박명한은 현종(顯宗) 1년(1660) 경자(庚子) 식년시(式年試) 병과(丙科) 12위(22/42)로 무과에 급제한 것으로 확인되는데(경자식년전시문무과방목(庚子式年殿試文武科榜目), 현종의 전대인 효종조에 함안군수를 재직했다는 기록은 시기상 맞지 않아 착오로 보인다.
496) ≪청도문헌고≫: "본관은 아산이다. 양헌 장방호의 아들이며 호는 덕촌이다. 재주가 남달라 문장과 학문을 강구하는 것을 자기의 의무로 삼았다."(청도문화원, 2009, p.250)
497) ≪청도문헌고≫: "본관은 고성이며, 용헌의 후손으로 훈련원 봉사를 지냈다."(청도문화원, 2009, p.200)

로 있을 때 공을 세워, 표리 한 벌을 하사받았다. 만년에 전원으로 물러나 월연정을 짓고 한가로이 여생을 마쳤다.

李光時498) 字德哉, 固城人. 容軒原后. 武尙州浦權管有功, 持賜表裡一襲. 晩年退居林泉, 作月淵亭, 優遊以終餘年.

○ **이용선** 자는 사청이며, 본관은 고성이다. 용헌 이원의 후손이다. 순조 시기에 무관 선전관을 지냈다.

李龍善499) 字士淸, 固城人, 容軒原后. 純祖朝武宣傳官.

○ **박기표** 자는 도헌이며, 본관은 밀양이다. 〈학행〉편의 하징의 후손이다. 철종 시기에 무관으로 사과를 지냈다.

朴箕杓500) 字道憲, 密陽人, 學行河澄后. 哲宗朝武司果.

○ **박민준** 자는 성화, 호는 운계이며, 본관은 밀양이다. 〈원종훈〉편의 박문부의 후손이다. 고종 신묘년(1891)에 무과에 급제하여, 연일현감 겸 경주부윤을 지냈다.

朴珉準501) 字聖華, 號雲溪, 密城人. 勳臣文富后. 高宗辛卯武科, 行延日縣監兼慶州府尹.

○ **박재삼** 자는 일옹, 호는 운계이며, 본관은 밀양이다. 천성이 영민하고 굳세며, 원대하고 큰 그릇을 지녔다. 고종 시기 계유년(1873) 무과에 급제하여 충장위장을 지냈으며, 첨지중추부사로 승진하였다. 관직에서 물러나 동강502)에 머물며 개연해하며 여생을 마치었다.

---

498) 《청도문헌고》: "본관은 고성이며, 용헌의 후손으로 상주포 권관으로 있을 때 전선과 군기가 훼손된 것을 그때그때 많이 수리하였다고 해서 특별히 표리 한 벌을 하사받았다."(청도문화원, 2009, p.200)
499) 《청도문헌고》: "본관은 고성이며, 모헌의 후손으로 선전관을 지냈다."(청도문화원, 2009, p.201)
500) 《청도문헌고》: "본관은 밀양이며, 병재의 후손으로 사과를 지냈다."(청도문화원, 2009, p.201)
501) 《청도문헌고》: "본관은 밀양이며, 운곡 문부의 후손으로 군수를 지냈다."(청도문화원, 2009, p.197)
502) 동강(東岡): 동쪽 산비탈로, 벼슬에 나가지 않고 물러나 있는 곳을 뜻한다. 《후한서(後漢書)》 권53 〈주섭열전(周燮列傳)〉의 "선세(先世)로부터 훈총(勳寵)이 줄을 이었는데 그대만 어찌 유독 동강의 비탈을 지키는가?"라는 말에서 유래하였다. 한국고전번역원 제공, 이상하(역), 《갈암집 제1권시(詩)》 1999, 인용.

朴在三 字一翁, 號雲溪, 密城人. 天姿英毅, 有遠大器. 高宗癸酉登武科, 忠壯衛將陞僉中樞. 退臥東岡慨然終老.

◦ **최한면** 자는 문여이며, 본관은 경주이다. 〈음사〉편 최봉승의 아들이다. 고종 기사년(1869)에 무관으로 수문장부사과를 지냈으며, 병신년(1896) 통정의관에 올랐다.

崔翰冕 字文汝, 慶州人. 蔭仕鳳昇子. 高宗己巳, 武守門將副司果, 丙申陞通政議官.

◦ **박우덕** 자는 경칠이며, 본관은 밀양이다. 고종 시기 무과에 급제하여 수문장을 지냈으며, 효력부위503)에 이르렀다.

朴宇德 字敬七, 密陽人. 高宗朝武科守門將, 至效力副尉.

수직 壽職504)

◦ **조승** 자는 안지, 본관은 함안이다. 〈문과〉편의 조지경의 현손이다. 숙종 3년(1677) 당시 나이가 아흔으로 통정대부의 품계에 올랐다.

趙承505) 字安之, 咸安人. 文科趙之瓊玄孫. 肅宗三年壽九十, 陞通政.

◦ **박중규** 자는 덕보이며, 본관은 밀양이다. 숙종 계유년(1693) 기로506)로 자헌대부의 품계에 올랐다.

朴重圭 字德甫, 密陽人. 肅宗癸酉以耆老陞資憲.

◦ **김집** 본관은 청도이며, 〈음사〉편 김호원의 아들이다. 숙종 시대에 가선대부 동지중

---

503) 효력부위(效力副尉): 조선(朝鮮) 시대(時代)에, 정구품(正九品) 무관(武官)의 품계(品階).
504) 수직(壽職): 80세가 넘은 관원과 90세가 넘은 백성에게 내리던 벼슬을 받은 사람. 오병무 역, ≪국역 조선환여승람: 남원≫, 두레 출판 기획, 2000, p.293, 인용.
505) ≪청도문헌고≫: "본관은 함안이다. 조성린의 아들이며 통정대부이다."(청도문화원, 2009, p.233)
506) 기로(耆老): 노인을 뜻함.

추부사에 수직되었다.

　金輯 清道人, 蔭仕浩源子. 肅宗朝壽嘉善同中樞.

○ **박상초** 자는 군원이며, 본관은 밀양이다. 〈학행〉편 박하징의 후손이다. 영조 시기 84세로 장수하였는데, 임금의 은혜를 입어 통정대부 첨지중추부사에 수직되었다.

　朴尙初 字君遠, 密城人. 學行河澄后. 英宗朝壽八十四, 覃恩陞通政僉樞.

○ **김만전** 본관은 청도이며, 〈음사〉편 김호원의 아들이다. 영종 시기에 가선대부 동지중추부사에 수직되었다.

　金萬全 清道人, 蔭仕浩源曾孫. 英宗朝壽嘉善同中樞.

○ **남환** 자는 치명이며, 본관은 의령이다. 충경공 남재의 후손이다. 정조 병오년(1786)에 아흔다섯으로 장수하여 통정대부에 올랐으며, 순조 경인년(1830)에 아들 남이정이 수자507)를 받자 가선대부 한성좌윤으로 추증되었다.

　南煥508) 字致明, 宜寧人, 忠景公在后. 正宗丙午壽九十五陞通政, 純祖庚寅以子以禎壽資, 贈嘉善漢城左尹.

○ **남이정** 자는 유대, 본관은 의령이며, 남환의 아들이다. 순조 경진년(1820) 아흔으로 장수하여 임금의 은혜로 가선대부에 올랐으며 경인년(1830) 백세로 자헌대부로 품계가 올랐다. 향년 105세로 세상을 떠났다.

　南以禎 字惟大, 宜寧人, 煥子, 純祖庚辰壽九十覃恩嘉善, 庚寅壽百歲陞資憲, 享年百五歲.

---

507) 수자(壽資): 노인공경이라는 유교사상의 개념으로 나라에서 나이많은 노인에게 벼슬을 하사 해주는 뜻. 명칭만 주는 것이다. 명칭만 부여하는 것이지 실제 이 벼슬로 정치에는 관여를 못한다.
508) ≪청도문헌고≫: "본관은 의령이다. 충경공 재의 후예이며 통정대부로서 아들 정수로 인하여 한성부윤을 지냈다."(청도문화원, 2009, p.234)

◦ **박태환** 자는 화숙, 호는 석정이며, 본관은 밀양이다. 순조 시기에 기로로 통정대부 첨지중추부사에 수직되었다. 향년 84세로 세상을 떠났다.

朴泰煥 字和叔, 號石亭, 密陽人. 純祖朝以耆老陞通政僉知中樞, 享年八十四.

◦ **예시검** 자는 사범, 호는 성재이며, 본관은 의흥이다. 〈사마〉편 예대열의 아들이다. 효성과 학문, 행실이 뛰어나 마을 사람들의 존경을 받았으며, 나이가 아흔에 가까워서도 그의 처 노씨와 함께 해로하여 중뢰연509)을 열기도 하였다. 통정대부에 수자받았다.

芮時儉 字士範, 號誠齋, 義興人. 司馬大烈子. 孝學文行鄕黨推重. 年近九十其妻盧氏亦偕老行重牢讌, 壽資通政.

◦ **박연학** 자는 정보이며, 본관은 밀양이다. 〈학행〉편 박하징의 후손이다. 고종 갑오년(1894) 86세로 장수하여 가선대부에 올랐다.

朴廷學 字正甫, 密陽人. 學行河澄后. 高宗甲午壽八十六, 陞嘉善.

◦ **박치규** 자는 화길, 호는 균암이며, 본관은 밀양이다. 〈효자〉편 박양춘의 후손이다. 고종 계사년(1893) 기사510)에 들어가고 임금의 은전으로 가선대부 부호군에 수직되었다.

朴致圭 字和吉, 號筠岩, 密陽人. 孝子陽春后. 高宗癸巳耆社, 覃恩嘉善副護軍.

◦ **박동우** 자는 여인, 호는 경재이며, 본관은 밀양이다. 고종 경자년(1900) 기사에 들어갔으며 임금의 은전으로 자헌대부에 수작되었다.

朴東佑511) 字汝仁, 號耕齋, 密陽人. 高宗庚子耆社, 覃恩陞資憲.

---

509) 중뢰연(重牢宴): 회혼을 기념하는 잔치.
510) 기사(耆社): 조선(朝鮮) 시대(時代)에, 70세가 넘는 정이품(正二品) 이상(以上)의 문관(文官)들을 예우(禮遇)하기 위하여 설치(設置)한 기구(機構). 태조(太祖) 3년(1394)에 설치(設置)하여 영조(英祖) 41년(1765)에 독립(獨立) 관서(官署)가 되었고, 이때부터 임금도 참여(參與)하였다. 기로사 라고 하기도 한다.
511) ≪청도문헌고≫: "본관은 밀양이다. 두촌 박양무의 후예이며 의관으로 자헌대부에 올랐다."(청도문화원,

증직 贈職512)

◦ **박분** 자는 요훈이며, 호는 성재이다. 효종 시기에 학행으로 군자감정에 추증되었다.
 朴豶513) 字汝薰, 號誠齋. 孝宗朝以學行, 贈軍資正.

◦ **남환** 가선대부 한성좌윤으로 추증되었으며, 〈수직〉편에서 찾아볼 수 있다.
 南煥 贈嘉善佐尹, 見壽職篇.

 2009, p.233)
512) 증직(贈職): 선조 또는 자신의 공적과 자손이 귀하여 작위를 추서받은 사람. 오병무 역, ≪국역 조선환여승람: 남원≫, 두레 출판 기획, 2000, p.293 인용.
513) ≪청도문헌고≫: "본관은 밀양으로 두촌 양무의 후손이다. 군자감정을 지냈으며, 효성스럽고 우애가 있어 사람들이 매우 중히 여겼다."(청도문화원, 2009, p.191)

청도군 발문

우리 군에는 예부터 군지郡誌가 있었으나 그 안의 산천山川과 토산土産, 누정樓觀과 고적古跡에 관한 기록은 대다수 소략하다. (군의) 인물에 있어서는 성명만 기록한 채 자字나 호號, 향관鄕貫514)은 적혀 있지 않고, 가계나 행록行錄515)도 없어 심히 꼼꼼하지 못하고 간략하니, 보는 이마다 아쉬워하였다.

때마침 연안 이병연 선생께서 ≪여지≫를 두루 이어 속편하여 ≪조선환여승람≫이라 하였다. 대체로 전고典故가 넓고 지리와 연혁에 정통하니 이렇게 성대한 일을 이루어내었다.

나 또한 이러한 까닭으로 고향의 벗 복암復庵 장화식蔣華植과 우리 군의 군지를 다시 증보하며, 옛사람의 자료를 널리 모으고, 오늘날의 인물들을 새롭게 더하였으며, 인물의 덕행·학문·환업·명절·시문·효자와 열녀 등의 기준으로 부류를 나누어 모았다.

그리고 (인물의) 성명 아래에 각각 주를 달아, 차라리 자세할지언정 소홀하지 않고, 번잡할지언정 간략하게 만들지 않았으니, 후에 읽는 자들로 하여 책을 펼치면 명백히 가문의 조상이 누구이며 누가 집안 대대로 덕을 쌓아왔는지를 알 수 있게 하였다. 그리고 그 검열의 공은 복암이 가장 크다.

그리하여 본서(청도)를 ≪환여≫전집에 편입하고 수십 책자를 인쇄하여 각 문중과 후손들에게 배포하여, 우리 고향의 백 세에 걸친 공안516)으로 삼고자 하며 더군다나 내

---

514) 향관(鄕貫): 본적지. 향관은 고려 초에 성씨(姓氏)를 각 지방의 행정 구역에 분정(分定)하면서 시작되었으므로 최초의 향관은 거주지와 본적지가 일치하였음. 그러나 부계 혈연(父系血緣)으로 이어지는 친족 계승의 관습에 의해 자손들은 부(父)의 향관을 그대로 물려받게 되었고, 이에 따라 조상의 고향을 떠난 후손들의 경우에 거주지와 본적지가 일치하지 않게 되어 향관은 시조의 고향이란 의미로 사용되었다.

515) 행록(行錄): 어떤 사람의 말과 행동(行動)을 적어 모은 책(册).

516) 공안(公案): 공정(公正)하여 범하지 못할 법령(法令). 또는 그 법령(法令)에 의지(依支)하여 옳고 그른 것을 판단(判斷)하는 표준(標準). 선종(禪宗)에서, 조사(祖師)가 깨달은 기연(機緣)이나 학인(學人)을 인도(引

가 지금 호서 지방을 떠돌아 객지에 머무르고 있기에 고향을 그리워하는 마음도 함께 의탁해 볼 따름이다.

임신년(1932) 8월 하한517) 고을 후생 부계518) 예대희 삼가 발문을 씀.

清道郡跋

吾郡舊有郡誌, 其山川土産, 樓觀古跡多有疏略. 至於人物, 只書姓名而無字號鄕貫, 無世系行錄, 尤極疏略, 覽者恨之. 適延安李君秉延, 續徧輿地名曰: '≪朝鮮寰輿勝覽≫', 蓋博於典故, 通於地理沿革, 爲此盛擧也. 余亦因此而與鄕友復庵蔣華植續修吾郡郡誌, 博採古人, 新增今人, 以其德行學問宦業名節詩文孝烈類聚. 而分註於姓諱各下, 寧詳毋略寧繁毋簡, 使後之覽者開卷瞭然知其爲某家祖上, 某家世德. 而其檢閱之功復菴爲多也. 於是編入於寰輿全集, 加印幾十冊子, 頒布於各門各裔, 以爲吾鄕百世公案, 且余轉客湖西, 兼寓懷鄕之意云爾519).

歲壬申八月下澣, 鄕後生缶溪芮大僖謹跋

導)하던 사실(史實)을 기록(記錄)하여 후세(後世)에 공부(工夫)하는 규범(規範)이 된 것이다.

517) 하한(下澣): 한 달 가운데 21일에서 말일까지의 동안.
518) 부계(缶溪): 고려 인종 때 문하찬성사를 지낸 예낙전(芮樂全)이 후에 부계군에 봉해지면서 후손들이 부계를 본관으로 삼았으며, 고려 초에 부계가 의흥군(義興郡)[현 대구광역시 군위군 의흥면]으로 병합되면서 본관이 부계에서 의흥이 되었다. 따라서 의흥 예씨를 부계 예씨라 부르기도 한다. [네이버 지식백과 제공, 한국향토문화전자대전] 인용.
519) 원문에는 '云甫'으로 기록되어 있으나 오기로 보고 '云爾'로 바꾸어 해석하였다.

조선환여승람 발문

무릇 백성이 있음으로 나라가 있고, 나라가 있음으로 역사가 있고, 역사가 있음으로 판적520)을 갖춘 것은 천만세라도 바꾸지 못할 법전이다.

오직 우리 해동의 나라가 있음은 단군 무진년 서기전 2333 부터 국호를 조선이라고 하면서 지리와 인물이 비로소 발전하였다. 기자 성인이 와서 도읍을 정하고 교화와 법도가 찬연하게 계명하여 소중국이라 일렀다. 삼한을 거쳐 고려에 이르기까지 국호는 비록 달랐으나 영토는 변함이 없었고, 또한 임신년 태조가 나라를 이어서 세우고 국호를 다시 조선으로 이름하였으며, 역사 이래 4천 년간 성군과 현신이 끊이지 않고 배출되었고 토지를 개척하고 산야를 개간하며 시내와 연못을 준설하고 도와 군을 설치하여 도시를 설치하고 백성을 길러내니 사인은 가보가 있고 나라에는 사찬이 있고 도와 군에는 각각 읍군지가 있게 되었다. 그러나 시대가 멀어지고 풍속이 희미해져 문헌과 규범이 흩어지고 고증할 서적이 완전하지 못하였다.

성종 무술년 1508 ≪동국여지승람≫을 찬수하라 하명하였고 이후 4백여 년 동안 현인 군자들이 많은 저술을 남겼다 해도, 사물이 바뀌고 별자리가 이동하였으니 환우의 연혁이 ≪동국여지승람≫과 비교하면 하나같이 같다고 할 수는 없다. 불녕한 내가 공산에 물러나 쉬는데 뜻 있는 많은 선비들이 이 고을의 군지를 속수하면서 나에게 발문을 부탁하여, 감히 대략의 뜻을 말하고, 조선 전국 지리지가 완성되지 못함을 탄식하였는데 다행히 지금 사문521) 이병연이 ≪여지승람≫을 모방하여 모든 조선의 지리지를 모아 편집하고 ≪조선환여승람≫이라 명명하였으니 나에게 고정하여 깨닫게 해줄 것

---

520) 판적(版籍): 일제(日帝) 강점기(强占期)에, 집의 수효(數爻)와 각 집의 식구(食口)를 조사(調査)하여 적은 책(册).
521) 사문(斯文): 유학자(儒學者)를 높여 이르는 말.

을 청하였으나 내 비루한 식견으로 어찌 감히 현안522)과 견주리오.

다만 내 오랜 숙원을 비로소 펼칠 뿐만 아니라 이사문이 수년간 쌓은 노고를 생각하면, 외람되지만 묵은 말로서 감히 이 글을 붙여 훗날 군자들의 속집을 기다릴 따름이다.

공부자 탄강 2480년 기사 1929년 끝 가을 중양일에
종이품 가선대부 전임 내장원경
김윤환 발문하다.

朝鮮寰輿勝覽跋

夫有民而有國, 有國而有史, 有史而備版籍, 千萬世不陽之典也.

惟我海東之有國, 自檀君戊辰, 號爲朝鮮, 地理人物始乃發展. 及其箕聖之來, 都敎化法度燦然啓明, 謂之小中華. 而歷三韓至高麗, 國號雖殊, 地區不變, 終曁壬申, 太祖受禪, 國號復爲朝鮮, 爾來四千年之間, 聖君賢臣繼承輩出, 闢土地, 開山野, 濬川澤, 置道郡, 設都市, 養人, 士民有家譜, 國有史纂, 道郡各有其誌. 然世遠俗微, 文憲渙散, 考籍未完矣. 成廟朝戊戌, 命撰輿地勝覽, 以後四百餘年賢人君子雖備著述之多, 物換星移, 寰宇沿革, 比諸輿地勝覽, 不可爲以一而同也. 不佞休退於公山, 有志多士續修此郡之誌, 屬余而爲文, 故敢說略志, 而嘆其全鮮誌之未遑矣, 幸於今者李斯文秉延倣輿地勝覽, 而編輯全鮮誌籍名曰: '朝鮮寰輿勝覽', 謂余考正而識之, 以余之固陋, 豈敢玄晏於其間哉.

然而非徒素志之始展爲念, 李斯文之多年積累, 不顧猥越, 敢付蕪辭, 以俟後來君子之續輯焉.

孔夫子誕降 二千四百八十年己巳 季秋 重陽日

從二品 嘉善大夫 前任 內藏院卿 金閏煥 跋

---

522) 현안(玄晏): 서진(西晉) 안정(安定) 조나(朝那) 사람. 자는 사안(士安)이고, 어릴 때 이름은 정(靜)이며, 자호는 현안선생(玄晏先生)이다. 젊었을 때 거침없이 방탕하여 사람들이 바보[치(痴)]라 여겼다. 20살 무렵부터 부지런히 공부해 게으르지 않았다. 집이 가난해 직접 농사를 지었는데, 책을 읽으면서 밭갈이를 해 수많은 서적들을 통독했다. 나중에 질병에 걸렸으면서도 손에서 책을 놓지 않고 저술에 전심하면서 밥 먹는 것도 잊어버려 사람들이 서음(書淫)이라 했다.

조선환여승람 발문

　무릇 우리 조선은 비록 동아시아의 바다 모퉁이에 궁벽하게 자리해 있으나 단군과 기자로부터 비롯되어 삼한을 거쳐 삼국에 이르고 한양 도읍에까지 이르렀으니 그 사적이 소연하게 증거된다. 그러므로 '해동 군자국'이라 부르는 것이 진실로 부끄럼이 없다.
　그러나 역사의 기록이 아득히 멀고 세대가 변하여 문적이 중대해지고 세상 교화에 관한 것이 마멸되어 낱낱이 들추기는 어렵지만, 고려 중엽에 문열공 김부식의 ≪삼국사기≫가 있었으니 곧 그 세대를 기록한 것이었고, 조선에 이르러 사학으로는 문충공 서거정의 ≪동국통감≫과 순암 안정복의 ≪동사강목≫이 있다. 지리학으로는 성종 시기의 ≪동국여지승람≫과 다산 정약용의 ≪강역고≫와 이중환의 ≪택리지≫가 있으니 아울러 모두 세상의 칭송을 받았다. 그 가운데 가장 두드러진 것은 ≪동국여지승람≫이다. 역대의 지리와 인물을 환하게 밝혔으나, 편찬 시일이 오래되었고, 후속해서 기술되지 않아 흠이다.
　나는 그릇이 작고 재주가 멸렬하여 일찍이 이 점을 개탄해 온 것이 오래되었다. 외람되지만 동지들의 협조를 얻어 이 서책의 속편을 펴내는 일을 맡았으나, 일은 큰데 힘은 미약하여 책의 내용 중 본래의 뜻이 중요하지 않은 것은 생략하고, 그 동국 사료의 실상에 관하여 중요한 것을 증보 하였다.
　대의에 관계되는 것은 먼저 해동 환우의 흥망성쇠와 연혁을 이어 서술하고 다음에 조선 땅에서 배출된 인물을 기술하였는데, 그 규모가 ≪동국여지승람≫과 조금 다른 점이 있어 감히 책의 이름을 ≪동국여지승람≫이라 쓰지 못하고 ≪조선환여승람≫으로 바꾸어 붙이니 대개 뜻은 여기에 말미암았으나 외람됨이 심히 지극하다.
　그러나 사서를 널리 채집하고 가승家乘을 교정하여 힘써 정밀한 요체를 취하여 다시금 이어서 판도와 구적을 간행하였으니 우리나라에 문채를 수놓을 것이다. 도덕과 명절은 우주의 해와 달이 되어 연혁의 깊은 뜻은 밝고 밝게 밑바탕으로 삼을 수 있을 것이고, 사가의 눈에 의연하게 소장되어 역대의 이름난 자취를 반반하게 고찰할 수 있을 것이다. 눈부시게 빛나는 '문장의 보감'과 같아서 우리나라 한 폭의 글 속에서도 백성을 교화하고 풍속을 이루게하는 요결이 될 것이다. 또한 지리와 사학을 널리 섭렵하는 지름길은 이보다 나은 것이 없을 것이다.

아, 이 서책이 어찌 지금 세상에서만 오로지 아름답게 쓰일까? 진실로 백세가 지난 뒷날에도 중화와 오랑캐의 분별을 깨닫게 할 것이고, 대동의 소식을 전하는 것이 이 책 말고 무엇이 있을 것인가. 내가 학식이 얕고 짧아서 지극하고 극진하게 하지는 못하였으나 감히 두서없는 말로 대략 전말을 서술하여 책의 끝에 붙이고 후대 군자들의 질정을 기다린다.

　　　　　　　　　　　　공부자 탄강 2480년 기사 1929년 10월 일
　　　　　　　　　　　　연안 이씨 이병연 삼성헌 송석산방에서 삼가 기록하다.

朝鮮寰輿勝覽跋
夫我朝鮮雖僻在東亞之海隅, 肇自檀箕歷三韓以至三國, 逮夫漢都史籍昭然可徵, 而稱爲海東君子國者, 眞無愧矣.
然史述悠遠, 世代變移, 版籍之闕重, 世敎者鋟夷難以枚擧, 而高麗之中葉, 有若金文烈富軾三國史, 卽是代之有述者, 入于朝鮮, 有若史學則徐文忠居正東國通鑑, 安順庵鼎福東史綱目. 有若地理學則成廟朝輿地勝覽, 丁茶山若鏞疆域考, 李重煥擇里志, 並皆見稱於世. 而其中最尤著者, 卽輿地勝覽耳. 歷代之地理人物, 瞭然可詳, 而纂輯日久, 續述尙闕, 是其欠耳. 秉延以斗筲之器菝劣之才, 嘗慨然於斯者久矣. 猥蒙同志之恊贊, 委身是書之續, 而以事鉅, 力綿, 略其本旨之不甚緊要者, 增其東史之實, 關大旨者, 而先續海東寰宇之興替沿革, 次述朝鮮輿地之輩出人物, 其規少有異於舊本, 故不敢全有其名. 改籤以寰輿勝覽, 盖義由於此, 而猥甚之至矣.
然史以博採, 乘以校讐, 務取精要, 更續刊行版圖舊籍, 文繡乎槿域. 道德名節, 日月乎宇宙沿革之奧旨, 昭昭可質, 而依然爲史家之眼藏, 歷代之名蹟, 班班可考. 而怳然若文章之寶鑑, 則於靑邱一幅, 爲化民成俗之要. 而亦於地理史學, 廣涉之捷徑, 無出此右者矣.
噫, 此書豈用專美於今世也? 苟百世之下, 釋華夷之分而傳大東消息者, 舍此奚以哉. 秉延學識淺短, 不能至矣盡矣, 而敢搆蕪辭略敍顚末, 附諸編尾, 以俟後之立言君子焉.
孔夫子誕降二千四百八十年己巳十月 日
延安 李秉延謹識于三省軒之松石山房

참고문헌

[원전류]

김재화, ≪訂正鰲山誌≫

김재화, ≪鰲山誌續編≫

이병연 외, ≪조선환여승람≫, 공주: 보문사, 1933, 국립중앙도서관 소장본.

이병연 외, ≪朝鮮寰輿勝覽≫5: 경상도2, 한국인문과학원, 1993.

이병연 외, ≪朝鮮寰輿勝覽≫7: 경상도4·청도군, 한국인문과학원, 1993.

이병연 외, ≪증보 조선환여승람≫, 서울: 민족문화사, 2019.

이중경, ≪譯註鰲山誌≫, 明心出版社, 2003.

[단행본]

군위문화원, ≪조선환여승람 국역본 군위≫, 1996.

대천문화원, ≪조선환여승람: 보령≫, 2010.

박성용, ≪주어진 공간과 재구성된 사회적 공간 – 청도 종족들의 역사인류학적 연구≫, 영남대학교 출판부, 2024.

박홍갑, ≪王朝實錄 資料를 통해서 본 朝鮮時代 淸道와 淸道 사람들≫, 利文企業(株), 2005.

박홍갑 외, ≪淸道의 沿革과 地理志≫, 한국문화원연합회, 2019.

오병무, ≪국역 조선환여승람: 남원≫, 두레 출판 기획, 2000.

이원희, ≪국역본 조선환여승람: 경산≫, 대보사, 1999.

이종옥 외 지음, 박윤제 외 역주, ≪국역 청도문헌고≫, 강산애드, 2009.

청도군, ≪청도의 지정문화재≫, 강산애드, 2002.

청도군, ≪청도의 지정문화재≫, 강산애드, 2005.

청도군, ≪길따라 인심따라 문화의 향기 찾아≫, 강산애드, 2005.

청도군, ≪淸道郡誌≫, 邱一出版社, 1991.

청도군, ≪내고장 전통문화≫, 한국출판사, 1981.

청도문화원, ≪淸道文化 서원·재실·정자≫, 강산애드, 2001.

최영성 외, ≪조선환여승람: 일제강점기 유학자 이병연의 사찬 인문지리서≫, 문진, 2024.

최일용, ≪淸道마을地名由來誌≫, 청도문화원, 1996.

[논문]

김건우, 〈20세기 어느 유학자의 생애와 편찬 활동 -송석(松石) 이병연(李秉延)을 중심으로-〉, ≪태동고전연구≫ 제49권, 2022.

김경수, 〈『조선환여승람』의 편찬과 그 의미〉, ≪韓國史學史學報≫ 제47호, 2023.

김명주, 〈'頑民不事二君' 石邨의 한글書藝美 考察〉, ≪서예학연구≫ no.28, 2016.

김성훈, 〈進溪 在馨의 ≪해동속고경중마방≫ 연구〉, ≪東洋文化硏究≫ 第22輯, 2015.

김혈조, 〈기획주제(企劃主題): 동아시아 한자(漢字), 한자교육(漢字敎育)의 현황(現況)과 과제(課題); 初學敎材『童蒙須讀千字文』硏究〉, ≪한자한문교육≫ 30권, 2013.

박상일, 〈南石橋의 文獻資料에 대한 檢討〉, ≪博物館報≫ no.14, 2001.

박주, 〈한국사상(韓國思想)사학(史學): 조선 후기 청도『오산지(鰲山志)』의 편찬과 효자, 열녀〉, ≪한국사상과 문화≫ 74권, 2014.

박홍갑, 〈16세기초 청도지역 사림의 활동 -甁齋 朴河澄을 중심으로-〉, ≪민족문화논총≫ 제28집, 2003.

徐正和, 〈일제강점기 사찬 지리지『朝鮮寰輿勝覽』 연구 - 경남 지역 한시 및 작가를 중심으로〉, ≪한문학논집≫ 64권, 2023.

양보경, 〈일제 식민지 강점기 邑誌의 편찬과 그 특징〉, 應用地理 第22號, 2001.

유영옥, 〈日帝下 小岡 金泰麟의 童蒙須讀千字文 분석〉, ≪동양한문학연구≫ 23권 23호, 2006.

이상동, 〈淸道 漢文學의 歷史的 展開 -地域 漢文學 硏究를 위한 試論-〉, 영남대학교 박사학위논문, 2010.

이상동, 〈淸道邑誌를 통해 살펴본 일제강점기 邑誌 편찬의 一例〉, ≪민족문화논총≫ 제58집, 2014.

임부연, 〈유교 군왕의 '기로(耆老)' 정치: 영조(英祖)의 전략적인 실천들을 중심으로〉, ≪종교와 문화≫ 43권, 2022.

장동표, 〈16, 17세기 청도지역 재지사족의 향촌지배와 그 성격〉, ≪역사와 세계≫, 釜大史學 第22輯, 1998.

정대영, 〈「朝鮮寰輿勝覽」의 서지학적 분석〉, ≪서지학연구≫ 제95호, 2023.

정재영, 〈'신양반' 의식의 형성과 재실의 건립 -청도군 수야리의 사례-〉, 영남대학교 석사학위논문, 2006.

朱石奉, 〈地域文化의 콘텐츠 構築을 위한 文獻資料 活用方案에 관한 硏究〉, 전남대학교 산학협력대학원 석사학위논문, 2008.

최영성, 〈송석 이병연의 삶과 학문정신〉, ≪동방한문학≫ 제96집, 2023.

허경진·강혜종, 〈『조선환여승람(朝鮮環輿勝覽)』의 상업적 출판과 전통적 가치 계승 문제〉, ≪열상고전연구≫ 제35호, 2012.

허경진, 〈≪조선환여승람≫에 끼어 있던 독자와 발행인의 편지들〉, ≪출판저널≫, 2001.

허경진, 〈충남지역에 세워졌던 정자들〉, ≪열상고전연구≫ 제12집, 1999.

[기타]

한국민족운동사학회, 청도문화원, ≪일제강점기 경북 청도지역의 민족운동≫, 2007.

한국향토문화전자대전, [디지털청도문화대전].

한국학중앙연구원, [한국역대인물 종합정보시스템].

한국학종합자료플랫폼, [한국의 과거급제자].

한국고전번역원, [한국고전종합DB].

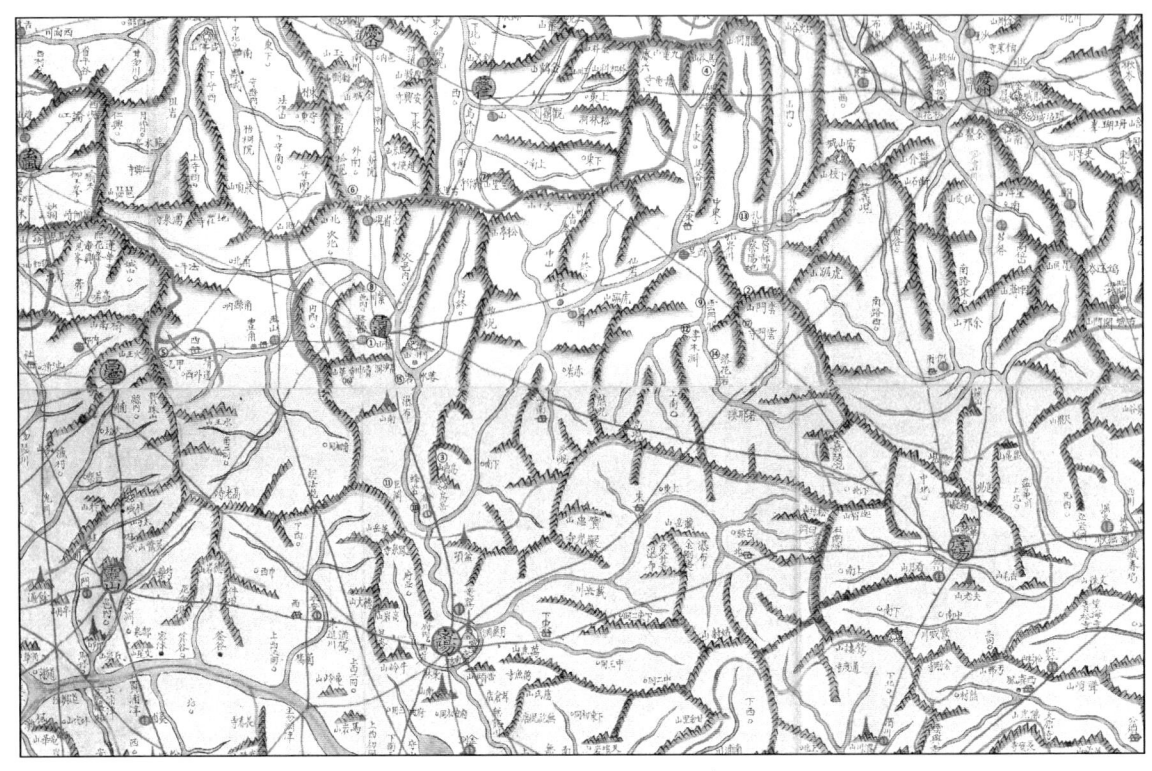

≪동여도 속 청도군≫523)

① 오산鰲山
② 운문산雲門山
③ 오혜산烏惠山
④ 마곡산馬谷山
⑤ 갑을령甲乙嶺
⑥ 성현省峴
⑦ 삼성산三聖山
⑧ 자천紫川
⑨ 운문천雲門川
⑩ 유천楡川
⑪ 거연(거천)巨淵(巨川)
⑫ 이목연李木淵
⑬ 공암孔巖
⑭ 낙화암落花巖
⑮ 낙수암落水巖
⑯ 적천사磧川寺
⑰ 운문사雲門寺

---

523) 동여도(東輿圖): 철종 때 조선 후기의 지리학자 김정호(金正浩)가 제작한 한국 색채 지도. 필사본의 전국 채색지도로 분첩절첩식으로 되어 있는데, 목차 1첩과 지도 22첩 등 모두 23첩으로 구성되어 있다. 김정호가 ≪대동여지도≫를 판각하기 위해 먼저 만든 지도이다. 동여도는 22폭으로 나누어 그린 높이 7m 정도의 대형지도로 우리나라 고지도 가운데서 가장 많은 정보를 담고 있는 정밀한 전국지도이다. 지도에는 주현(州縣) 간의 도로와 산천 표시를 하고 주현, 파수(把守), 진보(鎭堡), 역도(驛道), 영진(營鎭), 목소(牧所), 방면(坊面), 봉수(烽燧), 능침(陵寢), 성(城), 창고, 도로를 표시하였다. 동여도에는 12개의 지도표(地圖標)가 사용되었으며 육로와 해로 등이 그려져 있고 육로에는 10리 간격으로 점을 찍어 거리를 쉽게 측정할 수 있게 하였다. 동여도 속 청도군의 지도 인용은 한국학중앙연구원에서 제공하는 한국학자료센터·한국학자료포털을 인용하여 표기하였다.

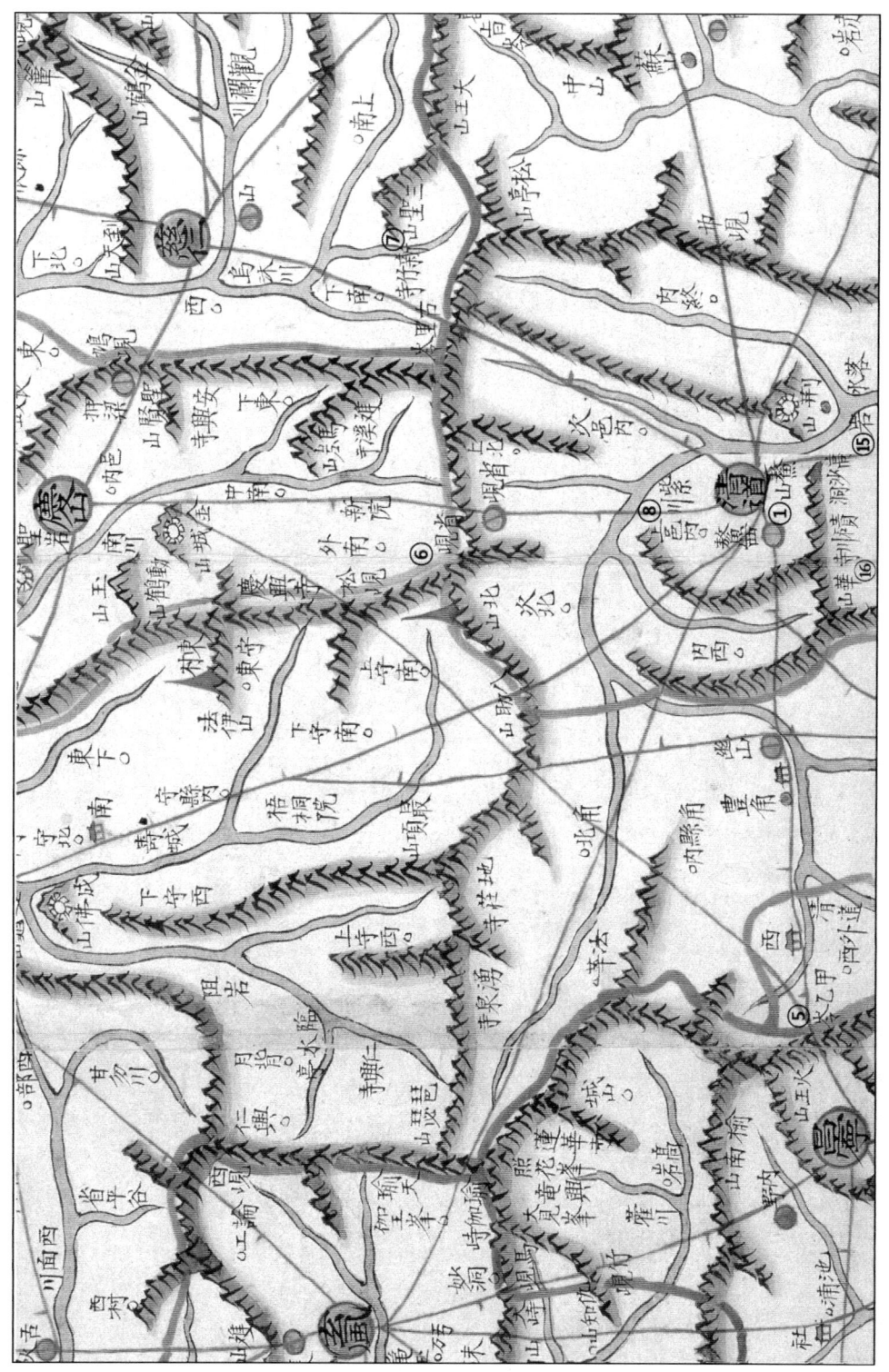

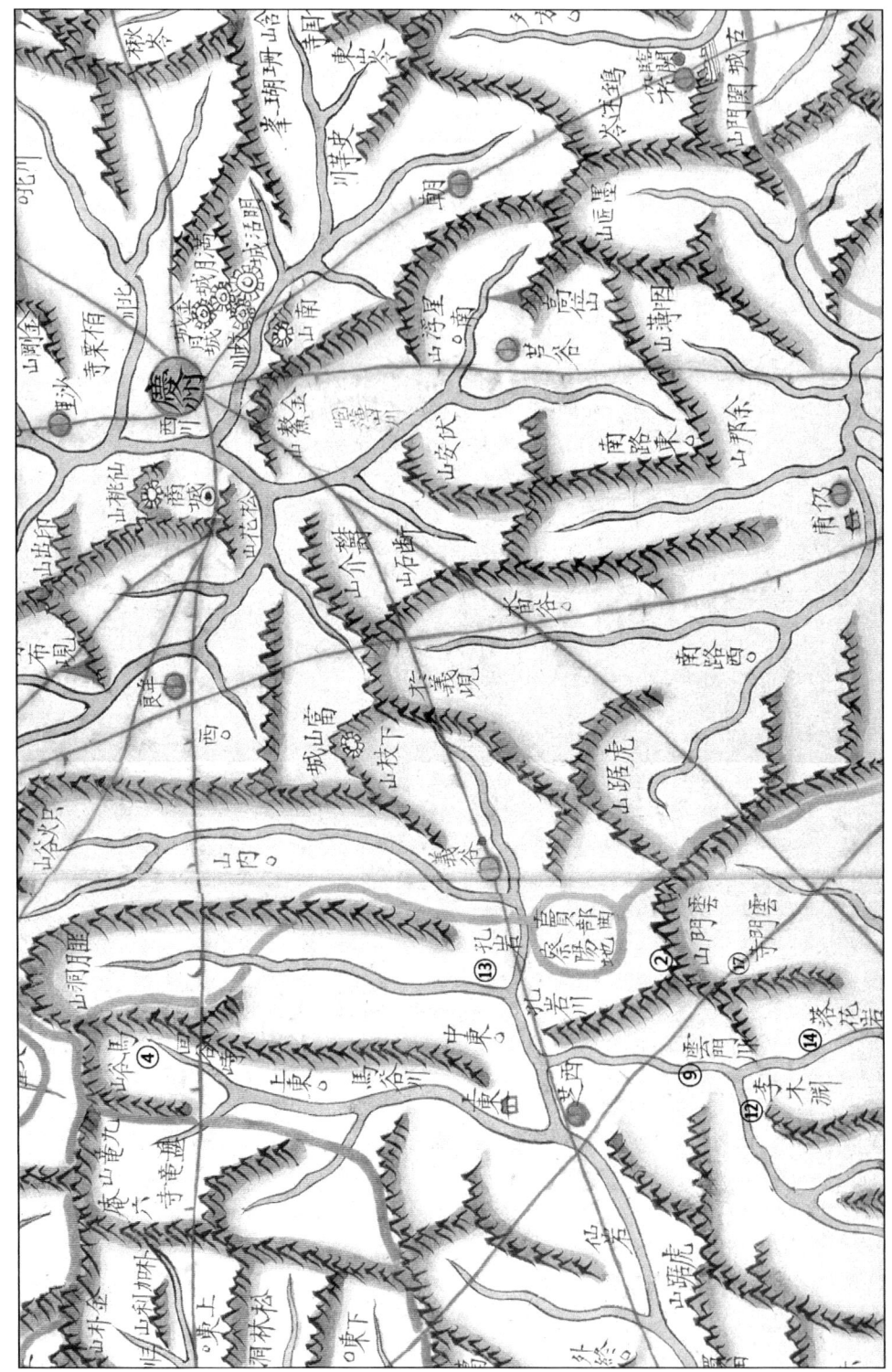

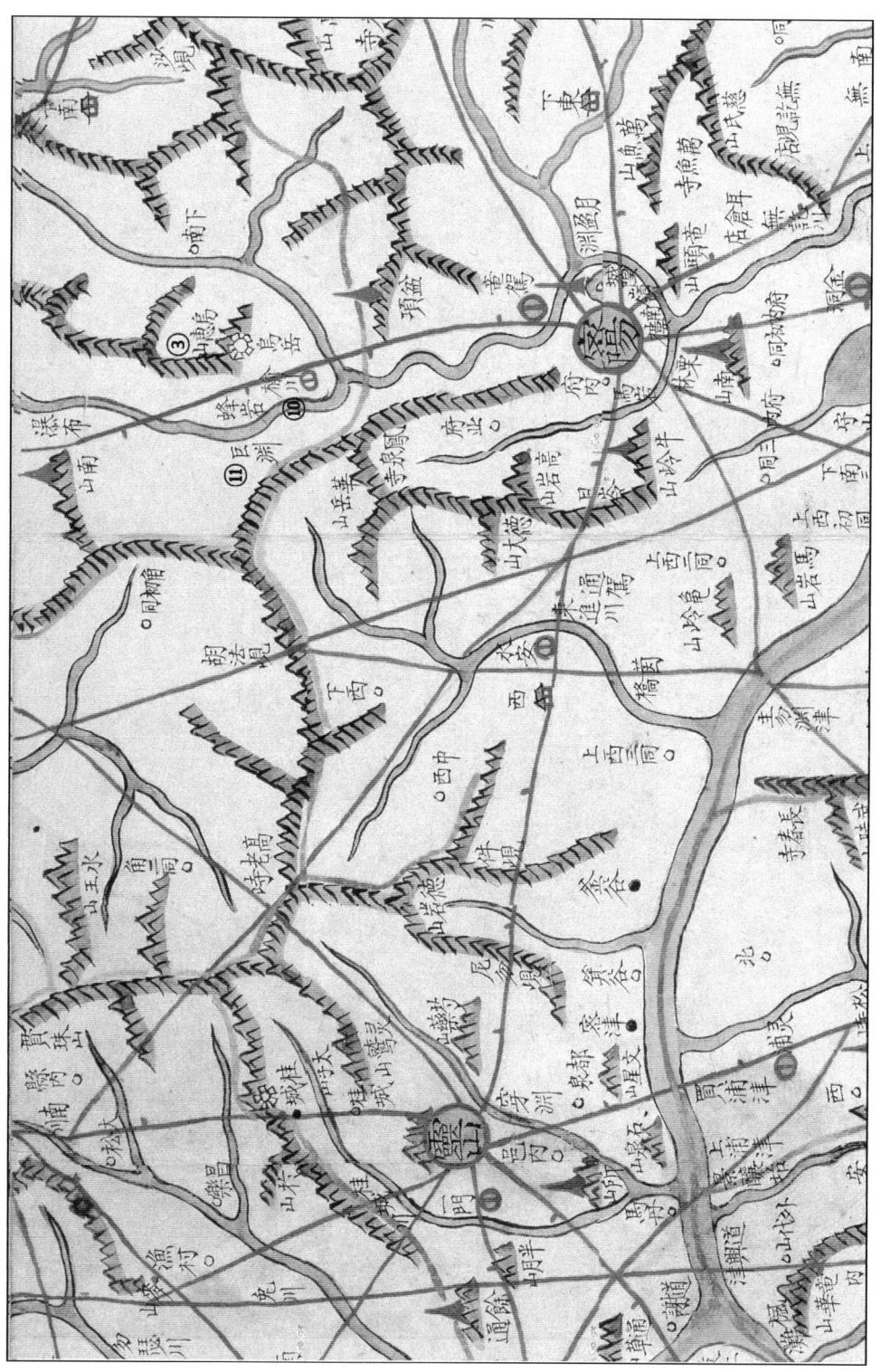

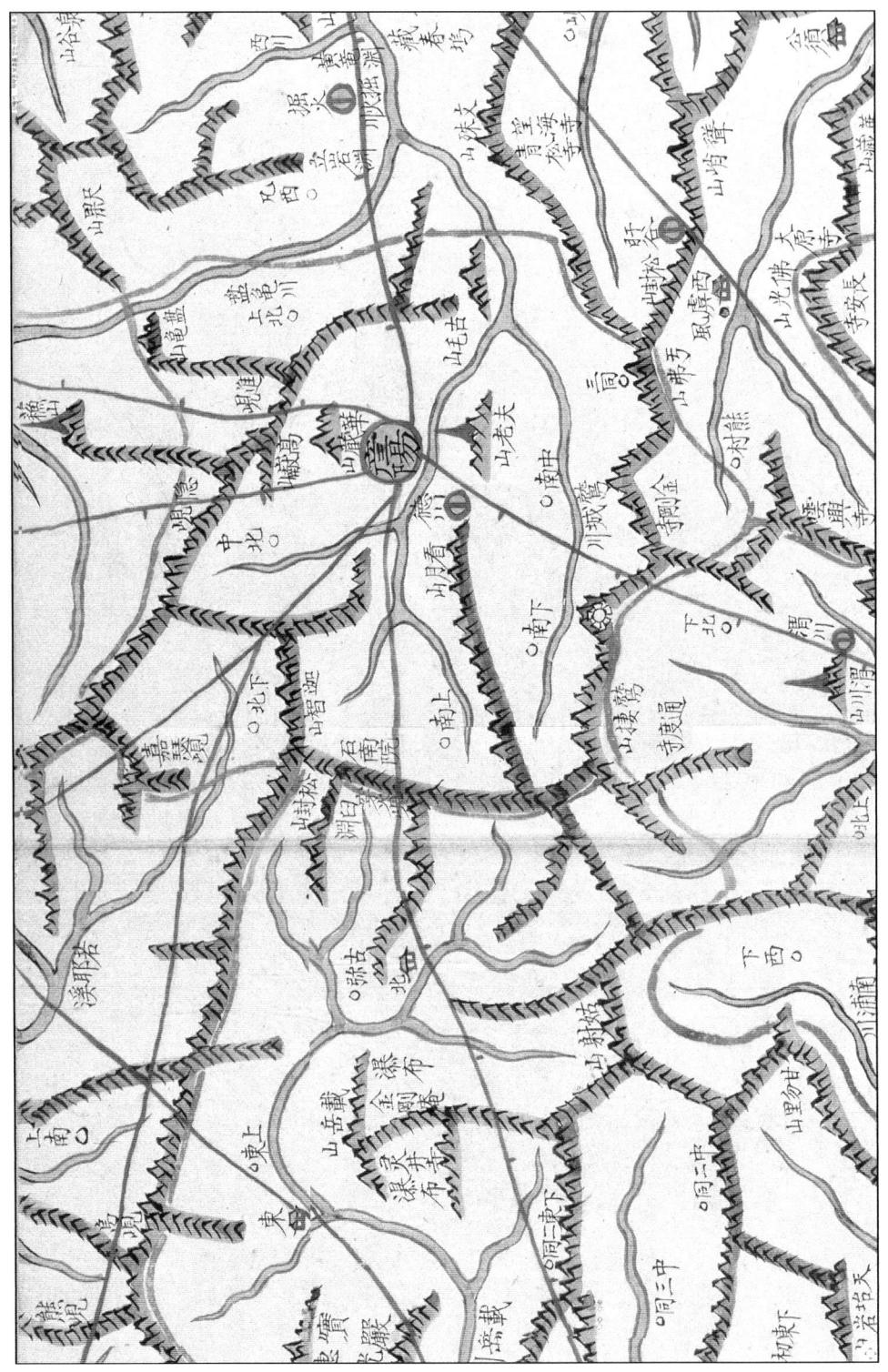

[본문 속 인물 찾아보기]

[ㄱ]

곽씨 郭氏 (이택준의 처) ·············185
금의 琴儀 ···························160
김건 金健 ···························186
김건곤 金健坤 ······················200
김극유 金克裕 ······················153
김극일 金克一 ················112, 165
김기손 金驥孫 ······················187
김대유 金大有 ······················113
김대장 金大壯 ······················201
김린 金潾 ···························185
김만전 金萬全 ······················213
김맹 金孟 ····················113, 186
김발 金軷 ···························203
김병두 金柄斗 ······················205
김상효 金相孝 ······················199
김석원 金錫源 ······················190
김선장 金善莊 ······················151
김씨 金氏 (박수광의 처) ············185
김씨 金氏 (이만영의 처) ············184
김씨 金氏 (장룡재의 처) ············181
김용복 金容復 ······················206
김용희 金容禧 ······················206
김유헌 金裕軒 ······················179
김은 金垠 ···························134
김익수 金益粹 ······················191
김익효 金益孝 ······················208
김일손 金馹孫 ············112, 122, 187
김점 金漸 ···························158
김준손 金駿孫 ······················186
김지대 金之岱 ················112, 156
김진 金軫 ···························165
김진성 金振聲 ······················152
김집 金輯 ···························212
김참 金參 ···························202

김창우 金昌宇 ······················207
김창윤 金昌潤 ······················196
김치삼 金致三 ······················128
김태린 金泰麟 ······················139
김한귀 金貴漢 ······················151
김헌장 金憲章 ······················170
김호우 金好雨 ······················158
김호원 金浩源 ······················203
김희찬 金熙瓚 ······················178

[ㄴ]

남이정 南以禎 ······················213
남환 南煥 ····················213, 215

[ㄹ]

류씨 柳氏 (박상의 처) ···············180

[ㅁ]

문여량 文汝良 ······················160
문일태 文日泰 ················112, 178
민의 閔義 ···························204
민정봉 閔廷鳳 ······················137
민종유 閔宗儒 ······················160

[ㅂ]

박경림 朴瓊林 ······················195
박경선 朴慶宣 ······················163
박경신 朴慶新 ······················152
박경윤 朴慶胤 ······················153
박경인 朴慶因 ······················161
박경전 朴慶傳 ······················152
박광형 朴光亨 ······················192

박구 朴球	154	박심휴 朴心休	142
박규 朴珪	132	박씨 朴氏 (강익중의 처)	182
박근 朴瑾	154	박양무 朴楊茂	164
박기묵 朴起默	206	박양복 朴陽復	192
박기우 朴箕瑀	197	박양춘 朴陽春	169
박기표 朴箕杓	211	박연래 朴廷來	144
박담 朴譚	132	박연학 朴廷學	214
박동석 朴東奭	143	박영 朴榮	185
박동설 朴東卨	210	박영 朴穎	168
박동우 朴東佑	214	박영곤 朴永坤	145
박동위 朴東緯	204	박용우 朴龍友	176
박동유 朴東維	142	박우 朴瑀	162
박동전 朴東傳	142	박우덕 朴宇德	212
박동직 朴東稷	173	박원묵 朴元默	208
박란 朴鸞	190	박윤 朴潤	141
박래현 朴來鉉	150	박윤손 朴閏孫	167
박린 朴璘	154	박융 朴融	158
박맹문 朴孟文	128	박응덕 朴應德	207
박명한 朴鳴漢	210	박익 朴翊	163
박문부 朴文富	155	박재도 朴在燾	207
박민준 朴珉準	211	박재삼 朴在三	211
박분 朴盼	215	박재형 朴在馨	139
박사순 朴思純	145	박재화 朴在華	206
박상 朴詳	170	박적 朴頔	129
박상경 朴尚敬	141	박정묵 朴貞默	208
박상고 朴尚古	195	박정우 朴廷佑	174
박상초 朴尚初	213	박정하 朴廷夏	173
박상협 朴尚協	171	박정호 朴廷鎬	200
박선 朴瑄	155	박주장 朴周章	146
박성덕 朴性德	174	박중규 朴重圭	212
박성묵 朴星默	147	박중문 朴仲文	191
박세언 朴世彦	146	박중채 朴重采	136
박소원 朴紹遠	194	박증영 朴增永	144
박수간 朴秀幹	148	박증적 朴增迪	143
박수인 朴秀寅	200	박지남 朴智男	153
박숙 朴俶	154	박지현 朴之賢	133
박순덕 朴洵德	146	박찬 朴璨	153
박시묵 朴時默	138	박창한 朴昌漢	174
박시한 朴始漢	170	박창현 朴昌鉉	150

박철남 朴哲男	153	예수오 芮秀五	134
박치경 朴致璟	149	예시검 芮時儉	214
박치규 朴致圭	214	예용기 芮龍基	207
박치발 朴致發	149	예용주 芮用周	209
박치서 朴致瑞	150	예은결 芮恩結	201
박치용 朴致龍	148	예인상 芮仁祥	155
박치장 朴致璋	148	예일신 芮日新	137
박치해 朴致海	150	예재문 芮在文	196
박태고 朴太古	125, 195	예조학 芮祖學	175
박태한 朴泰漢	194	예주명 芮周鳴	197
박태환 朴泰煥	214	예지열 芮之烈	138
박필용 朴必龍	147	예창근 芮昌根	149
박하담 朴河淡	124	예헌기 芮憲基	179
박하징 朴河澄	125	이결 李潔	129
박하청 朴河淸	127	이경렴 李景濂	140
박학영 朴鶴永	207	이계손 李繼孫	203
박한묵 朴漢默	206	이관명 李官明	167
박한열 朴漢烈	145	이광시 李光時	210
박현욱 朴玄郁	209	이광의 李光義	135
박형달 朴亨達	191	이광재 李光載	210
박호 朴虎	188	이광점 李光漸	204
박휴묵 朴畦默	149	이광정 李光鼎	136
박희장 朴希章	146	이굉 李浤	160
반국해 潘國海	156	이기 李磯	140
반동락 潘東雒	139	이기 李磯	192
반세영 潘世榮	194	이덕인 李德仁	193
반환 潘瓛	172	이도 李都	202
배세중 裵世重	112, 172	이몽상 李夢祥	159
		이반 李礬	129
[ㅇ]		이백신 李白新	209
		이부 李郛	191
안구 安覯	161	이붕 李鵬	209
예대건 芮大健	147	이사균 李思均	159
예대기 芮大畿	148	이순선 李舜善	189
예대열 芮大烈	197	이씨 李氏 (박근수의 처)	181
예득보 芮得寶	203	이씨 李氏 (윤면의 처)	184
예몽진 芮夢辰	165	이씨 李氏 (이동섭의 처)	183
예상근 芮尚根	178	이엄 李儼	204
예석훈 芮碩薰	133	이영 李柃	159

이용로 李龍老 ·················143
이용선 李龍善 ·················211
이우 李友 ···················158
이운룡 李雲龍 ············111, 151
이운선 李運善 ·················208
이유의 李惟毅 ·················170
이육 李育 ···················201
이윤 李胤 ···················161
이의선 李意善 ·················176
이인선 李寅善 ·················199
이잠 李潛 ···················162
이전 李琠 ···················140
이정탁 李廷卓 ·················159
이정화 李庭和 ·················198
이종명 李宗明 ·················203
이주보 李周甫 ·················196
이주언 李周彦 ·················204
이진구 李軫耈 ·················142
이진화 李振華 ·················176
이철 李澈 ···················156
이초 李礎 ···················192
이택준 李宅俊 ············112, 173
이필선 李泌善 ·················198
이하구 李夏耈 ·················194
이해 李海 ···················162
이형덕 李馨德 ·················144
이환 李瓛 ···················193
이회규 李會圭 ·················149
임기노 林基魯 ·················177

[ㅈ]

장방익 蔣邦翼 ·················134

장방한 蔣邦翰 ·················135
장방호 蔣邦豪 ·················135
장용규 蔣龍圭 ·················198
장희만 蔣熙萬 ·················210
장희윤 蔣希尹 ·················202
정민도 丁敏道 ·················128
정씨 鄭氏 (이정상의 처) ·······184
조성린 趙成麟 ·················132
조승 趙承 ···················212
조윤적 趙允廸 ·················202
조지경 趙之瓊 ·················188
종비 從非 (김군사의 처) ·······179

[ㅊ]

천일성 千馹成 ·················189
최건 崔建 ···················133
최봉승 崔鳳昇 ·················205
최상의 崔相宜 ·················200
최석붕 崔錫鵬 ·················197
최여준 崔汝峻 ·················168
최원 崔遠 ···················133
최윤곤 崔潤坤 ·················196
최익주 崔翼周 ·················199
최학승 崔鶴昇 ·················189
최한면 崔翰冕 ·················212
최한주 崔翰周 ·················205
최형 崔泂 ···················132

[ㅎ]

허씨 許氏 (이영의 처) ·········184

朝鮮寰輿勝覽序

余少時讀禹貢略知中華山川中歲讀輿地勝覽亦知本邦沿革人物嘗海稍潤然近代未有是書之續常以失自國精神為憂幸茲戚姪李秉延與數三同志積年考據先續寰宇沿革次述輿地人物亦增之以東史中大旨者改籤以寰輿勝覽其規有必異之義也嗚呼此書豈易易論哉惟我祖國版圖沿革暨人君子道德名節棟樑宇宙彪炳日月雖在降世義理所關綱常所在凡有血氣者莫不悅服其為重於世教者明矣噫夫子言貢殷之禮而歎杞宋之無徵文獻叔孫豹論三不朽而立德立功立言盖人之於事功之於文獻豈可忽乎哉苟百

世之下傳小華消息者其將在此歟玆敘略旨以俟後之君子
而庶有補扵風化牗後之切亦夫不勝感歎數語弁卷

孔夫子誕降二千四百八十年己巳小春上浣

　　　　　石村居士　海平　尹用求識

上有天下有地人扵其間萬物中最靈者而天則宜實不可測
若地則有恭山喬嶽人則有功業卓行其義一也恭山則必有
名焉卓行則必有史焉人若未知地扵山人扵行之如何則是
無異如孟子所云恭山之高羣天八雲而聲者莫之見也黃河
之濤衝激如雷而聾者莫之聞也云耳

資憲大夫掌禮院卿原任　奎章閣學士驪興閔京鎬書評

朝鮮寰輿勝覽

朝鮮地理總說

延安 李秉延 編輯
廣陵 安秉台 校閱

朝鮮名義

距今四千二百六十二年前，唐堯二十五年戊辰，檀君姓桓名王儉誕降于太白山〔今平安北道寧邊妙香山〕檀木下石窟，始起定都平壤國號朝鮮。朝中遂為九夷君長故曰檀君。

名義或曰有潮水汕水〔見馬史索隱〕，或曰朝日鮮明之義〔朝鮮考異說〕，或曰國在東表日出之地〔見輿地勝覽〕，或曰朝謂東方〔見安順庵鼎福誠一或曰國在鮮東史綱目雜說〕

山東故稱朝鮮。後一千二百十二年，周武王元年己卯，箕子〔姓子名胥餘商王紂之諸父爵封於箕國故曰箕子〕東來。周武王封箕子於朝鮮，率詩書禮樂醫藥卜筮等五千人東來，亦都平壤，國號仍稱朝鮮。其漢江以南古洌水古三韓地後三國起新羅德業日新網羅四方之義併辰韓、駕洛併弁韓、羅兼併百濟﹙東史寶鑑行國號、始祖溫祚、後、百姓樂從故改稱百濟﹚併馬韓高句麗﹙東史寶鑑曰、始祖高朱蒙生於遼東句麗山下故以其姓高字冠於山上、爲國號﹚占有朝鮮地﹙以漢江以北﹚後爲新羅之併有至高麗﹙東史寶鑑曰、取高麗山高水麗之義﹚統一新羅全區定都松京﹙今開城﹚歷四百七十五年天命歸于

太祖定遏于漢陽歷五百六年至 高宗三十四年國號改稱韓國﹙東史曰、韓方言大也、取大一統之義﹚建元光武歷十四年至 純宗隆熙四年庚戌﹙日本明治四十三年﹚併合于日本還稱朝鮮

朝鮮位置

朝鮮位置在亞細亞洲東部自中國大陸東北部突出於渤海

黃海日本海間爲楕長之半島國與其極南端即濟州島漢毛瑟浦北緯三十三度四十六分又莞島西南達陵甶北緯三十四度五十五分其極北地即豆滿江沿岸慶源北緯四十三度二分極西即長淵長山串東經百二十五度五分極東即俄國接境豆滿江口東經百三十度五十八分全國在北溫帶中

朝鮮境界

朝鮮境界東西南三面臨于海其東南端隔朝鮮海峽與對馬島遼口相對西北限鴨綠江與中國盛京省接壤北豆滿江即圖二江爲界與中國吉林省接隣東北與俄領烏蘇里分界

朝鮮廣袤 附 山野 畓田 火田 面精及人口

朝鮮廣袤自東北至西南三千六百零里東西廣狹不齊或千餘里或六七百里其全面積一萬四千三百十二方里比之於全世界總面積則為一萬分之十六山野面積一千五百八十八萬三千町步，為一町坪旁面積一百五十五萬三千九百八町步田面積二百七十六萬八千二百萬一千七百二十六町步，總人口一千九百十三萬八千八

朝鮮沿革

朝鮮古初各分部落距今四千二百六十二年前,唐堯二十五年戊辰,檀君名義始起之,都平壤,國號朝鮮,其區域西北今滿洲地方東

今江原道等地歷一千十七年,商武丁八年甲子,移都于白岳山阿斯

達郡今文化九月山或云唐藏京在今文化歷二百九十六年周
主元年遷居于北扶餘省開原縣咸京歷年共一千二百十二年
己卯見上名戰距今三千五十一年前周武王元年己卯東來亦都平壤其
箕子見上名戰距今三千五十一年前年己卯
區域西自中國廣寧永平府至遼東京省盖平金州省在咸京為
界南至洌水今漢東北接濊貊沃沮濊貊今江原道沃沮今咸鏡道後孫襄弱
西界千餘里奔於燕以滿潘汗在遼為界歷九百二十九年漢
帝元年丁未四十一世孫準爲燕人衛滿之所襲奪南走金馬郡益
山居焉是爲馬韓國王韓沿革以下見三
衛滿距今二千一百二十三年前年丁未漢惠帝元襲破箕準仍都王
儉城壤今平至孫右渠漢武帝劉徹討滅之分其地置四郡漢武帝元

朝鮮地理

封三年癸酉歷年共八十七年

四郡距今二千四十七年前三年癸酉漢武帝滅衛右渠分

置四郡曰樂浪(今平安道之地)治朝鮮縣(今平壤)曰臨屯(今江原黃海之地)

治東暆縣(江陵一云臨津江沿岸地)曰玄菟(今咸鏡南道之地)治沃沮城(今咸)曰眞

番(婆豬江沿岸之地)治雲縣(今奧)歷二十七年至漢昭帝劉弗陵

始元五年己亥罷眞番屬玄菟罷臨屯屬樂浪玄菟爲夷貊之所

侵移郡于高句麗縣(盛京省內)自西北單大嶺(今薛罕嶺)以東沃沮及濊

貊皆屬樂浪後以境土廣遠分嶺東七縣置東部都尉治不耐

城(今未詳)置南部都尉治昭明縣(樂浪屬縣今春川)其後遼東太守公孫

度分樂浪郡屯有以南荒地置帶方郡(今京畿黃海之地)至漢元帝建

昭二年甲為高句麗併有歷年共七十二年、

三韓即洌水江今漢以南之地古代辰國之部落也馬韓今京畿以南忠淸全羅皆其地距今二千一百二十三年前漢惠帝元年丁未箕準為衛滿之所逐南走金馬郡今益山而王焉統合五十餘國其域北隣樂浪南接倭境西臨大海後歷二百三年新莽元年己巳為百濟併有辰韓今慶尙道洛東江以東之地北連濊貊西北接馬韓東南接弁韓及日本統合十二國至漢宣帝五鳳元年甲子為新羅之併有弁韓亦曰弁辰今慶尙道洛東江以西之地西南跨智異山西北接馬韓東與辰韓雜居南接日本至漢元帝永光五年壬午為駕洛及五伽倻國

四郡三韓之際有起三國距今一千九百八十六年前一百三十八年漢宣帝五鳳元年甲子新羅始祖赫居世有姓朴名赫居世初暘山林間儀形端美浴於東川身生光彩以為神立為君時年十三○姓朴初娑那國王娶女國王女生一卵剖有嬰兒脫解初來時鵲隨鳴故省鳥為姓以昔為姓後為南解王壻立為君○味鄒王即閼智七世孫脫解王間鷄聲徃視之有金色小櫝掛樹白鷄鳴其下以櫝養之有兒奇偉喜曰天祿我胤仍為子名曰閼智出金櫝故為姓金城西始林間有鷄故改始林為鷄林因為國號以辰韓六部人建國于鷄林以金為姓至七世孫為王初有鷄林故改始林瑞故開始林為鷄林後為漸強伊西道押梁一名押督慶山骨火一名永川美城音汁伐一名居漆甘文寧沙伐屬慶州悉直後改金官國今金海始祖金首露王初阿干刀等望見龜峯有異氣得金盒開見有六金卵不日六男剖殻而出立先出者為君身長九尺龍眼重瞳以首出庶物故名首露出金卵故姓金妃普熙太后許氏天竺國王女生十子二子從駕洛後改金官國今金海屬慶州尚州

母姓傳十一世至仇亥王降于新羅法興王歷年共四百九十一年

設智玉爲新羅眞興王所滅凡十六世歷年五百二十年 小伽倻城固城 碧珍伽倻星州 阿羅伽倻咸安 古靈伽倻咸昌草溪比只許多伐上八國

等地于山國鬱陵島等諸國皆倂吞疆土漸大歷七百十七年至武

烈至七年唐高宗顯慶五年庚申滅百濟與唐將蘇定方攻滅之唐分置督府以劉仁願留鎭泗沘城其餘後撤歸後九年唐高宗總章元年戊辰文武王八年又滅高句麗與將李世勣攻滅之唐分置九都督府平壤尋撤還統一三國其疆域東西南

三面際于海西北以浿水今大同江爲界北與渤海國以泥河源今德以薛仁貴留鎭安東府

爲界始都金城州在慶至婆娑王元年漢章帝建初五年庚辰移居月城金在慶

城又移居明活城城在月東自統一後歷三百六十八年淸泰二年後唐潞王

乙未 敬順王降于高麗 朴姓金三姓相迭爲王 按朴氏十世 昔氏八世 金氏三十八世 女主三人 凡五十六王 歷年共九百九十二年

高句麗 名義見上 距今一千九百六十六年前 馬韓王百五十八年 新羅始祖二十一年 漢元帝建昭二年甲申 北扶餘省開原縣 王解慕漱 鮮東海濱爲東扶餘 其子解扶婁徙于 朝始祖高朱蒙氏 后因姓高 初解慕漱與河伯女柳花私通生朱蒙 稱以高辛祖七歲能射扶餘俗善射者謂朱蒙故因名 來于沸流水上 或云今成川紇骨城 建國都卒本界 今鴨綠江北興京等處 歷四十年 北扶餘省開原縣 琉璃王二年癸亥 移都國內城 一名尉那巖城 在今楚山江北 又歷三十九年東川王二十一年丁卯 移都平壤 又歷九十六年 故國原王十二年壬寅 後都丸都 年十一年己丑 移都丸都城在今江界滿浦江北刺山城 又歷三百七年 東川王二十一年丁卯 移都平壤 又歷九十六年 故國原王十二年壬寅 後都丸都 城爲慕容皝所屠 明年癸卯 變移都于平壤東黃城 在今平壤東木覓山

中一名又歷八十五年、長壽王十五年丁卯還都平壤又歷一百六十年、平原王二十七年丙午移都長安城在今平壤外城又歷八十三年、唐高宗總章元年戊辰王藏爲新羅文武王所滅其疆域起自蓋馬山頭今白頭山西北漢玄菟郡地稍稍呑併其傍近小國如沸流荇人蓋馬句荼黃龍朱那曷思東沃沮北沃沮朱慎梁貊等諸國後又取帶方玄菟遼東等諸郡縣西至遼河北領北扶餘靺鞨諸郡東北于滄海接蝦夷東南隣新羅百濟割取百濟疆土置南平壤地方迨至三千餘里開拓甚廣子孫驕侈遂及亡凡二十八王歷年共七百五年、

百濟、見上馬韓王一百七十七年、新羅始祖四十年高句

朝鮮地理　名義距今一千九百四十七年前羊豕昆羗

麗琉璃王二年漢成帝鴻嘉三年癸卯 北扶餘人溫祚、朱蒙薨、長子類利立焉次子沸流及溫祚恐不容於國遂與烏干馬黎等十臣南行至漢山〔今南漢〕登負兒岳〔今三角山〕望可居之地沸流居彌鄒忽〔今仁川〕溫祚都河南慰禮城〔今稷山〕後沸流以彌鄒忽土濕水鹹不得安居復歸慰禮尋卒百姓皆歸溫祚南渡浿水漢定都于慰禮城稷山馬韓王割東北百里之地而與之十三年移都漢山廣州南漢山城移住慰禮城民二十七年新恭元年已巳襲滅馬韓有其地其疆域北限浿江今遂安能成江或云平山西南際于海東隣新羅東北接樂浪濊貊歷三百七十三年梓移都北漢城〔今漢〕又歷一百五年蓋鹵王二十一年乙卯失漢城文周王元年新羅慈悲王十八年乙卯移都熊津〔公州〕又歷六十四年聖王十六年新羅法興王二十五年戊午又移都泗沘扶餘又歷一百十三年五年庚申唐高宗顯慶義慈

高麗名義見上距今一千二百十二年前均新羅景明王三年後梁太祖王建

六百八十一年

漢州松岳郡人父隆與妻韓氏居松岳南及生太祖龍眼日角器度雄深年十七往投弓裔三見而奇之投鐵原太守南征北伐累豆戰功弓裔暴虐日定都松岳城開建元天授滅後百濟甄萱諸將推戴為王

甚泰封諸將推戴為王

武珍州今光州自立為王後移都完山稱後百濟居王位四十

尚州人本姓李體貌雄奇多智畧因世亂盜起聚五千餘人襲

于高麗國使裔殺之其妻康氏諫其非行裔所四年降泰封性暴虐見父王畫像拔釼擊之其妻康氏諫其非行裔所

號泰封以鐵杵撞殺之並二子高麗太祖舉義弓裔出逃為斧壤民所殺降新羅唐潞王清泰二年乙未統一全國西北接女真東南際于海歷

七十六年至成宗十二年癸巳契丹蕭遜寧大舉來侵聲言復
高句麗舊地時群議欲龍壹欲劉與黃州巴山嶺慈悲嶺在瑞以
西賴侍郞徐熙抗辯無事封疆得長與歸化龜州郭州等四城
自是兵連禍結疆土之爭連年不息又歷三十七年至顯宗十
年起遣上元帥姜邯贊大破契丹兵大振國威又歷五十五年
至文宗二十七年癸丑東女眞亢州酋長率衆來附賜姓名各授
將軍號又三山此青大蘭支攌嶺之南寧遠界等九村所乙
浦村小支攌前里大支攌等皆來附置十一州又東蕃即東大
齊者古河舍等十二酉長及豆籠骨伊今豆滿江餘波漢等諸蕃皆
歸服分置州縣又歷三十四年至肅宗二年丁亥時女眞强盛酋

長烏雅束 卽金國康宗世祖劾里鉢之子穆宗盈歌之兄子 自肅宗時累侵邊境遣元帥尹瓘吳延寵率兵十七萬討評女眞劃定地界東界火串嶺北界弓漢伊嶺西界蒙羅骨嶺置英雄福吉州 皆在今吉州以北 明年又置咸宜二州及公嶮通泰平戎三鎭是爲九城移往南界民六萬八千戶立定界碑于先春嶺於是句麗之舊疆始歸版圖旣沒九城女眞部落誓欲報復冒死寇侵邊警不息後四年女眞太師烏雅束遣公兄史顯等請和親乞還九城遂朝議許之乃撤還崇寧通泰及英雄福吉咸五州眞陽宣化等鎭女眞酋長等咸州門外設壇天誓曰自今以後連年朝貢若渝此盟蕃土滅亡其後咸北一路爲女眞蒙古所陷恭愍王五年遣

柳仁雨攻破雙城古和州永興收復和興登遼安定長古長州在今
預古預州在今定平南四十五里高原文川宣德在今永興西
十五里高原文川宣德源等州及宣德南四十五
里元興在今定平寧仁在今永興南三十里静邊
東六等鎮盖朔方道鏡道前以都連浦南三十里静邊
十里等鎮盖朔方道鏡道前以都連浦設三關門定州宣德元興防女真
德宗二年癸西築長城自義州經寧遠抵都連浦設三關門定州宣德元興防女真
遠永興之耀德靜邊鎮直抵都連浦爲界築長城
爲蒙古之所没凡九十九年至是始復又收復咸州蘭府吉
州元稱福州元今端川北靑州三元撤四城四城爲女眞之所没
元海洋福州元今端川北靑州三元撤四城四城爲女眞之所没
凡二百四十餘年始歸高麗至恭讓王三年復甲州岬明年羊
李必篆招諭斡都里會兀良哈諸部落是年十五年明太祖洪武二
七月天命歸于

朝鮮太祖距今五百三十九年前 高麗凡三十四王歷年共四百七十五年 高麗統一在太祖十八年乙未則實歷年四百五十八年

朝鮮太祖姓李諱旦初諱成桂 開國紀元元年、明太祖洪武二十五年壬申日本後小松帝南北統一元中九年西曆紀元一千三百九十二年 定都漢陽國號朝鮮初高麗恭愍王十九年庚戌 太祖率步騎兵一萬五千渡鴨綠江攻破北元東寧府在遼東婆猝江元刺山城 又進兵攻破遼陽城榜諭人民曰遼河之東我國疆土犬小頭目亞宜來朝共享爵祿明年此元遼陽城平章劉益以爲遼陽本是朝鮮地欲歸附我國遣使來請時廷議不一未有回報劉益遂以金州復州蓋平海城遼陽等地歸附于明嗚呼當時若許劉益歸附恢復舊疆自失機會豈勝歎哉太宗二年、始置理山楚山渭原昌城朔州等四郡七年又置慶源慶興二府後至 世宗朝西北置茂昌閭延虞芮慈城四郡命金宗瑞北驅逐女眞部落于豆滿江外恢復彊土開拓六鎭、宣祖朝勦滅藩胡設茂山府列放六鎭、 正宗朝置長津府、肅宗三十八年清康熙五十一年壬辰清國烏喇總管穆克登與我使朴權李義復率審定國界于白頭山至分水嶺上立定界碑刻文于石函曰大清烏喇總管穆克登奉旨查邊至此審視西為鴨綠東為土門故於分水嶺上勒石為記後歷一百七十二年即國紀元四百九十二年癸未開以北間島勘界事清吉林將軍及我西北經畧使魚允中互相審定未決其後勘界使李重夏與清員德玉賈元桂秦瑛奉審勘境界亦未決彼我間累經交涉未能妥定盖白頭山大澤南十里許有定界碑其西邊數步地有溝壑卽鴨綠江源東邊數步地亦有溝壑卽土門江源其中間溝形甚狹兩岸之對立如門故謂之土門此所謂東為土門西為鴨綠者土門江合各處山谷水東流三百里入松花江間島卽在土門之南之土門定界則間島是我國疆界清人以為豆滿卽土門亦稱圖們音之訛傳且分水嶺發源之土門江卽松花江之上流互相固執然豆滿之江源出於長山嶺則與分水嶺立碑處距離為九十里不合故東為土門之碑文豆滿與土門字音畧似發源過異自分水嶺定界碑東發源者明是土門之江則夏

不俟辨論自明界域

高宗御極三十四年、開國紀元五百六年、丁酉、國號改稱韓國、見上

義建元光武歷十四年、純宗隆熙四年庚戌、日本明治四十三年秋七月併合于日

本凡二十七王共歷年五百十九年

自檀君開國紀元戊辰至隆熙四年庚戌凡四千二百四十三年

距今二十年前明治四十三年置朝鮮總督府于京城朝鮮總督統率陸海軍掌朝鮮防備事代法律制令發布管轄朝鮮中央統治事務十三道各置長官、今知事、十二府各置府尹革三百十七郡為二百十九郡、各置郡守、島置島司革四十三島五十六面為二千四百六十一面各置面長分管行政事務

朝鮮人種

朝鮮人種은 卽亞細亞之黃色人種, 上古有九種部落, 隨文化之關各地移住混雜, 大槪其區別有三族, 一曰朝鮮本族卽古初土着民族, 自西北蔓衍于東南者, 二曰漢族卽中國人移住者, 自殷周際至戰國及秦漢代因有事時移住, 如箕子率五千人東來燕齊趙民避秦亂亡歸者數萬, 從衛滿亡命者數千人, 唐宋以來因戰亂移住者其多, 三曰扶餘族古濊, 卽檀君遺裔, 檀君後孫從北扶餘北扶餘王解夫婁徙朝鮮東北, 海濱爲東扶餘, 卽不耐濊, 王漸次蕃殖後濊君南間率二十八萬口, 歸漢, 高句麗百濟亦扶餘族蕃衍于西南及亡遷句麗男女二十萬口于唐, 其餘依長白山東爲渤海國, 又徙百濟男女三千

八百餘口于唐其他數萬口皆移住日本 九州西海鹿兒島等地
其外又有靺鞨族蒙古族日本族等高麗初東西女眞部落八
處西北兩道爲蕃屬後東女眞之完顏氏滅遼與宋八中國爲
金國帝西女眞之後裔爲淸國之始蒙古族高麗末年移住者
甚多日本族自古代來往複雜移住甚多日鮮併合以來官公
吏及農商民移住者每年增加至數十萬口

朝鮮方言

大駕洛 東方國名三韓正羅祿新羅百官頒料以租給之故謂租曰羅祿 假男兒 高麗
族謂之大駕洛
補女兒曰 乙那 新羅時補嬰兒曰乙那 花郞 新羅貴男之補號 徐罰 新羅國又號
假男兒
徐耶伐後人補京都曰 韓骨 茅一骨新羅王族
徐代後轉變爲徐罰 第二骨

慶尙北道地理總說

位置及境界 本道在朝鮮之東南方東北一帶濱于海接江原道西北隣忠淸北道西南連全羅南道南與慶尙南道爲界東西略三百五十里南北略四百五十里自北緯三十五度半至三十七度自東經百二十八度至百二十九度半地勢北部及西境山岳重疊東南臨慶ㄷ起伏中央大槪平坦田野豐沃入煙稠密洛東江貫流中央多漕運之利

沿革 本道古辰韓之域高句麗新羅分據其地後爲新羅無倂敬順王九年降于高麗太祖置東南道都部署使置司慶州成宗十四年分國內爲十道以尙州所管郡縣爲嶺南道慶州金

州所管郡縣爲嶺東道睿宗元年合山南道稱慶尚晉州道明
宗元年各析爲慶尚州道十六年以晉陝州道來隷神宗七年
改爲尙晉安東道其後又改爲慶尙晉安道高宗四十六年以
溟州道之和登宅長四州沒於蒙古割道之平海盈德德原松
生四郡隸于溟州道後德原盈德松生還本道忠肅王元年之
爲慶尙道朝鮮 太祖朝置觀察使本營校尚
州 宣祖朝移設大邱 高宗光武元年各析爲慶尙北道今
又因之領一府二十三郡

山巒 太白山簑峙于本道之北方與江原道劃界一支西行爲
小白山竹嶺基豐鵲城醴泉鷄立主屹曦陽聞青華俗離尙秋風嶺

黃澗黃岳山金德裕安義長安智異峯諸山以大嶺為西北界一支東走為日月陝清凉周防普賢靖松斷石吐含廬慶州雲門淸道圓寂蔚山金井等山止于東南海上

太白山在奉化郡北盤礡于江原忠淸三道界山勢石少土多峯巒皆禿立山上有潢池即洛東江源風光秀麗民居咸村落種粟蕎為業嶺上有覺華寺洪濟庵徃三有高僧棲遯有朝鮮史庫高麗崔詵龍壽寺記曰三韓之勝太白為首云

小白山與土山聳立無巖石故山勢雖壯少形勝遠望則峯巒薈蔚際天上峯曰國望登此可望國都故名又有慶元峯藏高麗忠懼王胎室峯西有紫霞臺可坐數十人多形勝北有浮石寺浮石後有新羅

義相大師得道入天竺植杖於寮門前簷曰吾去後此杖必生枝葉從知吾之不宛也去後作塑像安之其杖即生枝葉長榮屋宇千年如一光海朝鄭造爲嶺伯見之曰仙人所杖吾亦欲杖即斷去後抽二莖如前而長四時長春無開落號仙飛花樹清凉山孤雲崔致遠讀書于此故有致遠峰爛柯基臺最著名其傍石窟中有一老婆像補孤雲變婢且有松臺風穴之奇勝即退溪李文純公滉之藏修處結峙于禮安江上外觀則古松點綴于王山而已及入洞府石壁四面環圍奇巖絶崖難可名狀山水明麗形勝清秀世入比之於武夷九曲又駕鶴文殊天登白屛文筆遠志等諸山列峙而天登山之鳳亭寺落氷坮琵

琵山之三層石室蓬山之絶壁深潭皆景概絶奇
鳥嶺在本道西北境上巍然聳出于雲裏險阻橫亘限絶湖嶺
之界其中一嶺稍坦夷坡路迂回蜿然如長蛇故人馬通行往
時通京城之要衝大路車馬絡繹不絶自鐵道敷設于秋風嶺
以後往來稀少且此嶺為關阨重地故山腹環築三重城設三
關門置鎮將防守現廢其制森林薈鬱四五十里為有名大森
林地其中有御遊洞即高麗恭愍王避亂駐蹕慶宮室遺址尚
存龍湫在草岾上巖石矗立飛瀑成潭三石窟含牙深黑令人
悚慄其南有串岬邐迆𤰞緣崖壑鑿石架設棧道縈紆屈曲六
七百歩夾灘迴流其下曦陽青華仙遊等諸山迤崎其西

大白山一支南延爲劍磨曰月諸山劍磨之尖銳
難爲可攀曰月磅礴深峻重疊嶂嶺綿亘起伏其東南有周房
普賢龍頭等山周房之鵲巢巖龍頭之葦井水以靈境著名
鵄述嶺在慶州南三十里一支東爲吐舍明活狼山舍月等山
鰲磻雄峻列峙于東海上狼山爲慶州邑鎭山即新羅古都享
國千年古稱鷄林君子國是也余稱東京有新羅時半月城鮑
石亭 鍊石作鮑魚形築䑓之故名 瞻星臺 善德女主鍊石等古跡頗多又鵄述
一支西爲望海山 髻普北爲雲梯山二頂有大王巖二間泉水沸
出又有萬丈嚴又一支爲東大黃梯等山臨于蔚山海上
普賢山東臨大海北聖鳥嶺中有法華洞冷泉流出雖盛夏不

解氷其南有舞鶴山雲門山道湊極峻聳起盤據數州洞壑深邃
多奇巖澄淵有雲門寺為道內名刹高麗太祖賜額雲門禪寺
東有馬谷山關門山之屹立西有八助嶺路險為南方要阨
八公山聳峙于大邱北逶迤橫亘于新寧永川等七邑界其中
修道洞有百尺飛瀑又有仙舟巖揖仙臺之奇勝有桐華寺銀
海寺最著名桐華寺多名僧古跡有弘眞之碑其西有琶山谷
萊山城舊置別將又其北有流岳山大王山昨與金烏山隔江
相峙金烏山一名南嵩有山城往時設鎭堡城內有九井七
澤其北有大穴窟百丈飛瀑垂下高麗末吉冶隱再棄官歸隱
于此採薇耳種芍田至今尚在琵瑟山風亦多名芭山二勢峻極

有大見天王兩峰新羅道僧觀機道成之同隱處

河流

洛東江為本道之鎮江其源有二一則發于太白山潢池故名曰潢水穿山流出故亦名穿川南流為道美川買吐川陜羅火石川浮津安禮蓼村灘勿也灘大項灘安東大谷灘醴泉鵲灘奉化羅火石川浮津安禮蓼村灘勿也灘漢大項灘東安大谷灘醴泉鵲灘籠至尚州東為洛東江 尚州古號上洛在江之東故名 一則發于俗離山清溪為利安川咸昌與黃嶺水合流經昭孔村中川來合經鳳凰臺串川來合至聞慶界蘇野川來合至尚州東八洛東江合流直貫本道西部之中央流下南道蓋此江會合全道內川溪泉流汪洋七百餘里注入海俗稱嶺南人性質如此水之勁直團合云此江以外無他大流但不過支流而已○錦湖江源出普

賢山松爲氷川乾阿川寧北川與南川合流爲東京渡州渡界永川慶
合河陽慶山義興諸郡水至大邱北爲泗水合鮮顔川八菅川
至沙門津注入洛東江多淺灘不得漕運但有灌漑之利
甘川其源一出釜項峴一出牛馬峴一出大德山竝知合于龜
山下東流至金山東黃岳山下流來合經開寧善山注洛東江
伽倻川源出星州之伽倻修道兩山經高靈注于洛東江沿邊
一帶灌漑周洽旱不爲災民俗多悍術者謂水勢之太激云

海灣及島嶼 本道東方一帶濱于東海然以海灣岬角之出入
不多惟有略千灣浦島嶼而已
丑山浦在寧海郡東北與江原道平海接界東有丑山島其形

如牛有觀魚臺臨海據山風景佳麗又有白沙汀綱谷浦大津
鯨汀等縹渺南北其南有梧浦德盈介浦清溧浦澳等
延日灣在延日郡東長鬐岬突出于海上抱圍東南灣內廣亘
數里可大艦硷泊難避東北風西北岸多白沙碧礫風光佳麗
北有竹島及浦項卽兄山江注口為東海一大浦口多產靑鰿
鬱陵島古于山國在東海三百里外蔚珍最近天晴可望東西
五十里南北四十里新羅智證王時民悍侵掠作木獅子像計
以降之朝鮮 世宗朝以民多擾掠不許人居 肅宗朝遣三
陟營將張漢相尋得開拓有聖人峯甚奇峻木材魚類等天產
物爲朝鮮之第一徃昔屬三陟府而今設郡爲本道管轄

清道郡 東至彥陽界百八十里 西至昌寧界五十里 南至密陽界四十里 北至達城界二十四里

建置沿革 本伊西小國 新羅儒理王伐取之 後合仇刀城境內率伊山茄山烏刀山等三城 置大城郡 仇刀一云仇山又云烏禮山 疑烏刀山是其地 景德王時仇刀改稱烏岳縣 驚山改荊山縣 率伊山改蘇山縣 俱為密城郡領縣 高麗初復合三城為郡 改名道州 一云仍屬密城 睿宗四年己丑置監務 恭愍王時以郡人金善莊有功陞知郡事 未幾還為監務 忠惠王時復為郡 置郡守 朝鮮太祖朝因之 純宗庚戌後移治于廣嚴 今因之

郡名 道州 伊西 鰲山 伊山 大城 馬岳 清道

州 鰲山 在郡南二里鎮山 東有一谷名曰高沙洞 天將風雨先期而鳴噴出雲氣 雲入洞內則兩 雲出洞外則風

魚東寧宇雙膨覽

天鳴則即驗小鳴則二三日後乃驗 雲門山 在郡東九十六里 烏惠山 在郡東南三十一里 馬谷山 在郡東一百十三里 甲乙嶺 在郡西五十四里 省峴 在郡北十三里 紫陽山 在郡北十五里 雲門川 聖山 在郡北十五里 紫川 在郡北五里源出琵琶山與雲門川合流至城南為疑川雲門川 在郡東九十里源出雲門山與紫川合流 楡川 在郡南四十里此為一郡水口 今勿法池 在郡北十四里 川 在郡南三十里 李木淵 或云蠟目在雲門寺南 龍沼 後山石窟中方可一丈而外狹內寬深不測○地理說 諺傳有神龍每歲旱必禱 ○盖慶州府西斷石山一支西出迤橫亘百餘里至于郡之甲方一筆屹立圓秀正直其高達天因名曰甲山此遇旱禱雨有驗一支西過省峴昆乙嶺在郡之甲乙下昌寧界故名又東走為琵琶山南佐之竟過芹峙昆乙峴為甲乙嶺之主山一支為華岳山卽之主山一支為屯德山卽密陽之主山乙下北向作局為邑基古柟地理有流注之勢置清德樓以壓之又云山口下不之龍玉文云邑基脉

邑基爲仙人掌形郡之主山爲飛鳳形又云城西二里許有山如馬奔騰之狀名曰鎭山置短亭于其側號曰勒制馬之意自勒院截一谷至水庫原樹之林木遮蔽邑基壬亂後秫藪自廢

土産 棉麻稻大麥大豆栗柿梨胡桃紙蜂蜜銀口魚遂竹岩山出臥松蕈石蕈楮石硫黃岩山出馬

驛 茯苓 洸車驛 南省峴驛 在京釜線北接三省驛南接清道 省峴驛 南省驛南接密陽驛 楡川驛 北接清道驛南接榆川驛 驛南接榆川驛

名勝 孔巖 在郡東八十里警齋郭珣大里層崖之上有石坑可容一能直下無底東渡一司諫亭所卜溪有曲川堂金大有所卜今廢 司諫亭 所卜溪與曲川堂隅水落花巖在雲門洞口岩入淵中如籠之伏上可坐數十人新羅王遊於此舞妓墜落水死故關名曰落花巖 ○福東翼字鴻端岐城人有詩紫溪東畔 濯纓臺 名○在郡北十里紫溪東濯纓金馹孫嘗遊此故曰濯纓臺下有澄潭一鑑開詭得 風雲臺 在郡東六十里三足堂金大有所卜臺前古先生遊釣處閒雲無恙影徘徊

溪澗之勝 愚淵 有獨樂堂醉醒亭倶廢 ○ 金大有今廢爲田今廢爲田金大有平生棲息之水清道

조선환여승람

達愚洲欲訥知愚聖所傳漁釣十年來往此愚於人事訥於言
○又詩卽山而獵卽溪漁口獸與魚刺得漢山爲
故憑漁獵送居諸蘚荆竹籠塵埃生素琴尙風誰復續遺跡逈難尋惟有堂前觀
應者心落水巖瀑在郡南十里瀑沛濕回端蔓○先生舊臺樹零落半爾陰權大諫詩
水清如 南崖趍晩晴山高秋色共崢嶸銀河一孤天
中潟雷鼓千椎地底鳴飛沫濺松長帶香爐繁翠橫 古跡 邑城周一
石自成平靑蓮已去其詩在悵望 邑城在郡東七千四
百三尺有東西北三門西門樓曰撫懷巳酉年間郡守林淨建 吠城在郡
守俞秋建來門樓曰棒日戊子年間郡守林征有山賊嘯聚據城不服
里東西皆石壁也世傳高麗太祖東征而不同畫守前而忘其
大祖間奉聖寺僧寶日犬者司夜而不同畫守前而忘其
後宜以畫擊其北太祖從之賊果敗俗稱城之形如犬南走之
狀置德寺於城下蓋餠之俗名犬爲嗜餠留住之意○道詵
踰山記有渴龍 烏惠山城有三溪五池三泉壬凱志淸防禦使
飲水形疑此地 在郡北十里土城週遺一千餘
朴明賢以 伊西古城尺世傳伊西國古址云今柘谷
忠淸道軍修築未完 朝以領 在郡西小合里與巖下佛庵遺墟凡五層廣五尺高
村高麗塔三十五尺○去丙辰冬盜夜毁塔一層洞人得其所

藏器物目錄即高麗文宗丙申所建用契丹清寧年號云 **龍松** 在郡東五十里明臺村前路橫空撐之以石柱其頭直上數丈如冠蓋覆數畝田世傳息城君李雲龍手植云○李秉延平先祖光海朝謂伊川賦龍岩詩莫道隆中諸葛老磬然三顧豈無時之詩今末體屈五文成以待攀天志竟成諸葛隆中猶未老不勝三顧豈無成也

校宮 文廟 在郡北四十里灌纓集有五遷之知郡五遷之何地郡北三里有古址隆慶戊辰所建宗焉題明倫堂詩物息偷久晦沉端緣俗學累人心考亭富日編書意願與諸生細講尋○知郡宋碩祚仁祖朝移建于鰲山北麓其後知郡洪受瀍以其地泥濃葇請移安于此去巳

院祠 城隍祠 在邑鎭山下奉安鰲山君金漢貴肖像 **紫溪院** 朴漢默有記重修黎奉知郡金駰琛三是堂金大有宣祖在郡北紫川鄭孝金克一濯纓金馹孫戊寅建額伯尹根壽贊助知郡黃應奎記實壬辰回祿戊寅重建顯宗辛丑判書宋浚吉正郎金壽聖奏請賜額高宗辛未毀撤去甲子士林及本孫襲設建祠曰忠孝堂曰雙修師傅邊谷里英憲公金之岱蘭宗庚辰建祠高宗辛未毀撤後重建於成晩徵拱祝文屏溪尹鳳九記 **南溪院** 在杜郡

清道

虛李中麟廬相穆曹明溪院在郡東明塢里襄
竷燮有上樑文及記 明溪院 憲公客軒李順文
仙湖三足堂日樑文洞淡 鳳洞院 仙巖院在郡東五十里
祠曰清白堂日敬義判書金優喬挾祝文曰三朝碩老兩府
御忠孝貽範清白傳襲高宗辛未毁撤現存鳳洞精舍文憲
公屛溪尹之賢陽齋朴太古 樂溪祠在郡西華山下二樂齋
鳳九書之賢朴景陽齋朴太古 樂溪祠下二樂齋
翼屛祠在郡北新安村諸公十四義士並享 明洞祠在郡北二十里崇
龍岡祠在郡北二十里朴慶傳朴明洞祠河澄
節祠在郡北二十里朴揚茂 忠賢祠息城君李雲龍
雲谷朴 寺刹 杜村朴 忠孝祠在郡東吉夫里
文富也 磧川寺 知有蓮坊在鰲山南○僧麟覺詩偶林邊聽出山鍾
聲答打門節水鋪白練流金石虹曳青蘿掛 雲門寺在雲門山
古松吳佑老人留數日普照示遺蹟當戶月谷初名鵲
岬新羅高僧寶壤所剃高麗太祖賜額曰雲門禪寺有圓應碑
芳彥順撰文○權應仁詩一宿雲門寺千林杜宇聲花濃香襲
枕溪近伶屛古跡碑橫草奇觀月可庭塵跳難再到回首憶
三清○縣監趙遠朋書刻若耶溪三字於溪邊石上○金閏娛

字文和騂庵清虛通川人忠臣應涬后進士內藏院柳曾經五郡多有治績辛碑頌德有詩雲門山色拱雲門時有䕶雲尊雲殿閑榮雲裡到雲門寺老僧欣接掃雲痕

餠寺 即德寺在伐城

大悲寺 在郡東八十里竹林寺 在郡南臺山寺二里有千手佛彌勒在雲門山

天柱寺 在郡西四十里氷巖寺 在郡東九十里

下吉夫村前高二十尺周穀十圍新羅時翔建

一各尋常小學校 華陽面豊角面各一

學校 普通學校 梅田面錦川面雲門面伊西面華陽面豊角面

不挑廟 李原字次敬公岡于鄭蒙周曰以文敬之才德不大厥施今有見如此天之報施信有徵哉左相淸白吏佐命勳鐵城府院君謚襄憲廟在梅田面明臺 李雲龍君廟在大城面黑石里見勳臣篇 宣祖朝錄宣武勳息城莉徐居正撰神道碑

駿碑 金克一孝門碑 宗直撰碑文詳見孝子篇 金朴漢柱遺墟碑 在郡西三十里車山村岩上 ○字天支孫活拙齋遺文獻納與金寒暄鄭一蠹同學於佔畢齋門並稱三賢戌午士禍䑓碧瞳 中宗朝贈禮林院 **旌閭** 李宅俊

間在郡西九谷里見孝子篇 裵世重 在甲子被禍都承旨尋寄陽

梅田面茅音村文閤座郡西䑓山前見孝子篇

大峴里北水也山戌坐祭坐 金馴孫 見儒賢篇墓在郡北水也山戌坐

山良 金孟 見文科篇墓在郡北客館東佔畢齋金宗直撰誌

堂北金谷山 樓亭 清德樓在客館東高麗知郡事崔安乙建有詩揭板崔元祐詩崇南底忽樓壁上何須論

墓在郡東三足亭供貴達撰碑文 金克一 見孝子篇墓在郡北

輔理功臣藝文大提學諡文明曾有詩廨宇崇南底忽樓壁上崔安人題 金之岱墓在郡南

四景清德說崔俠○權近詩陽村人中宗朝文贊成諡文廟

彦迪字復古號晦齋慶州人中宗朝謫金海登樓賦詩揭板元享文廟有

詩緣酒對青眼紅塵欲白頭郊平烟十里樓古月千秋雲嶺尋無日萍蓬跡似浮徘徊慕淸德留咏有孫俠○崔元祐有記

亂蕩廢其後知郡權佾重建以古賢題咏 清香樓在北門今廢雲水

揭板觀察使李觀徵書額仍作小序 亭所卜令廢有名人題咏失於兵燹 詠歸樓知郡黃應全有記

壬在郡東五十五里三足堂金大有有樓息地 逍遙亭在郡東仙湖上江山

三足堂在愚淵上金大有後孫䆁奉容禧重修 傍絶勝為郡東名區逍

通堂代河淡枕履所 三友亭 在林塘里府使
于孫修輯依舊隙然 朴慶新退居地 二慕亭 在郡東五
堂朴慶訥淵亭 里
傅所葉訥淵廢以是傳時向爛心發浩歎灰
如上聖 君子亭 在訥淵上丁敏道講學之所○自詩鑑心莫著
堂朴慶訥亭 在柳谷蓮池上進士李奇退居于此鑿池禮蓮
欲無言後廢子孫重建遠近章甫設稧講學
錫榮記 萬和亭 在仙湖上雲岡朴時默別墅有詩樓下真須活
晦堂張 水深烟霞十里復晴陰未妨逖跡時時醉祗可
忘形日日吟半世塵雲睿富貴一川明月任 洗心臺 在萬和亭後
愴念是非不到空山裡照在于淵鳥在林 雲岡朴時默
枕痕之所有詩如斗山阿一小薹不門不壁洞然開當春風引
中和九到夜星從大極來邵氏空樓形自在蘇家虛戶制同載
外風一帶澄泓水回 一翠亭 植松引石造山桐陰奇形詔然有物
最鄰一所 · 楮谷里郡守金容復遊息地種竹
為洗盡志滚口

儒賢 題詠 李達 號蓀谷洪州人有詩舍不堪黃葉落暮天逼
孫字孝雲號 成宗朝生進文翰林道學純熟孟子佔
懶齋門人
金㫆 字 譯以東國韓昌黎戊午禍中 廟朝復官純祖朝
瀕嘔沫撰文集說於禮部員外程愈歸兩
刊布華人 成化庚戌決得小學
清道

朝鮮寰輿勝覽

贈吏判諡文愍享紫溪院

杏庵宋時烈作文集序

金大有 字天佑號三足堂熊賢

正言孝玟純篤學問深邃為趙靜庵曺南冥諸賢之推重築室

松雲門山愚淵上扁以三足漁儂自娛票谷李珥作三足堂字

䟽孫侄中廟朝逸文

述程朱三徵不起有文集享愚淵院仙巖院

朴河淡 字應千號瓶齋道進堂容城人退巖承元子雲門山上揭

巳卯被選以親老不赴築室于雲門山訥淵上揭

以逍遙有記曰古人逍遙未心在物外廣漢之鄕心性體用之

全理氣動靜之妙自有樂地云道臣薦于朝日行檢卓學

冥成聽松諸賢為道義交驌齋退溪兩先生許以朴太古晚號

集亨享愚淵院

朴河澄 字巳卯瓶千號瓶齋通大學與金三足堂曺南

源殷祭奉文除長寧殿參奉從襄圃齋李健命諫齋李頣命多

景陽齋密陽人遺逸之賢子太菴師古尙古渼沙漢先生辨誣上疏及卒寒圃齋

有唱酬與從兄師古尙古渼沙漢先生辨誣上疏及卒寒圃齋

有挽日北關天恩重南州吾道喪二南能家業月明古紫陽與竹

朴河淸 字希干號窩密城人學行河淡弟逸禮郞

山麓遺逸朴河淸十三和伯氏道遙堂畫屛詩曰巃崍松與竹

配芝遺遙雙白鷗飛過南見時羲日錄朴孟文

交映此中間溪邊白鷗飛過南見時羲日錄朴孟文

非浩熙藏伏以窩德提朝終老有遺稿載巳卯錄

陽人成廟朝以文行薦授順天教授享崇節祠丁敏道贈吏判諱訥淵羅州人佐郎益金三足大有朴道遙洞淡講歷道義啓後學文行薦南學教授九邑訓導士林欽仰贈禮議金致三之諱一道洲亭薰仕大壯孫寒岡門人與趙黔澗靖李參奉重慶爲道義交宣廟朝除奉不就翰晦林泉有文集李瀁字齋學薦砥載寧人寒岡門人早通經史行已有道朴頓字和叔守諱澂于退溪門人有祭李瀁字太素諱慕齋固城人容先生文孝行薦除順陵參奉軒原后潛心刻勵學問純母喪歠粥廬墓哀毀疾而卒年三十四孝兩全難遂挈家入仁谷以全之德行薦陞同中樞議朴珪字季勉勵日吾林之緒惟在於此宣祖朝僉正贈吏議深加朴譚諱開密陽人寒岡門人講道松檜淵堂義理卓深先生龍學行隱德有望贈戶佐崔迥汝峻子寒岡門人參議慶延子有詩曰乾坤板蕩日忠隱德客陽人察訪之瓊曾寒岡門人有文學德行不仕趙成麟字昌瑞咸安人諱訪之瓊曾寒岡門人有文學德行仁祖朝崔遠岡門人以文學人稱崔門三賢芮碩薰有文學德行崔建字君勉諱靜齋慶州人建弟寒岡門人朝以訓導除奉參清道

字薰叔號獨知堂義興人守蓂軒承錫后尤菴門人文學德行為世推重朴之賢密陽人尤菴門人襲庭訓博學能文與朴太古成晚敬諸公為沙溪先生辨誣疏 金涏賢昭琭后孝友窮經望重文翼公成發后隱德不仕高蹈篤行與第邦豪邦翰講道訓迪士林尊仰華溪祠 芮秀五字五端義興人碩薰子承嘉其朝以孝行薦除叅奉不就芝山院賜宗朝以孝行文學名其齋事親奉養志 蔣邦翼字汝幹義興人 屈禮關有文集 一世累登鄕解終 蔣邦豪字汝憲號竹軒養軒原后蔣邦翰字汝蕃號竹軒原后軒牙山入邦翼弟與兄李光義字義仲號竹軒固城人容軒原后軒牙山入邦翰奕世弟進叅奉能文章有氣節人皆尊仰朴重采密陽人學行太豪弟孝宗朝進士居泮十餘年文學古子遂菴門人英廟朝以孝行薦除叅奉累諳尤菴同春兩先生陞廡疏屛溪尹鳳九爲輿挽吾道何時復南望君子風聖學要書輯交李光鼎字汝重號觀稼亭固城人容軒原后文學情飮禮同爲世推重丁憂居廬三年晩築亭以學問伯氏二樂齋集有元方季方之稱養志有芮日新字德老號畸齋義興人守蓂軒承錫后尹屛溪門人早嚴聲業專意性理晩築於楓文集 及李陶菴門人

山先瑩自記文而隱居終身有自挽齋閔廷鳳字聖翼號謙齋
舍無人望寂寞松楸失主亦爲之句貌與人明經務
實韜晦芮之烈先生書贈敬養齋羲興入日新宋性潭門人
名跡 字承若號敬養齋三字與鏡湖李宜朝烏道義
次仁村禹載岳悅庵夏時贇俱有記跋宋秉珣撰墓誌
心石宋秉珣撰狀進士金容承撰墓誌朴時默字輝道誠敬堂
廷周子揖定齋致明門人萬和沁知氣亦和吾心氣致中和世間萬事和
爲貴事事惟和即萬和沁都亂朴在馨字伯翁號進溪密城人
以禱承旨有詩道簡心知 時默子許性傳門人博門人
爲召慕官 贈 贈有文集 揭溪密城人
   萬學力行不求聞達藥室拙刻
庚个司馬隱居篤學惟道是求嘗鰲海東續小學古鏡金泰麟字
重歷方教子要言等書以教來裔繡啟除發奉有文集潘東雄吉號
字龜見號晦山岐城人文孝公佑亨后性沈默慎
重事偏母至孝傳經史晦不自伐庚戌後自靖
小岡情道人名臣之岱后性溫雅通經史深檐場
學造贈機玉衡以試之著愼追要儀二冊有文集儒行
汝猓三隱固城人容軒原后張 李瑆字
族軒門人文章德行有聞於世 李景瀛李葛巷門人有行義能
文章爲世推李蘷字完章號龍山齋固城人容軒原后皋廢擧
重有遺稿 業學問純正築精舍館麓內谷朝夕講學與

朝鮮寰輿勝覽

李訥隱曺硼紛為 朴尚敬 字直夫 號無忝齋密城人 勳臣文官 道義交有文集 後博通經史隱德不仕 享忠孝祠

朴潤泉 號重孫吾守堂密陽人 李大山門人抱經賠跡老於林泉分內事
守心守吾地經籍先自志仁村禹載岳立楔
贅曰研精覃思力踐實地士林立楔

李軫喬 字台叟 號三灰堂固城人 容軒後

朴心休 字于笑 號孤山密城人 進士恭漢子 朴東維 孫篤行孝友深究經學為世
一庵辛夢參為道義交
原后性至孝廬墓三年與 朴東奭

惟朴心休 李葛庵門人得性理之學著
密城人遺逸珪子夭婆近道承 朴東傳 號判溪
襲家學有遺集若干失於鬱攸

所學嘗以主一無適為究 朴增延 孫採蓮亭固城人容軒原后天性
庭學杜門窮 李龍老 字益之 號 聰敏博經史累捷
竟法不壺著述實學 根孝學問深邃士林推重贈通政有遺稿

鄉鮮終老林泉 朴增永 延號
經孝學問河澄后 朴增永 字德
道義交有氣飾廢舉業博通經史養志林泉

李馨德 字華卿 號慕巷固城人

拙菴客城人學行河澄后性至孝奉先之節靡不 朴廷來 字乃號
用極設私塾集宗族教之捕家貲助孤窮之嫁娶

文學者朴秀幹字孟實號日强齋密城人忍念齋復德子文章尊儒得九解兩甚衆闡韓堂水勸蓋親山下揭壽陰齋琹酒自娛有詩集老

芮大槩終屈聖簟詩筠谷義興人守夢軒承鎰后有文章尊儒得九解兩

清道

政

山金福漢作序 朴致瓘 字價圭號東閣密陽人節義揚茂后有德行以孝友爲鄕人所推 朴致龍 字可雲號嵋庵密陽人節義揚

茂后以學問行義爲世推重有遺集 芮昌根 字武汝號大隱義興人進士國烈曾孫學於家庭長於詩文性豪嗜酒仗義踈財恭奉 朴睢默

字陽彦號東湖密城人勳臣慶新后才性過人七歲能通詩書晩築林湖書舍來學者甚衆有遺集 朴致發 字維吉密陽人孝子陽春后篤

於孝友承襲庭學閔贍後裔爲世所推 朴致璟 字舜可號槐軒遺逸重采后宋淵齋宋門人有文學有詩集 李會圭

字敬之號萬愚全州人李老窮經啓迪後學有遺集及經傳辨義并篇老圃宋秉璿撰狀 朴致瑞 字舜贊密陽人遺逸重采后性沉重寡默

嘗戒子弟曰非學問無以爲人竭力從師以副乃父之望山林欽仰 朴致海 字舜佐號秋帆密陽人遺逸重采后性寡言剛直能文有氣節

人多歎仰有詩集 朴來鉉 字聚鵬號晋巖密城人儒行在鄕子孝號[illegible]孝且友孝誦近思錄有實錄 朴昌鉉 字星史號

湖巖來鉉弟金西山門人蘊理著書自娛郡[illegible]有遺集 勳 金善莊 淸道人名臣之後山子麗忠惠王朝以監察御史平

曹頓之亂圖形壁上錄一等功臣陞本縣爲知郡事見麗史 金貴漢 淸道人善莊玄孫高麗忠定王朝登寒御史推誠宣義翊運功臣封鰲山

君謚元貞事高麗名賢元閣第二位見圃隱集 李學龍 字見龍號東溪載寧人名臣夢祥子武統制使 宣祖壬辰錄宣武三等勳息城君

贈兵判澤堂李植拱墓碣享琴湖院及忠烈祠 金振聲 清道人名臣之岱後仁祖朝以楊州牧使平狄孝立鄭沁之亂錄勳封清陵君 社三等勳封清陵君

原從勳 朴慶傳 字孝伯諱悌友堂密城人學行友堂密城人學行河淡孫壬辰以助戰將力戰殲賊七邑賴而安錄宣武原從勳一等勳除密陽府使贈兵參享龍岡祠

宣諱三友亭密城人學行河淡孫壬辰以助戰將力戰殲賊七山中築二慕亭而休終贈兵曹判書享龍岡祠

從二等勳官昌寧縣監陞同中樞贈兵曹判書享龍岡祠 朴慶新 字仲

金克裕 山郡守壬辰倡義有功錄宣武原從勳 朴慶胤 諱菊軒密城人參判頤子武訓練僉正好讀書兼才藝善射壬辰倡義錄二等勳官同中樞贈兵參享龍岡祠

朴智男 父倡義諱溪崖密城人慶新子壬辰從義士朴哲男 字子明諱雲崖密城人智男弟壬辰倡義錄二等勳官司僕內乘忠武衛部將享龍岡祠 朴璘 字叔獻諱杏密城人璨弟壬辰倡義錄二等勳官十三義士有戰功除密

寄城人智男弟壬辰倡義有功錄二等勳官司僕內乘忠武衛部將享龍岡祠 朴璨 字秀遠諱延子壬辰倡義有功策二等勳官司僕內乘忠武衛部將享龍岡祠 朴璘 辰奧同堂十三義士有戰功除密

辰倡義有功策二等勳官司僕內乘忠武衛部將享龍岡祠

同中樞有遺稿享龍岡祠 朴璘 字君獻諱杏簹密城人慶胤子壬辰倡義諱杏簹密城人慶胤子壬辰

軍資監奉事錄享龍岡祠 朴璨 字從父兄累立功錄二等勳官僉正

勳有遺集享龍岡祠

享龍岡祠朴球密城人璘第壬辰錄宣岡祠朴球武勳官判官草龍岡祠朴瑾字明甫密陽人泰奉慶切錄二等勳朴瑄父遺命服擥累立戰功錄三等勳官右壬辰享龍岡祠朴文富士亂扈駕龍灣錄扈聖三等勳官僉正行利城縣監享忠祠有文集芮仁祥過人武主簿壬辰扈策扈聖勳特除訓判歸出仕佑有功潘國海壬辰隨李忠武公累立戰功官

高麗名臣

金之岱 清道人侍中余興子生于郡南大城里智慧親從征作橧頭詩白國患詩之患親憂子所憂代親如報國忠孝可雙修凱還登文科歷賢文閣校勘全慶兩道觀察使出鎮西北平蒙古亂封鼇山君元宗初太博兼紫光錄大夫中書侍郎平章事諡英憲史氏贊曰力學能文自住斯道所至有蒼績

名臣

金漸 號義村清道人勳臣賫漢孫歷事太祖以下四朝官至戶判終養諡胡剛

名宦

朴融字明德號

憂堂密城人飾義翊子圍隱門入太宗朝文吏曹正郞出宰金咸二郡俱以淸白稱修造列邑文廟祭器金灌纓學官記曰先生以是路郡事大有文集郡事議封奉恭翔南院贈府使拉斯文有文集享南院贈恭議封富寧君

朝府使 金好雨 世祖朝官至完伯以子雲龍朝侍中載寧君禹僩后宣祖朝縣伯李友下侍中載寧君禹僩后三剛以子雲龍月城人思均子 李夢祥 令 李友仇臣兵發封載寧君 李思均 高麗李玲之貴 贈純忠補祚 贈吏判諡文剛為文開城人 李延卓 月城人文孝公菊堂舊后三剛政剛正諱淸 字衛州號龜巖月城人道鐵相公 閔宗儒 郡多大姓諱難治莅郡不受文汝良政淸 李 宓 請謁饒之以政以政最聞 朝鮮琴儀郡政 李 宓 莅郡多 莅郡多 朝鮮琴儀郡政 安覿 善政 忠臣 朴慶因 字䙴仲號入孝子穎子文行著世嘗有詠懷詩松栢在深山樓棟各成材壬亂與同堂十二義士倡義力戰而殉贈持平享龍岡祠 贈兵議享 朴 瑀 字仲獻諱杞圃密城人勳樑弟壬亂倡義錄原勳丙子胡亂殉節于雙嶺龍岡祠 李 海 字巨源諱柳湖堂固城人生員礎子少有文章縣監造亂錄宣武一等親裘廬墓壬辰見權萌元帥慄

請諭書以義兵赴南原竟以立節死日作寄見書及
論詞十句付所乘馬還家後招魂築塚下有義馬塚
絕命詞十句付所乘馬還家後招魂築塚下有義馬塚
義旅有勳陞兵使殉于晉陽贈承旨贈兵議㫌彰烈祠

節義 朴翊 密城人 文憲公

昭孫紫岩勳勞陞兵使殉于晉陽贈承旨

可密城人勳臣慶傳弟武萬戶容軒原后性至孝有文學壬辰起

壬辰城人與兄倡義殉節

永均子恭愍朝登第見麗運將訖萊官歸密州松溪遠世爲聖祖

與五徵至左相不就與圖牧冶諸賢唱酬見志世栅八隱圖

龍興五徵至左相不就與圖牧冶諸賢唱酬見志世栅八隱圖

龜峰節義 朴翊

隱殉節之際呼公以忠義誓死公曰唯口當從此逝矣因興已

傷歎有詩丹忱縈雲千里血淚流五月更㦖人莫問興已

事違水遊山足一生證忠甫有文集享密陽德

南院丹城丹溪院奉安影幀于龍岡祠見麗史中諸同志諸賢

之心及聖祖龍興退居于午正門外萬壽山

密賜入恭愍朝登第從遊圃隱見麗運將訖悽然有解官歸鄕

日我死無以奉先祀訣曰爲國不能存社稷傳家何忍絕先世事

密州善祖之鄕必以爲歸簀笠南下隱於華陽大城山以終

崇節義 金軿

祠**節義** 金軿

從道淵清道人名臣郭忘憂堂倡義守火旺山城贊其謀盡見志

彥義興人守夢軒承錫后壬辰聞朴氏宗黨居大田

憂堂芮夢辰 字文樞倡義從往衆謀有切官通訓光海政亂遯居

集

鳳山 仁祖改玉後特陞嘉善漢城右尹 **李子金克一** 字用恊號慕庵金海人性至孝母吪疽父嘗病前後廬墓大年虎乳墓傍飼之祭餘如同家畜二人事之如一及歿并服朞年載三綱錄士林私謚曰節孝先生天順甲申旌享 **紫溪院 李官明** 姪女白晝虎嚙其母奪母屍有碑 **朴聞孫** 年十七遭丙寅

贈刑 **崔汝峻** 守極紛蘇耕山慶州人弧雲玖遠后壬亂頂老母仁廟丙寅

擄砒虎嚙其母追至十里隣人與孫慕堂處訥倡義有功來救虎遂擔去至夜而宛旋 **朴顓** 字愚叔號誠孝齋學行河以忠孝 贈童教至 **朴陽春** 字景華號慕軒密陽入進士彥桂判義禁享忠孝祠 曾孫丁外艱築于遠地夜則廬墓 畫則覲闕一日自家徃至廣灘歡雨水漲不能渡而哀號江水中斷涉不添衣見者神之以孝感壬辰内艱承重雖哭于殯側倭寇見之曰眞孝子遺以 贈吏議旋 **李惟毅** 命旋 藥物立標勿犯 行 **朴詳** 號慕窩密陽人有文行與

寶岩李琰玉爲道義交宣祖朝戶曹佐郎壬亂爲 **金憙章** 散字親負米於湖南未歸而妻申氏死於孝世栢雙孝述訃歎松金海人儒賢胤孫后早失怙持情禮莫伸遂築室旅親山下晨昏展拜郡守李顯行聞而嘉之名其齋曰油然屛溪尹

清道

鳳九臨其廬與朴始漢字天瑞密城人藥峰東孝子孝宗朝
論經禮有文集武歷四鎭營將至龍川明川府使皆有
頌德赴任時有詩萬里辭親意不窮恐將微孝未終
涓挨遲報晨昏曠惟恨平生早事弓親喪廬墓六年
宇和甫諱密陽人杏山世均后性孝友好學早失怙爲一生纏床共枕極致
母喪祔葬于考墓廬墓三年兄弟同居一室

堪樂人譜稱歎 潘瓛 字獻王諱終慕齋歧城人文孝公佑亨后事親至
永撰遺墟碑文 孝廬墓十年而終鄉人號其齋曰終慕齋芝山金

福漢拱墓碣柳必 襄世重 星山人武孫公玄慶后事親英廟朝贈正郎命旌 李宅俊
字顯中固城人客軒原后事親至孝丁憂葬于越大川數三里

淡人補孝感所爲 朴東稷 字舜輔密城人遺逸珪子天性至孝
每日一省一日大雨水漲不得渡臨流雖哭水爲之中斷乃

憲宗朝贈教官旌 朴廷夏 字學友根天隱居篤學事親盡禮及喪
終喪鄉人補之 養親志體丁內外艱哀毀制不脫乃倫

墓經帶不飾酒肉廬 朴廷佑 字正甫諱慕菴密城人勳臣慶新后天性至孝志
三年 體之養靡不用極親喪廬墓六年有孝行薦狀

朴昌漢 字光甫諱慕庵密陽人事親朴性德 陽人誠孝根天親
至孝志物無備人皆稱其孝

芮祖學 字聖瑞號養陞義興人守養軒承錫后早以孝行著名孤而事母至孝丁憂祇奉几筵大祥後埋魂魄于墓所仍不歸家築堂盧墓三年虎來衛如家畜孝子孕虎亦來哭于家後山三襲如之有道薦棉狀老圃宋秉璿撰碑文

朴龍友 號吃聾至誠求藥丁憂盧墓有虎來衛有遺稿

李意善 字敬元號雪岡固城人容軒裏后性沈默有德行誠孝事親至老不衰若孺子之慕焉

李振華 字伯敬載寧人遺逸繫后博通經史素有文望性至孝嬰見之於慈母人皆以爲難

林基魯 年近大十親尚康寧夜必侍膳所聞所見必告而聞之物必備丁憂葬禮盡禮誠奉祭祀年八十餘必朝行之教子姪皆以文學補於世

金熙瓚 字平彦號智山慶州人事親至孝嬰疾侍湯嘗糞年十若婴兒之於慈母人皆以爲異鄉道薦高宗朝贈敎官復戶旌

芮尚根 字容汝義興人守夢軒承錫后事父母能竭其誠勸稼檣以供甘旨父性嚴有令無違愉色承順鄉里補欷年如一日丁憂盧墓三年有虎衛之

文日恭 南平人早孤而負母至至誠勤稼檣以供甘旨父性嚴有令無違愉色承順鄉里補欷

李憲基 字聖文義興人守夢軒承錫后性沈重寡言事母至衣深山虎自來護祥期之日芮憲基錫后供祭贈敎官旌

孝母潘氏年高性嚴一無違色承順無違及喪毀過禮鄉黨稱之

金裕軒字聲浩金海人克一之禱山病革其指得穀日延鄉道薦未蒙旌典之

柳氏南柳氏畫則生時命旋輿地勝覽設影堂朝夕供奠如同歸家供饔飧粥飲姑在婦焉往之日姑殞夫未歸親自負土成殯終身書亡日於壁上饑死殯傍

金氏籍月城士人蔣龍在妻事舅姑至孝夫橫在裸褓畫則親飯夜則露廢風浮晝凍幾厄而全士林褒薦營府及補衣賜布米醬肉 李氏

舅身孝舅病欲食生魚時值隆冬泳洗滌小無難色釜鬵常乾淨人皆稱之朴氏

妻甚孝舅病數年病臥極盡誠奉遺失無效跣泣祝天願以身代意以得瘳姑痛項癰大 李氏籍慶州士人李東爕妻性至孝舅病巫藥

水而出一蟹行于氷上婦供得效 李氏妻姓良人姜益仲妻其夫旱死

投水死 英廟朝旋 李氏妻旋 金氏死自縊死旋 鄭氏士人李

海士人李頻妻夫歿 英廟朝旋 李氏妻旋 金氏 李萬英妻夫 如塊全身許浮至誠吮之濃血自破不幾自效

文科

金潾 國子進士登第與圖隱同榜以清白金海人孝子克一長子世宗朝文郡守性度寬厚死不用刑措享鶻溪書院

金健 金海人孝子進士官至執義與金佔畢同榜世宗戊午生員進士成宗壬寅文科州序

金孟 辛酉文科官至兵曹佐郎 **金䭵孫** 字仲雲號灌纓䭵成宗丙午

金駿孫 字伯雲號東窓金海人䭵孫弟佔畢齋金宗直門人 **趙之瑗** 中宗庚寅文科篤學力學問純粹與兄同榜官至兵曹佐郎 成安人德谷承胄玄孫訪䭵學力雲號梅軒金海人駿孫弟佔畢榮親道州 **金䭵孫** 字季雲號灌纓䭵成宗丙午登文科入翰院詳見儒賢篇 明宗丙午文吏曹佐郎益平海縣以行有朴虎字景仁號逸清齋有治績有鐵碑銘曰蜀郡文化城言絃既孝行時有治績 慶州人司馬潤坤子承旨晏失翰千年 **崔鶴昇** 字辛友交大興郡守有治績臨卒享芝山院

朝寧雙勝覽

李舜普 字堯卿 固城人 容軒原后 憲宗丙午文吏郎 正言淸高簡亢不追權貴位不辦德識者恨之 千馴成

哲宗辛酉文科 金錫源 高宗壬辰文科庚戌後渡遼不歸

郭彌聳嚴密臨人 中宗甲午進士與三足堂金大有上雲門 講論儀禮與警齋郭珣遊孔岩山拜退溪先生講易質疑得其 要領嘉靖辛亥鄕規十條鄕飮節祠享崇節祠 朴亨達 字 八條揭板于鄕老堂享崇節祠 朴亨達 字 淸道人中宗朝成均生員 金益粹 中宗朝成均生員 蘆同學栢佺之門以學問行義 薦授引儀又以明經除官不就

朴仲文 字叔彬 密陽人 仁朝進士別坐 李礎 字仲任 中宗丙子生員 李郭 孫 仁朝進士別坐 李礎 固城人 容軒原玄 仁朝進士別坐 李礎 固城人 孫 生員 朴陽復 谷密陽人

郭生員執義 李磯后 明宗朝文纂纂 朴光亨忍

宣祖丙子進士粟谷門人祭先生文曰紫陽餘緖洙 泗洲源吾東正學獨得其宗斯文幾襲小子何依

齋密陽人鶩子宣祖癸酉進士鄭寒岡門人先生贈詩曰靜 中持敬整衿端若道觀心是所難要識講明工用處中天日到

敦無看門生寶岩李磯玉祭 李德仁 纘孫子進士 李瓛 字伯陰 文曰祗奉杖屨子視父事

十三

忠臣海子

仁祖朝生員 潘世榮 字士顯號謙窩岐城人文孝公佑亨后鄭桐仁祖朝癸酉進士學薦宣陵叅奉

朴泰漢 字大來號守吾堂密城人仁祖朝癸酉進士有經學終老林泉

門人孝宗乙卯生員有文學 李夏耉 字士益號春齋初號松庵孝軒原后權南岡階門人
疏卞牛溪栗谷兩先生誣

孝宗甲子進士 朴尚吾 字思邈號芝岩密陽人甫宗己卯進士

子進士 朴太古 見學伊篇 朴紹遠 字賜曾孫太庵

朴璟林 字明遠號思敬齋密城人英宗己卯進士有文集

墓石爲記建東川院享屏溪尹鳳九

有文名 英宗戊子生員始祖在溪君純祖辛卯 李周甫 字穆如固城人容軒原后純祖甲
遠后 晦跡山林篤志力行有遺稿

進士庚申陞通德 戌生員貞孝友行已詩禮傳家宗黨模

楷 金昌潤 駉孫副孫純祖壬午進士壯元 芮大烈 芮周鳴 初名國烈字敬君
承錫后長於詩文 崔錫鵬 字南圖慶州人孝子波 朴箕瑞 字道
憲宗己酉進士 哲宗朝進士

世得十觧 在文性潭門人以文筆名於當 憲宗乙未進士 晩翠窩義興人
世得十觧

清道

芝齋密陽人學行河澄 蔣龍圭 字利見號鰲石牙山人遺逸郞
后哲宗辛酉進士　　　　　　　　　　有文名哲宗辛酉進士

李庭和 字元伯號愼軒固城人容軒原后 李泌善 字慶伯號固齋固誠
后哲宗辛酉進士慎軒原后贈通政有遺稿　　　　　　　　　　人容軒原后高宗庚辰進士

高宗癸卯　　　　　　　　　　　　　　　李寅善 字德義固城人容軒原后高宗庚辰隱齋固誠

崔翼周 字周汝號小岡慶州人文科 金相孝 字文極號散齋金海
　鶴昇子高宗辛巳進士　　　　　　　　　　人直提學希澤

人德行文章萬世推重壬午進士有遺稿

末進士行章畋奉 朴廷鎬 字邑極號松密城后 崔相宜 字舜敷號
　　　　　　　　　人文章高宗辛末進士隱居行義終　　慶而人文洲東

科鶴昇孫奉 朴秀寅 字重寶號青岡

老林泉 金健坤 字慶原號知松蔭仕容　　　　　　成宗朝司
有遺稿 復子高宗辛卯進士　　　　　　　　　　中

進士 金大壯 字正中金海人儒賢賜孫子　　李育 字元淑
辛卯 陰仕　　　　　　　　　　　　　　　　　　　　　號慕軒

宗政王后雪寃復爵問金馹孫有後平靜菴趙光
　　　　　　　　　　　　　　　　　　　祖以繼子夫壯對卯除宣廟終奉行昌寧縣監

相以繼子夫壯對卯除宣廟終奉行昌寧縣監

固城入容軒原曾孫進察訪戊午士禍與仲兄共以終 芮恩結 字平

軒退居淸道琫谷鑿池種蓮作君子亭講道

興人中宗朝鐵山郡守蔣希尹發後明宗朝英陵參奉金參判之後明宗朝

朝顯宗朝奉

洪系結子定

縣監金浩源 提清道人浩源子

贈軍資正省軒李炳憙撰碣曰公捐已賞以防

平府使 金較 清道人名臣文翼公成仁祖朝別

襲城歷海南郡守 甫宗朝撰碣文略曰公捐已賞以防

左子 李繼孫 載寧人古阜郡守自密陽始居清道人以行誼授自如道察訪壽同中樞晦峰河謙鎭撰碣文略曰公捐已

今私鬻公家之戶役云 李宗明 字哲甫載寧入遠祖塤于恒祖剛

容軒原后 李儼 龍子平澤縣監 李光漸 字鴻宇固城入

朝歷海南郡守 純祖朝彥陽縣監有碑 閔義 汝緻

道硯守當陰盛之變守節以終 李周彥 字卓固城入答軒原后 朴東緯 字士經禁慕軒密城人

鄉宣敎郞 崔鳳昇 昇弟高宗朝行儉薦假監役 鶴昇 字玄䂨承襲庭

訓望重一鄕 崔鳳昇 昇弟高宗朝行儉薦假監役 鶴昇 字玄䂨承襲庭

汝䂨水峯慶州入文科鶴昇子 昔宗朝己未進士 崔翰周 禛

子禁府都事丁毋司宰監直長申知禮縣監乙酉清道郡守

清道

金柄斗 字中卿解屈於禮闈高宗朝時
金海人柄斗子高宗朝繕工監役
陝川郡守多治績有去思碑陞通政

金容復 孫躍雲
金海人遺逸致三斥累譏奉議官至河陽郡守 朴起默

朴在華 高宗丙申榮奉歷典長連熊川昌寧
有善政碑陞議官 朴在華

朴漢默 字翙文號華岡密城人學行萬世推
崇德殿榮奉 金容禧 字士吉號慕溪金海人復榮殿崇善殿榮奉陞通政

朴應德 字益重號松溪密城人學行河澄后高宗庚子和陵榮奉 朴鶴永

入儒賢駟孫后文學德行萬世推崇德殿榮奉陞通政 金昌宇 溪陽金海人

戊子除 朴在壽 墓三年人恂其孝
監察 字翊密陽人孝子陽春后承襲

字道範號松皐密陽人學行河澄后高宗壬寅崇德殿榮奉 芮龍基 字武躍號杏
高宗乙巳 朴貞默 字道俊密陽人學行河澄后 朴元默
除章陞榮奉有文集 高宗朝清道郡主事無署理 庭學有文行

承錫后高宗乙巳 朴貞默 字道俊密陽人學行河澄后 朴元默
字茂範密陽人學行河澄后 李運善 沈重有德行事母至孝萬
后高宗朝行内部主事

宗壬東中 金益孝 字聖極號誠齋金海人司馬
樞院議官　　　　屬文累得鄉薦竊托禮闈
奉奉文集　　　　　　　　　　孝弟有篤行
有文集　　　　　　　　　　　高宗朝崇善

武職

李鵬載 寧人司馬德仁 李白新 子澤卿字
子行方山僉使　　　　　宣祖朝訓鍊鵬

朴文郁 字和重孫孤山密城人勳臣文 药用周興人節義
正朴 子武訓鍊僉正陞古沙里鎭僉使
歷主簿　仁祖乙酉武壯元朴東高 字天姿魁偉倜儻有氣節
夢辰子　　　　　孝宗朝官至訓判弟

仁祖朝龍驤 朴鳴漢 字聖端密城人勳臣文 蔣熙萬玄
衛副司果　　　　顯宗朝武司果　　
鄉牙山人文翼公罟仁齋　　李光載 甫字剴
成發后　　　　　　　　　肅宗朝武科行副鍊院奉事

李光時 字德我固城人容軒原后武尚州浦權菅有功掛
表裡一雙晩年退居林泉作月淵亭優遊以終餘年　賜

李龍善 字上淸固城人容軒原后朴箕杓 字仲掌
　　　　純祖朝武宣傳官　　　　　　　哲宗朝賜人學行河

朴珉準 宗字聖華號雲溪密城人勳臣文富后 朴在三 字一
　　　　辛卯武科行延日縣監兼慶州府尹　　　　　　高宗朝武科司

密城人天姿英毅有遠大器高宗癸酉登 崔翰晃 州字文汝慶
武科忠壯衛陞僉中樞退臥東岡慨慷終老　　　　　人蔭仕

清道

壽職

趙承宇 安陵之咸安人文科之瓊玄孫 朴重圭 字德雨密陽人 高宗癸巳武守門將至効力副尉

朴宇德 字敬七密陽人 高宗朝 密陽人肅宗三年壽九十陛通政

金萬全 英宗朝壽嘉善同中樞 朴尚初 字致明學行河澄後入 南熤

金韓 清道人蔭仕浩源子 肅宗朝壽嘉善同中樞

老金輯 清道人蔭仕浩源曾孫

英宗朝壽八十五陛通政食樞 純祖庚辰壽九十軍恩嘉善 純祖庚辰壽九十軍恩嘉善

軍恩陛通政食樞 朴恭煥 字和叔密陽人以耆老陛通政

寅壽百歲陛資憲享年百五歲 南熤

忠景公在后正宗丙午壽九十五陛通政 南以禎 字惟大宜寧人

純祖庚寅以子以禛壽嘉善 純祖朝叔姪蔭仕漢城左尹其妻盧氏亦偕

老行重中樞享 芮時儉 字士範彥陽人司馬興人文行郷黨推重年近九十陛通政

壽資通政 朴庭學 字正甫密陽人學行河澄后朴致圭 字吉

金知中樞資通政 朴東佑 字汝仁諱耕齋密陽人耆社軍恩陛

年八十四 高宗甲午壽八十六陛嘉善

贈職

朴㸅 字汝薰諱誠齋孝宗 南熤 見壽職篇

憲宗癸巳耆社軍恩嘉善副護軍 朝以學行贈軍資正

筠山石密陽人孝子陽春后

清道郡跋

吾郡舊有郡誌其山川土產樓觀古跡略至
於人物只書姓名而無字號鄉貫無世系行錄尤極
疎畧覽者恨之適延安李君秉延續編輿地名曰朝
鮮寰輿勝覽蓋博於典故通於地理沿革為此盛舉
也余亦因此而與鄉友後庵蔣莘華植續修吾郡郡誌
博採古人新增今人以其德行學問宦業名節詩文
孝烈類聚而分註於姓諱各下寧詳母略寧繁母簡
使後之覽者開卷瞭然知其為其家祖上其家世德
而其檢閱之功復菴為多也於是編入於寰輿全集加

印幾十冊子頒布於各門各裔以爲吾鄉百世公案
且余轉客湖西兼寫懷鄉之意云甫
歲壬申八月下澣鄉後生壬溪芮大僖謹跋

朝鮮寰輿勝覽跋

夫有民而有國 有國而有史 有史而備版籍 千萬世不易之典也 惟我海東之有國 自 檀君戊辰號為朝鮮地理人物始乃發展 及其 箕聖之來都教化法度燦然啓明 謂之小中華 而歷三韓至高麗國號雖殊地區不變 暨

壬申 太祖受禪國號復為朝鮮 爾來四千年之間 聖君賢臣繼承輩出 關土地開山野濬川澤置道郡設都市養人士民有家譜國有史纂道郡各有其誌 然世遠俗微文憲澳散考籍未完矣 成廟朝戊戌‧命撰輿地勝覽 以後四百餘年賢人君子雖備著述之多 物換星移寰宇沿

革比諸輿地勝覽不可爲以一而同也不俟休退於公山
有志夋士續修此郡之誌屬余而爲文故敢說略志而嘆
其全鮮誌之未遑矣幸於今者李斯文秉延倣輿地勝覽
而編輯全鮮誌籍名曰朝鮮寰輿勝覽謂余考正而識之
以余之固陋豈敢於晏於其間裁然而非徒素志之始展
爲念李斯文之夋年積累不顧猥越敢付蕪辭以俟後來
君子之續輯焉

孔夫子誕降二千四百八十年己巳季秋重陽日

　　從二品嘉善大夫前任內藏院卿金閏煥跋

朝鮮寰輿勝覽跋

夫我朝鮮雖僻在東亞之海隅壤自檀箕歷三韓以至三國逮夫漢都史籍昭然可徵而稱爲海東君子國者眞無愧矣然史迹彼遠世代變移版籍之闕重世教者錢夷難以枚擧而高麗之中葉有若金文烈嘗輯三國史即是代之有述者入于朝鮮有若史學則徐文忠居正東國通鑑安順庵之福東史綱目有若地理學則成廟朝輿地勝覽丁茶山若鏞疆域考李重煥擇里志並皆見稱於世而其中最允著者即輿地勝覽至歷代之地理人物瞭可詳而纂輯日久續述尚闕是其欠耳秉延以斗筲之器茂多之才嘗慨然於斯者久矣猥蒙家同志之協贊委身是書之續而事鉅力綿略其本旨之不甚關系要者增其東史之實關大旨者而先續

海東寰宇之與替沿革次述朝鮮輿地之舉出人物其規少有異
於舊本故不敢全有其名改戴以寰輿勝覽蓋義由於此而猥甚
之至矣然史以博採乘以校讎言務取精要更續刊行版圖舊籍交
繡乎槿域道德名節日月乎宇宙沿革之奧旨昭二可質而依然
為史家之眼藏歷代之名蹟班二可攷而悅然若文章之寶鑑則
挍青邱一幅為化民成俗之要而亦於地理史學廣涉之捷徑無
出此右者矣噫此書豈用專美於今世也奇百世之下釋華夷之
分而傳大東消息者舍此奚以哉秉延學識淺短不能至矣畫矣
而敢搆蕪辭略叙顚末附諸編尾以俟後之立言君子焉
孔夫子誕降二千四百八十年己巳十月　日
　　　延安 李秉延謹識于三省軒之松石山房

역주자 소개

嶺南大學校 中國言語文化學科 大學院 고문헌 연구팀 개유와(皆有窩)

□ 金宰賢
- 嶺南大學校 中國言語文化學科 文學士
- 嶺南大學校 中國言語文化學科 文學碩士
- 同大學院 博士課程 修了
- 韓中經濟社會硏究所 事務局長

□ 劉晨旭
- 嶺南大學校 中國言語文化學科 文學碩士
- 同大學院 博士課程

□ 金娜熙
- 北京師范大學第二附屬中學國際部 修了
- 釜山外國語大學校 中國言學部 文學士
- 嶺南大學校 中國言語文化學科 碩士課程

□ 權喜進
- Gwacheon Foreign Language High School Chinese Department
- 嶺南大學校 中國言語文化學科 文學士
- 同大學院 碩士課程

≪조선환여승람≫ 청도군 역주

초판인쇄 _ 2025년 8월 20일
초판발행 _ 2025년 8월 23일

저　　자 _ 李秉延
역주자 _ 金宰賢・劉晨旭・金娜熙・權喜進
펴낸이 _ 장의동
발행처 _ 중문출판사
주소 _ 대구광역시 중구 봉산문화길 70
전화 _ (053) 424-9977
등록번호 _ 1985년 3월 9일 제 1-84

ISBN _ 978-89-8080-671-3 93980

정가 _ 20,000원